扰动状态概念理论及其应用

吴 刚 著

科 学 出 版 社

北 京

内 容 简 介

本书系统介绍由 Desai 教授创立的一种全新的、统一的工程材料本构模拟方法——扰动状态概念理论及相关研究成果。

本书重点介绍了扰动状态概念的由来、基本原理及其主要研究方法，综述了扰动状态概念理论的发展历史及国内外研究现状，阐述了扰动状态概念的基本理论及其基本方程、基于扰动状态概念的有限元数值模拟方法，归纳了扰动状态概念理论的特点及其与其他本构模型的区别，给出了国内外有关扰动状态概念理论在不同材料及相关工程的应用实例，简要评述了扰动状态概念理论并展望其发展前景。

本书为扰动状态概念理论的学术专著，可作为高等院校土木工程、力学及材料学专业的高年级本科生、研究生相关课程的教材或教学参考书，也可供从事工程材料本构模拟研究的科研人员参考。

图书在版编目(CIP)数据

扰动状态概念理论及其应用 / 吴刚著 . —北京：科学出版社，2016.3
ISBN 978-7-03-047506-0

Ⅰ.①扰…　Ⅱ.①吴…　Ⅲ.①岩土力学-研究　Ⅳ.①TU4

中国版本图书馆 CIP 数据核字（2016）第 044463 号

责任编辑：刘宝莉　孙伯元　高慧元 / 责任校对：桂伟利
责任印制：张　倩 / 封面设计：左　迅

科学出版社 出版
北京东黄城根北街 16 号
邮政编码：100717
http://www.sciencep.com

中国科学院印刷厂 印刷
科学出版社发行　各地新华书店经销
*
2016 年 3 月第　一　版　　开本：720×1000　1/16
2016 年 3 月第一次印刷　　印张：16 1/4
字数：315 000

定价：118.00 元
（如有印装质量问题，我社负责调换）

前　言

当前，科学技术的发展日新月异，呈现方兴未艾的景象。由于工程材料的多样性、复杂性和特殊性，普遍存在尺寸效应、非均匀、有天然缺陷、不确定性以及受工程环境和施工的影响等，在力学行为上呈非线性。因此，将新兴的科学理论应用于各种工程材料的研究已成为一种趋势。

由美国著名学者 Desai 提出的扰动状态概念理论，为工程材料提供了一种全新的、统一的本构模拟方法。40 余年来，Desai 及其合作者对扰动状态概念进行了深入的研究，扰动状态概念的理论体系已较为系统化，扰动状态概念应用于工程材料的本构模拟已取得了丰硕的成果，其中的一些研究成果已得到应用和推广。在国内，关于扰动状态概念的研究虽然开展时间不长，但也获得了一些进展并取得了较多的研究成果。

关于扰动状态概念，作者最初是从 Desai 于 1993 年 5 月在西安举行的"计算机方法在岩石力学及工程中的应用国际学术讨论会"发表的"利用扰动状态概念进行本构模拟"一文所了解的，此后作者学习该理论，领会其基本原理，并应用扰动状态概念从事相关领域的研究。本书是作者十余年从事扰动状态概念理论研究的总结，期间部分研究内容受到国家自然科学基金"基于扰动状态概念的岩石力学分析方法研究"（40272115）和"高温对岩石的作用机制及其扰动状态本构模型研究"（40872180）的资助。

本书力图全面阐述扰动状态概念的由来、基本原理及基本理论，综述扰动状态概念理论的研究现状及利用扰动状态概念进行工程材料本构模拟的主要方法，归纳扰动状态概念理论的特点及其与其他本构模型的区别，介绍国内外有关扰动状态概念理论应用于不同材料及相关工程的实例，最后对扰动状态概念理论及其应用作简要评述，并展望其发展前景。

作者感谢国家自然科学基金委员会的资助，感谢关心和支持作者进行写作的家人，感谢与作者一起从事相关课题研究的本科生和研究生，感谢为本书出版提供帮助的友人，特别要感谢研究生翟松韬为本书出版所做的工作。此外，本书中还引用了国内外同行的有关研究成果，在此一并表示感谢。

　　由于作者水平所限，本书尚存不足之处，望读者不吝指正。

吴　刚

2015 年 9 月

本书主要符号

DSC	扰动状态概念	σ_{ij}^r	总相对应力
RI	相对完整状态	$d\sigma_{ij}^r$	相对应力增量
FA	完全调整状态	D_E	有限元方法中的扰动
AV	平均响应状态	D_T	实验室测试所得扰动
D	扰动函数（因子）	V_E	有限元方法中试件的体积
HISS	分级单屈服面	V_T	实验室测试试件的体积
ε_V	体应变	L	单元长度
J_1	应力张量第一不变量	$\overline{D}$	平均直径
J_{2D}	应力张量第二不变量	σ_{ij}^i	RI 状态下材料的应力张量
J_{3D}	应力张量第三不变量	ε_{ij}^i	应变张量
p	静水压力	S_{ij}	偏应力张量
p_0	初始压力	E_{ij}	偏应变张量
p_a	大气压力	I_{2D}	E_{ij} 的二阶不变量
p_w	孔隙水压力	T	温度
δ_{ij}	Kronecker 符号	α_T	热膨胀系数
G	剪切模量	d_T	温度变化量
K	体积模量	$C_{ijkl}^{i(t)}$ （T）	由温度决定的本构张量
μ	泊松比	T_r	参考温度（300K）
$d\sigma_{ij}^a$	应力张量增量	ε	总应变
C_{ijkl}^i	与本构特性有关的四阶张量	ε^p	塑性应变
		ε^e	弹性应变
α	相对运动参数	σ_y	单轴拉或压下的屈服应力
ξ	塑性总应变迹	σ_1，σ_2，σ_3	主应力
ξ_D	塑性偏应变的迹	θ	Lode 角
F	屈服函数	e^c	孔隙率
τ_{oct}	八面体的剪应力	e	孔隙比
∇^2	Laplace 算子	e_0	初始孔隙比

ε_s^p	塑性剪切应变	μ	黏度系数
ε_v^p	塑性体积应变	σ_p	给定周期 N 下的峰值应力
F_y	连续屈服函数	$\Delta \overline{Q}^{\mathrm{DSC}}$	包含扰动影响的等效载荷
P_a	大气压常数		向量
R	黏结应力	F_d	动态屈服面
n	阶段改变参数	$\dot{\varepsilon}^{vp}$	黏塑性应变率张量
γ	极限状态包络线有关的	$\overline{I}_2^{vp}$	$\dot{\varepsilon}^{vp}$ 的第二不变量
	参数	$\underset{\sim}{S}$	偏应力矢量
β	主应力空间与形状有关的	$\overline{\sigma}$	固体骨架承受的有效应力
	参数	p^f	液体压力
S_r	应力比	A^s	接触面积
θ_C	材料在压缩试验中的内摩	u_g	孔隙内空气压力
	擦角	$\overline{\delta}_{ij}$	有效应力张量
θ_E	拉伸试验中的内摩擦角	$f(s)$	空气和孔隙水压力的函数
Φ	内摩擦角	J_1^a	总张量的第一不变量
λ	流动因子	$\overline{J}_1$	有效应力张量的第一不
Q	塑性势函数		变量
e^{vp}	黏塑性应变	χ	有效应力参数
$\dot{\varepsilon}$	总应变率	$\overline{C}^i$	固体骨架 RI 部分的矩阵
$\dot{\sigma}$	应力矢量	$\overline{C}^c$	固体骨架 FA 部分的矩阵
$\underset{\sim}{C}^e$	各向同性材料的弹性本构	$\overline{\varepsilon}^i$	RI 部分的应变
	矩阵	$\overline{\varepsilon}^c$	FA 部分的应变
Γ	流动参数	$e^{\max}$	最大孔隙比
$\underset{\sim}{B}$	应变-位移的变换矩阵	$e^{\min}$	最小孔隙比
$q(n)$	位移矢量	e^a	观察到的孔隙比
$\underset{\sim}{C}_n^e$	弹性本构矩阵	c'	有效结合力
$\underset{\sim}{C}^c$	FA 状态下的本构矩阵	ϕ'	有效摩擦角
$\Delta \varepsilon^e(t)$	依赖于时间的等效弹性	τ_0	完全饱和土的慢剪强度
	应变	K	渗透率
$k_{t(n)}^{-1}$	切线刚度矩阵	K	完全饱和状态下的渗透率
ΔQ	增量载荷向量	γ_v	体积塑性应变与总塑性应
$\Delta \varepsilon_n^{vp}$	黏塑性应变增量		变的比值

D_b	基本状态的扰动	v_r	相对法向位移
D_s	与结构相关的扰动	u_r^p	相对塑性剪切位移
$\varepsilon_t\,(\xi_t)$	极限塑性应变	v_r^p	相对塑性法向位移
$\overline{D}_{\varepsilon v}$	与体积有关的扰动函数	F_u	最终屈服面积
$\overline{D}_{\varepsilon d}$	与偏应变有关的扰动函数	σ_n^c	临界状态下的正应力
p'	平均有效压力	τ_u	极限剪应力
A_r	加权实际接触面积	τ^p	给定周期的峰值剪应力
k_s	剪切刚度	τ^c	残余剪应力
k_n	法向刚度	V^c	给定界面区的临界体积
$\bar{R}$	粗糙度		
u_r	相对剪切位移		

目　　录

第 1 章　绪　　论

当前科学技术的发展日新月异,呈现出方兴未艾的景象。随着现代数学、力学、计算机科学的迅速发展以及各类工程实践的需要,许多学科已相互融合、相互渗透,并不断开创出新的研究领域,大大推动了科学技术的发展。新兴的科学理论如分形几何、分叉、混沌、突变理论、协同论等已应用于工程领域。而对工程材料及其分界面或节理的力学行为的理解和描述,在预测材料行为以及工程系统的分析和设计中,具有至关重要的意义。工程材料具有多样性、复杂性和特殊性等固有属性,且普遍存在尺寸效应、非均匀、有天然缺陷、不确定性、在力学行为上常呈现出非线性以及受工程环境和施工的影响等,由于新材料的不断出现,将传统经典理论应用于工程材料力学特性的研究,存在相当的局限性。因此,将新兴的科学理论应用于各种工程材料的研究已成为一种趋势。

工程材料的本构理论,就是研究工程材料在力学、物理以及化学作用下的力学行为。它是进行工程材料力学分析、模拟与研究的基础和出发点,是材料力学理论研究的核心问题。当前,研究固体材料及其交界面/接缝的力学响应特性,建立本构模型并进行相关的试验已成为研究的热点。在工程材料本构关系研究中,主要采用的是以连续介质力学为基础的确定性研究方法。弹性、塑性、热塑性、热黏塑性、连续介质损伤、微观力学以及内时理论等常常被用来建立工程材料的本构模型,但其本构理论的许多基本问题目前仍未认识清楚。由美国的 Desai 提出的扰动状态概念(disturbed state concept,DSC)理论,为工程材料提供了一种全新的、统一的本构模拟方法。

本章将简要叙述扰动状态概念理论的由来,阐述扰动状态概念的基本原理及其研究方法,综述扰动状态概念的特点,并对其与损伤力学、临界状态理论及自组织理论的异同进行了比较,最后介绍有关扰动状态概念的国内外研究现状。

1.1　扰动状态概念的基本原理及其研究方法

1.1.1　扰动状态概念

扰动状态概念源于超固结的地质材料模型,是由 Desai 于 1974 年提出的[1]。

20余年来,在美国国家科学基金会(National Science Foundation,NSF)的资助下,Desai及其合作者对扰动状态概念进行了全面而深入的研究,已基本形成了扰动状态概念理论的分析体系,扰动状态概念理论已较为系统化。

在扰动状态概念中,假定作用力(机械力、热力、环境力)引起材料微观结构的扰动,致使材料内部微观结构发生变化。由于扰动,材料内部的微观结构从(最初的)相对完整(relative intact,RI)状态,经过一个自觉的自动调节过程,达到完全调整(fully adjusted,FA)状态(通常为临界状态)。这种自调整过程可能包含能导致材料产生微裂纹、损伤或强化颗粒的相对运动,它能引起观测到的明显的扰动,特别是在以上两种状态下的响应。这种扰动通过一个函数(称为扰动函数)来定义,它表示观测响应、初始响应和临界响应的关系,并用宏观观测量来描述扰动的演化,从而对材料的本构关系进行模拟。

扰动状态概念理论就是一种本构理论,它提供了工程材料的一种统一的建模方法。它可根据材料及使用者的需要,选用从简单的(线弹性的)到复杂的(具有微裂纹和扰动的黏弹塑性的)某一特定模型。扰动状态概念的重要特性之一是它集弹性、塑性、蠕变、微裂纹产生及软化、强化和(周期)疲劳破坏为一体。因此,它具有一种体系特征。

扰动状态概念的基础是其基本的物理思想,即可观测到的材料响应可以用一系列组成要素的响应来表达,各要素由合成或扰动函数来联系。简单地说,观测到的材料状态可看做相对于处于适当定义的基准状态下材料行为的扰动或偏离。材料系统的当前状态,无论是生命的还是非生命的,都是相对于初始或最终状态的扰动状态。

1.1.2 扰动状态概念的基本原理

扰动状态概念是一种有别于其他理论的工程材料的本构模拟方法。

扰动状态概念认为:材料单元的观测行为可用处于相对完整状态及完全调整状态(即所谓的基准状态)的行为来表示。在由机械和(或)环境加载而导致的变形过程中,材料单元被认为是由随机地处于相对完整状态和完全调整状态的部分所组成的混合物,如图1.1所示。结果是:最初相对完整的材料,在它的微结构自调整或自组织的过程中被不断地调整并在其某些部分达到完全调整状态。自调整意味着材料能够调整内部的结构,使它能有效地承受外部荷载。这些调整包含内部的改变,如颗粒的转变、旋转、常规运动以及微裂纹的产生。在转变过程中,微结构的颗粒可能会经历局部失稳或其状态的改变。在变形过程中的某一临界区域,这种改变可能预示着临界转变(包括状态的重大或突然改变,如从压缩到膨胀的体积变化,峰值应力以及残余应力状态的起始)。

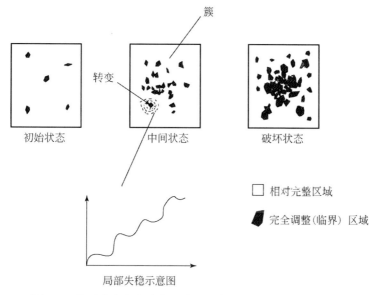

图 1.1 扰动状态概念中相对完整和完全调整簇的关系示意图

在扰动状态概念理论中,相对完整状态可以用线弹性、弹塑性或其他合适的模型来表示,并假定其作为连续介质承受弹性和非弹性的应变以及相关的应力。完全调整状态则可用临界状态或其他合适的模型来模拟,它对应着裂纹或孔隙的扩展而最终导致的破坏,在完全调整状态中材料达到一个恒定能量耗散的状态。

处于相对完整状态下材料的响应可从试验的应力-应变-体积变化以及非破坏性行为得到,并且能通过使用连续介质理论(如弹性、塑性、热塑性、热黏塑性理论等)加以区别。图 1.2 为利用扰动状态概念描述弹塑性材料力学响应的关系示意图。

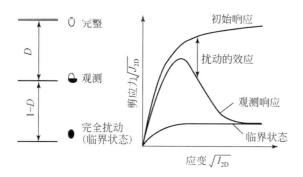

图 1.2 扰动状态概念示意图

1.1.3　扰动状态概念的研究方法

相对完整状态、完全调整状态和扰动函数是构成扰动状态概念理论体系的基础。

1. 相对完整状态

处于相对完整状态的那部分材料的响应被认为是排除了扰动因素的影响。从这种意义上讲,该状态表示一种相对于受扰动状态而言的完整的状态。如在图 1.3(a)中,由初始弹性模量定义的响应可作为相对完整状态的响应,而实际观测到的非线弹性的特性是由受诸如微裂纹产生(即扰动)等因素的影响而造成的,这些因素导致了实际响应偏离相对完整状态的响应。图 1.3 中,σ 和 e 分别表示量测应力和孔隙率,上标 a、i 和 c 分别表示观测的、相对完整状态以及完全调整状态的响应。相对完整状态取决于初始条件,如围压或平均压力(σ_0)、密度(ρ_0)。在限

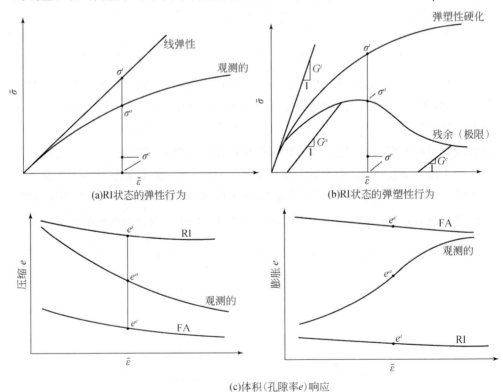

(a)RI状态的弹性行为　　　　　(b)RI状态的弹塑性行为

(c)体积(孔隙率 e)响应

图 1.3　不同材料行为的扰动示意图

定范围内,极限或最终相对完整状态对应于 σ_0 和 ρ_0 最大值处的响应,但这种最终状态是渐进的,实际上不可能达到。

此外,材料中的一部分不会受由微裂纹产生和损伤引起的扰动的影响,相对完整状态可基于这部分材料的弹塑性硬化特性而定义,如图 1.3(b)所示。在这种情形下,相对完整状态能用基于相关各向同性硬化塑性的分级单曲面(hierarchical single-surface, HISS)方法中的 δ_0 模型来定义,也可用其他的模型如热塑性和热黏塑性模型来定义。

2. 完全调整状态

处于完全调整状态的材料部分可认为已达到了极限状态,它的结构使其特性不同于处于相对完整状态的材料部分的特性,它不能像处于相对完整状态的材料那样承受外加剪切应力和静水压力的作用。不同的模型可被用来描述该状态的特征。

在这种状态下,材料被假定为:①它没有强度,如同连续介质损伤模型中的孔洞;②它无剪切强度,但能像受限液体那样承受平均或静水压力;③它处于临界状态,在给定的静水压力作用下,它能继续承受剪切作用并在体积不变情况下发生剪应变,即可被看作为"受限液-固体"状态。通常,运用上述②或③来定义完全调整状态较为合适。这主要是因为处于完全调整状态的材料部分是被处于相对完整状态的那部分材料所包围并限制的。因此,把它看成具有一定程度的变形和强度特性比把它看成无任何强度的孔更为合适。

3. 扰动及其演化

在扰动状态概念中,材料的观测响应是根据材料的两种基准状态(相对完整状态和完全调整状态)的响应通过扰动函数 D 来表达的。

处于完全调整状态下的材料行为相比相对完整状态的材料是不同的,其响应通常呈现较大软化。但是,当它被相对完整材料所包围时,它就具有一定的强度。例如,施加一个给定的初始压力,它能持续承受剪应力直到剪切变形保持恒定体积的状态,该状态常被称为临界状态。因此,对照经典的连续介质损伤模型,其材料的损伤部分没有强度,而在扰动状态概念中完全调整材料具有有限的强度。扰动状态概念理论的特征之一是观测的材料响应包含材料两部分及其相互作用的响应。因此,在扰动状态概念模型中体现了微裂纹相互作用效应。

1)扰动函数

扰动函数 D 通常是依赖于方向的,因此是一个张量。但是,为了简单起见,它

常常被假定为一个标量,表示在加权意义上的扰动。扰动函数能够表达为

$$D = D(\xi, T, N_0, \beta_i) \tag{1.1}$$

式中,$\xi = \int (\mathrm{d}\varepsilon_{ij}^p \mathrm{d}\varepsilon_{ij}^p)^{\frac{1}{2}}$ 是塑性应变的轨迹,ε_{ij}^p 是塑性应变张量;T 是温度;N_0 是(初始)密度;$\beta_i(i=1,2,\cdots)$ 表示其他参数,如湿度和化学成分等。注意到 D 是由塑性应变分量表达的,因此,它具有三维效应。

D 可表示为如下不同的函数形式。

基于体积应变不会引起明显扰动的假定以及试验观测,扰动函数可定义为

$$D = D_u[1 - \exp(-A\xi_D^Z)] \tag{1.2}$$

式中,A 和 Z 为材料参数;D_u 是 D 的极限值,D_u 趋近于 1。

$$D = \frac{M_s^c}{M_s} \tag{1.3}$$

式中,M_s^c 表示已达到临界状态的固体质量;M_s 表示固体总的质量。刚开始加载时,处于临界状态的固体质量为零,所有的材料都处于相对完整状态,因此扰动 D 为零。随着加载的进行,材料经历微结构变化,从相对完整状态转变成完全调整状态,最终趋近于极限情况——整个材料都处于临界状态,此时 D 达到 1。

对土之类的材料,微裂纹的大量出现和破坏的开始可能在峰值应力之前;而对陶瓷复合材料之类的材料,这些现象则可能在接近峰值应力时或在其之后出现。为了全面地表述此类行为,现在建立一个通用的扰动函数。该函数为

$$D = D_u \left\{ 1 - \left[1 + \left(\frac{\xi_D}{h} \right)^w \right]^{-s} \right\} \tag{1.4}$$

式中,h、w、s 为材料的参数;ξ_D 是偏塑性(或黏塑性、热黏塑性)应变 E_{ij}^p 的轨迹。

$$\xi_D = \int (\mathrm{d}E_{ij}^p \mathrm{d}E_{ij}^p)^{\frac{1}{2}} \tag{1.5}$$

式中,ξ_D 是基于观测响应的不可恢复应变或塑性应变。为简单起见,可以根据分级单曲面 δ_0 塑性模型 RI 响应下的应变来估算其值。

图 1.4 为不同的 h 值条件下扰动函数 D 的典型变化曲线,在此设定其极限值 $D_u = 1$。然而根据试验测试,实际的材料特性是 $D_u < 1$。式(1.4)中的表达式可用来表述应力扰动 D_σ 和波速扰动 D_v。

2)初始扰动

由初始条件,如试样的制备、原生缺陷、不连续性和各向异性所引起的扰动为初始扰动 D_0。这里各向异性指的是由诸如实验室里试样的准备等因素所造成的,此时不考虑本身就具各向异性的材料。如果已知初始静水压力条件下(在剪应力

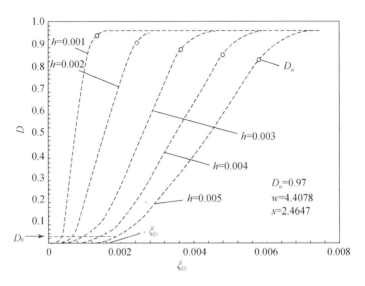

图 1.4　不同的 h 值下扰动函数 D 的示意图

施加前)的应力-应变数据,初始塑性应变的轨迹 ξ_{D_0} 就可求出。施加剪应力的起始点出现在 D_0,对应于式(1.5)的 ξ_{D_0},如图 1.4 所示。这里假定初始条件如各向异性将引起剪切应变(在静水压力作用下),扰动函数 D 对加载过程而言是有效的。

1.2　扰动状态概念的特点及其与其他模型的对比

扰动状态概念是建立在已有力学理论基础上的,并借鉴其他理论(如损伤力学、临界状态理论和自组织临界理论等)的思想方法,而逐步发展起来的一种新的本构模拟方法。扰动状态概念除了具有新兴科学理论所共有的特征外,还具有其固有的特点。为了更好地理解和掌握扰动状态概念理论,以下对扰动状态概念的特点进行综述,并对其与损伤力学、临界状态理论及自组织理论的异同进行比较。

1.2.1　扰动状态概念的特点

1. 热力学第二定律

热力学第二定律是本构方程必须遵守的最基本的原则之一,是材料建立本构关系的前提。下面检验扰动状态概念是否满足这一热力学基本定律。

用 $\{\sigma\}$ 和 $\{\varepsilon\}$ 分别表示某一特定尺度上的平均或非局部应力、应变。从热力学角度考虑,在无热作用的情况下,材料的状态可根据它的自由能密度来表征,即可

由观测应力 $\{\sigma^a\}$ 和观测应变 $\{\varepsilon^a\}$ 给出

$$\rho\,\psi^a = \frac{1}{2}\{\sigma^a\}^{\mathrm{T}}\{\varepsilon^a\} \tag{1.6}$$

式中，ρ 是材料的密度；而观测应力 $\{\sigma^a\}$ 则为

$$\{\sigma^a\} = \frac{\partial(\rho\,\psi^a)}{\partial\{\varepsilon^a\}} \tag{1.7}$$

将关系式 $\mathrm{d}\sigma_{ij}^a = (1 - D_\sigma)\mathrm{d}\sigma_{ij}^i + D_\sigma\mathrm{d}\sigma_{ij}^c + \mathrm{d}D_\sigma(\sigma_{ij}^c - \sigma_{ij}^i)$（见文献[2]）代入式(1.6)，并对所得方程的时间求导，得到的能量耗散率为

$$\varphi = \frac{\partial(\rho\,\psi^a)}{\partial t} = \left(\frac{1}{2}\{\varepsilon^a\}^{\mathrm{T}}[C^i]\{\varepsilon^i\} - \frac{1}{2}\{\varepsilon^a\}^{\mathrm{T}}[C^c]\{\varepsilon^c\}\right)\dot{D} = (\rho\,\psi^i - \rho\,\psi^c)\dot{D}$$

$$\tag{1.8}$$

式中，ψ^i 和 ψ^c 分别是与相对完整状态和完全调整状态相对应的自由能；$\rho\,\psi^i$ 和 $\rho\,\psi^c$ 都是平均应变的正定函数。由于相对完整状态的能量大于或等于完全调整状态所具有的能量，因此从物理意义上讲 $\rho\,\psi^i > \rho\,\psi^c$。此外，因 D 随时间单调递增，故式(1.8)中的 $\varphi \geqslant 0$，符合热力学第二定律中的 Clausius-Duhem 不等式。

如果 $\{\varepsilon^a\} = \{\varepsilon^i\} = \{\varepsilon^c\}$，$[C^c] = [0]$，即意味着处于完全调整状态下的材料不承担任何应力，式(1.8)可简化为

$$\varphi = \left(\frac{1}{2}\{\varepsilon^i\}^{\mathrm{T}}[C^i]\{\varepsilon^i\}\right)\dot{D} \geqslant 0 \tag{1.9}$$

式(1.9)与非局部损伤模型[3]是一致的。

2. 扰动状态概念的特点

1)扰动状态概念是一种新的材料本构模拟方法

扰动状态概念是建立在已有力学理论(弹性、塑性和热黏塑性等)基础上的，吸收了其他一些理论(如损伤力学、临界状态理论和自组织理论等)的优点，为工程材料进行本构模拟而发展起来的新理论。扰动状态概念将材料看做由随机地处于相对完整状态和完全调整状态的部分所组成的混合物，认为材料在外界的作用下产生的变形和破坏是其由 RI 状态向 FA 状态转变的过程，在这个转变过程中，材料经历的是一个自觉的自动调整过程。其基本原理简单明了，在思想方法上具有新颖性、独特性和先进性。虽然扰动状态概念中的所有概念并不都是新的，但它却综合了一些已有思想方法而创立的一种新的、统一的方法，它能描述材料的一般化特性，并可分体系地表征较大范围材料的力学响应。

2)扰动状态概念是一种机理性的研究方法

在许多微观力学模型中,大都通过颗粒之间的相对切向和法向响应来定义微观本构特性,而在扰动状态概念中没有这样做。在扰动状态概念中,处于 RI 和 FA 状态的材料部分之间的相对运动引起微观水平上的响应,这种响应一般可根据扰动函数表达式中的向量来判别微裂纹的产生及其方向。

由于扰动状态概念是通过相互作用机制来模拟材料的观测响应的,它把相对完整状态和完全调整状态看做由于自调整而引起材料内部微结构变化的结果,它虽然强调对微结构的考虑,但并不要求对颗粒在微观尺度上进行本构定义,因而,在某种程度上,利用扰动状态概念更有利于揭示材料的破坏机理。

3)扰动状态概念是一种整体性的研究方法

在扰动状态概念中,由于微结构变化——如微裂纹产生,处于 FA 状态的材料被看做相互作用的固体物质,并被处于 RI 状态的材料所限制。这就是说,在扰动状态概念中,强调的重点是从宏观角度来描述材料响应的特征,该响应是组成混合物的两部分材料——处于 RI 和 FA 状态的固体材料,其相互作用机制是整体特性的体现。这样,扰动状态概念就对由相互作用两部分构成的混合物(材料)的特性作了整体统一地描述,而不是把独立定义的颗粒或裂纹的响应叠加起来。因此,扰动状态概念能反映材料的完整力学响应,包括峰值前后的行为及其变形破坏特性的描述。

4)扰动状态概念与计算网格相关性

基于扰动状态概念的计算方法可以考虑材料单元中相对完整状态和完全调整状态部分的相对运动(平移和旋转),并将局部化限制、尺寸效应和微裂纹相互作用的影响都包括在模型中。当扰动状态概念的模型应用于有限元方法中并采用某一个特征尺寸(如在有限元中被积分点所包围的面积)上的平均应力和应变时,可有效地减少或消除了有限元计算中虚假网格的相关性问题[4]。因此,在扰动状态概念中,没有必要引入像非局部化损伤模型、梯度理论和 Cosserat 模型那样的处理方法。

1.2.2　扰动状态概念与损伤模型的对比

当前,绝大多数本构模型都是建立在非线弹性、塑性、热黏塑性、断裂力学以及连续介质损伤力学等理论基础上的。关于变形材料自调整、自组织的概念以及临界状态概念等则从整体角度上解释了材料的响应。扰动状态概念吸取了上述研究成果的优点,并得以建立和进一步的发展。通过对扰动状态概念与已有的理论(连续介质损伤力学、临界状态概念及自组织临界理论)的异同进行比较,可反映出扰动状态概念理论所具有的优势。

扰动状态概念中的 RI 和 FA 状态类似于损伤模型中的无裂纹(未损伤)和裂纹(损伤)部分。事实上,DSC 可以看做一个一般性概念,无裂纹和裂纹部分可当做 RI 和 FA 状态的特殊情况。因此,DSC 中的 FA 部分可被视为一个经过调整的材料部分,而不仅是一个有裂纹的或损伤的部分,在变形过程中,它具有特定的应力-应变和强度性质。

扰动状态概念中的扰动函数 D 类似于损伤理论中的损伤参数 ω。它们之间的区别在于:在 DSC 中,D 既可代表生长(强化或硬化)又可代表腐烂或软化(损伤)过程,而损伤参数 ω 通常只代表老化或软化。因此,由微结构改变导致的一般意义上的扰动包括了上述两种情况。例如,松散粒状材料和饱和的软黏土经过持续压缩后所产生的硬化,以及那些致密的粒状材料如岩石和混凝土所经历的扩容、微裂纹产生、破坏和软化,都可以归为扰动。此外,采用一般意义上的扰动概念可以考察某些材料(如含有氧杂质的硅晶体[5],处于后液化区域的饱和砂[6]),它们在软化后,当扰动减少时反而可能强化。而这种情况对传统的损伤力学理论就不适用了。

在经典损伤力学理论中,材料的裂纹或损伤部分被假定为孔洞,认为该部分无任何强度。随后,通过考虑裂纹的相互作用,这一概念被推广并包括其他各种因素,如蠕变、非局部化以及(微观尺度上)裂纹的影响。非局部作用也被引用来定义某一特定尺寸上的名义或平均变量(如应力和应变),裂纹的相互作用是在传统的损伤模型中通过叠加的方法来实现的。事实上,损伤部分是微裂纹的持续合并(汇集)的结果,它具有一定的强度。在 DSC 中,FA 部分代表了微裂纹产生过程,其具有相当的变形和强度特性。RI 和 FA 部分持续相互作用的结果,是传统损伤模型中所缺乏的。材料的应力-应变及其相应的能量相互作用已体现在 DSC 的本构方程中。因此,在 DSC 中没有必要分别指明裂纹并表示其中的应力。

DSC 与损伤力学在哲学上的区别在于两者对材料响应的解释。在连续介质损伤力学中,出现裂纹和损伤部分是导致强度降低和丧失的原因。而 DSC 则认为:由相互作用的处于 RI 和 FA 状态的材料部分组成的混合物,在其变形过程中将产生微观结构的变化,从而出现响应中的破坏或强化现象。此外,DSC 允许从宏观角度对有限尺寸的试件进行实验室测试,从而对处于 RI 和 FA 状态下的材料本构特性加以描述。这与基于微观力学角度考虑的微观力学和非局部损伤模型相比具有优势。

1.2.3　扰动状态概念与其他模型的对比

1. 与临界状态概念的比较

工程材料在外部作用的影响下,会呈现出不可逆(塑性)变形的非线性反应,并释放能量。对于弹塑性材料而言,随着应力应变的增长,微粒的相对运动引起持续的变形和微粒间联系的逐渐破坏,最终导致实效,即这种响应会趋于临界状态;而脆性材料在某一应力水平之后开始出现微裂纹,并逐渐发展成为宏观裂纹,在应力处于超过峰值后的某一应力值时,开始发生破坏或失稳。

临界状态概念(critical state concept,CSC)认为,在外部荷载或环境的作用下,给定初始应力的变形材料将逐渐接近临界状态,此时材料在不变的剪应力作用下会发生持续的剪切变形,并保持体积或孔隙率不变。临界状态的出现被认为是意味着材料崩塌的开始。如果考虑材料的变形是一个渐进的过程,那么可以观察到裂纹形成或由于能量的突然释放而引起的在不同时期内不稳定的信号(如颤动、噪声等)。

在考虑自调整概念的 DSC 理论中,对于弹塑性和脆性两类材料的力学响应,包括屈服或微裂缝的发展演变,都可以用自调整的方法来解释,并能描述整个过程(峰值之前,峰值之后和临界状态或破坏状态)的特征。CSC 理论则主要解释当材料微结构的破坏和崩塌开始时处在临界状态下的现象。所以说 DSC 考虑的更全面,因为它能够将 CSC 理论所定义的情况作为特例包含在内。

2. 与自组织临界理论的比较

要认识由大量微粒组成的复杂材料体系的特性,不应从对其单独组成部分的定义和理解着手。因为对于一个复杂的、相互作用的体系,它的响应是不与作用在微粒或微裂纹级别上的扰动(应力或力)成比例的,而且传统的分析方法并不适用于这样一个无序的、混乱的系统。在 DSC 中就没有把单个组成部分与整个系统的响应分离开来考虑。从这个意义上讲,DSC 和自组织临界(self organized criticality,SOC)理论相似。

自组织临界理论认为[7],大型复合系统在外部影响下,自然地无需由外部加以调整而由随机状态演化到一种有序的临界状态,在此临界状态下,小事件引起的连锁反应能够对系统中任何数目(包括大数目)的组元产生影响,从而可能导致例如崩塌或极限临界状态等大规模事件的发生。事实证明大范围的现象可以用 SOC 理论描述,例如,砂堆的反应、地震的发生、日用品价格的变动、物种的演变和消失、引用的增长、类星体传来的光和河流中流水的波动等。

在 SOC 理论中,用长时期的稳定和出现新情况的短期剧变(即动态平衡)来描述微裂缝的演变特征。这一动态平衡通常伴随有被引起噪声增长的突发行为分割成不同持续时间的静态周期。在脆性材料中一旦出现微裂缝,可以认为,微裂纹和包含稳定材料状态的部分会分别表现出动态平衡和静态响应。可以说 SOC 理论已经揭示了材料崩塌形成的现象,然而它不包括材料在达到临界状态前的增长过程中的力学响应。也就是说,在考虑工程材料的反应时,SOC 理论说明了崩塌状态的开始,但不能说明峰值之前和之后的整个响应。在工程材料发展到破坏状态的过程中,对于弹塑性材料而言,材料的微结构会发生不可恢复的变形和能量的释放;而对脆性材料而言,则会产生能量的释放和微裂缝。两者均会表现出能量法则的特性,但噪声等信号的出现通常只有在形成微裂纹的情况下才是可以观测的。因此,基于能量法则、稳定状态和 $1/f$ 噪声等概念的 SOC 理论[7]主要用以解释脆性材料的响应,包括微裂缝的产生和发展等。因此,DSC 与 SOC 理论的主要区别在于:SOC 通常适用于解决一些灾难性的事件,如地震、崩塌、雪崩等;而 DSC 理论倾向于反映材料的完整响应,包括峰值前后及其破坏时的特性。

1.3 扰动状态概念的发展历史及研究现状

1.3.1 扰动状态概念的发展历史

纵观扰动状态概念的发展历程,作者将其发展历史划分为如下阶段。

(1)萌芽期(1974~1986 年)。1974 年,Desai 首次提出扰动状态概念;扰动状态概念的理论研究已得到初步开展。

(2)发展期(1987~1993 年)。扰动状态概念已形成基本理论分析框架,并已在地质材料、混凝土材料以及其他工程材料中得到初步应用。

(3)完善期(1994~2000 年)。通过 Desai 及其合作者不断深入的研究,扰动状态概念的理论体系得到了逐步完善。1990~2002 年,已有 19 篇此方面研究的博士学位论文;扰动状态概念被列为"第十届岩土力学计算机方法与进展国际会议"主题之一。Desai 于 2001 年 1 月出版的专著 *Mechanics of Materials and Interfaces——The Disturbed State Concept* 标志着该理论体系的系统性和完整性。

(4)应用(2001 年至今)。扰动状态概念的研究成果已在土、岩石、油砂、混凝土及电子封装材料等多种工程材料中得到应用,并已开始应用于某些实际工程,如地震引起的砂土液化、热疲劳作用下材料的寿命预测及坝基等结构的稳定性分析等。

1.3.2　扰动状态概念的研究现状

近 40 年来,Desai 及其合作者对扰动状态概念进行了全面而深入的研究,已基本形成了扰动状态概念理论的分析体系,扰动状态概念理论已较为系统化。扰动状态概念的研究已取得了丰硕的成果,其中的一些研究成果已在工程实践中得到了应用和推广。现在,利用扰动状态概念理论可以描述在不同荷载(加载、卸载及循环加载)作用下,材料的硬化及软化行为、岩石类材料界面和节理的力学响应,分析砂土液化机理,建立电子封装材料的本构关系以及进行相关的数值模拟等[8,9]。在国内,关于扰动状态概念理论及其应用的研究于 2000 年以后才得以开展,并已取得一定的研究成果。以下对 DSC 的研究现状作一综述。

1. 应变软化行为的力学响应

Katti 等[10]建立了一个基于扰动状态概念的黏土本构模型,它可用于预测循环荷载作用下不排水饱和黏土的应力-变形和孔隙水压力的响应,也可用来预测地震作用下的土的响应,通过非扰动黏土试样的一系列室内试验验证了该模型。

Desai 等[11]阐述了扰动状态概念,建立了基于应力-应变和非破坏性行为的本构模型。通过两种材料(水泥砂浆和陶瓷复合材料)的实验室试验,对 DSC 模型的各个方面进行了验证。该研究方法的独特性在于:①本构行为和参数可以通过应力-应变-体积的变化特征以及其他可测量(超声波 P 波波速)来获得;②能建立力学和超声波响应之间的对应关系;③扰动状态概念能够提供裂纹密度的描述;④通过定义本构模型及对受机械和环境荷载影响的设计模量的计算,简化该模型并用来预测材料的残余寿命。

Samieh 等[12]在低围压(50~750kPa)下对 Athabasca 油砂进行了排水三轴压缩试验,并利用扰动状态概念本构模型对 Athabasca 油砂的力学响应进行了数值模拟。研究表明,该模型能够描述材料行为的一些重要方面,如峰值强度和残余剪切强度随围压的增加而增加,峰后应变软化与显著的剪胀以及非均匀剪切变形有关。

Sterpi[13]从宏观的角度来分析应变局部化及相关的软化效应现象,提出了一个包含该现象两种可能方面的有限元模型。第一种方法称为结构软化方法,导出了一个用于检测局部化起始的准则,局部化取决于当时的应力分量数值。通过一个简单的分析实例来探讨该方法依据非关联的流动准则怎样才能反映应变软化,甚至对于理想弹性塑性材料。第二种方法称为材料软化方法,假定软化的起始取决于塑性应变的累积。探讨了这些方法的应用,包括在浅埋隧道的小尺度现场模型试验。在对试验和数值分析结果比较的基础上,对该方法揭示开挖的破坏机理的有效性作出评论。

Liu 等[14]利用扰动状态概念量化土结构对天然土体压缩行为的影响,提出了一个新的 DSC 压缩模型;通过 7 种不同类型的土体进行的 10 项试验对提出的模型进行的验证表明,该模型能描述结构性土体在常规荷载条件(加载、膨胀和重复加载)下的压缩行为,它既适用于天然结构性土体也适用于人造结构性土体。

Wu 等[15]基于扰动状态概念理论,建立了饱和软黏土应力-应变关系的 DSC 模型。通过三轴固结不排水剪切试验,对上海地区典型软黏土(第 4、5 层土)的力学特性进行了研究分析,并应用试验结果验证了饱和软黏土的 DSC 本构模型。研究表明,理论与试验结果较为吻合。

Varadarajan 等[16]对取自两座大坝性质迥异(三轴压缩下剪切破坏时分别呈现体积膨胀和压缩)的堆石料,应用基于扰动状态概念的弹塑性本构模型对其进行了分析,通过试验确定了堆石料的材料参数,利用建立的模型对堆石料的力学行为作了满意的预测,并与试验结果相一致。

陈锦剑等[17]基于扰动状态概念理论,定义饱和软黏土的相对完整状态、完全调整状态及扰动函数,建立了饱和软黏土应力-应变关系的 DSC 模型。通过三轴固结不排水剪切试验,对上海地区典型软黏土的力学特性进行了分析,得到了软黏土在不同围压下的轴向应力、应变和孔压等参数之间的关系,并应用试验结果验证了饱和软黏土的 DSC 本构模型。结果表明,理论与试验结果较为吻合。

王国欣等[18]建立了结构性黏土的弹塑性扰动状态本构模型,通过三轴不排水剪切试验对模型进行了检验,结果表明该模型反映了土体的变形特征,其在类似条件下能较好地满足工程实际的要求。

周成等[19]引入扰动状态概念并基于次塑性理论,按照由特殊(单调加载)到一般(复杂荷载)的思路建立了次塑性扰动状态弹塑性损伤模型,用来描述单调及复杂荷载作用下结构性土的强度和变形特性。利用该模型对单调及循环荷载作用下结构性土的强度和变形特性进行了模拟,并推导出相应的弹塑性损伤矩阵,便有限元分析使用。

张玉洁等[20]通过引入扰动状态概念对黏性土的应力应变关系及其压缩变形进行定量分析研究。选取相应土的重塑状态作为土体材料的完全调整状态,土的初始响应为相对完整状态下的行为。建立一个新的扰动模型,反映土在外力作用下微结构的动态变化过程。并通过黏性土的高压固结试验对模型的合理性进行验证,为工程提供更为准确的力学参数。

吴刚等[21,22]利用扰动状态概念理论建立了岩石的非线性本构模型,分别对 5 种岩石试样(湖北大悟的花岗岩、四川雅安的大理岩、江西贵溪的红砂岩、河南焦作的砂岩和花岗岩)的单轴压缩破坏后区、卸荷岩体的力学特性以及不同加载速率下岩石的应力-应变关系进行了模拟分析,计算结果与试验较为一致。

郑建业等[23]将大理岩单轴受压模型的相对完整状态和完全调整状态定义为弹性模量不同的线弹性模型,探讨了参数的选取和迭代计算方法,利用该模型较好地描述了岩石材料的软化阶段。

土德垲等[24~26]利用分级单曲面 δ_0 模型来描述岩石的相对完整状态,临界状态达到理想塑性作为岩石的完全调整状态,对分级单屈服面 δ_0 模型在岩石材料中的应用作了有益的探讨,提出了一般形式的扰动状态本构方程的数值解法,并将理论计算分别与岩石的单轴压缩、常规三轴压缩以及低周疲劳试验结果相比较,表明理论计算与试验结果相吻合。

吴刚等[27]利用扰动状态概念理论建立了岩石的弹塑性本构模型,通过对焦作砂岩进行单轴和三轴压缩破坏试验,确定本构模型中的材料参数;利用该模型对岩石在单轴应力状态下的力学响应进行了描述,并与有关试验结果进行对比。研究结果表明,建立的弹塑性本构模型能描述单轴下岩石的应力-应变全过程。

朱剑锋等[28]基于扰动状态概念理论,选用相对密实度作为扰动参量,提出了统一的扰动函数表达式。结合 ISO 标准砂三轴固结排水试验结果对 SMP-Lade 模型参数进行修正,建立了考虑扰动影响的弹塑性模型。试验验证结果表明,考虑扰动影响的弹塑性模型可以预测扰动状态下砂土的应力-应变-体变关系。

2. 界面和节理的本构模拟

Desai 等[29]建立了一个基于扰动状态概念的统一的本构模型,用于研究岩石节理和界面的静态行为。对岩石的节理以及混凝土和风化岩石的界面进行了四类剪切试验,并将模型作出的预测与众多的试验数据进行了比较,结果令人满意。

Desai 等[30]将扰动状态概念的本构模型用于研究带有断层和氧杂质的硅的力学响应,模型中包括了诸如断层密度、温度、应变率及氧气浓度等因子。通过对试验数据的比较,表明 DSC 为硅及其材料的热力学行为提供一个比过去采用的模型更适宜的本构模型。

Pal 等[31]基于扰动状态概念,提出了一个用于土与土工织物交界面的弹塑性本构模型。该模型能体现交界面响应的大多数重要特征,如膨胀、硬化和软化。通过该模型预测了直剪试验下交界面的行为,对标准拉拔试验的有限元模拟结果与试验数据十分接近。研究表明,提出的模型可用于采用土工织物加强的路基的应力-变形分析。

　　Fakharian 等[32]利用 Desai 提出的分级单曲面塑性模型来预测砂和钢板之间的界面行为,模型参数通过在恒定正应力条件下的二维常规试验确定,并将其用于不同应力路径下界面行为的预测,预测结果和试验结果相吻合。

3. 基于 DSC 的数值模拟方法

　　Basaran 等[33]提出了一种基于扰动状态概念本构模型的有限元方法,用于对无铅陶瓷芯片载体封装的 Pb40/Sn60 焊缝进行热力学疲劳评估。利用该方法可以模拟加速热力循环试验,所用的扰动准则表明其遵循类似系统中能量耗散的路径。

　　Desai 等[34]提出了利用 DSC 的数值模拟方法,建立了相对完整状态和完全调整状态的控制方程、扰动函数表达式及相关的有限元方程,通过一些问题的解来解释该有限元方法的单值性和收敛性、局部化以及虚网格的相关性,并对模拟和实际问题的观测行为进行了验证。

4. 砂土液化分析及相关工程应用

　　饱和砂土液化是地震运动中地基失稳的主要形式之一,无论砂土部分液化还是完全液化,都可能使建筑物产生严重破坏。因此,研究砂土液化问题的重要性和必要性显得尤为迫切。Desai 等[34]基于材料微观结构的不稳定性,提出了一种用于确认饱和土液化的方法,这种 DSC 方法是对现有的基于经验和能量方法的改进,具有简化分析和设计的特点;根据两种饱和砂(Ottawa 砂和 Reid Bedford 砂)的试验结果验证了该方法的正确性。Desai[35]基于扰动状态概念,建立了一种简便、通用并且考虑液化机理的砂土液化方法的判别方法,这种方法能用于判定循环荷载作用下饱和砂土的液化起始并描述其发展状况。与能量法相比,由 DSC 建立的液化判据更易揭示砂土液化机理,判定液化的方法更为简捷且具理论化。通过对日本阪神大地震期间神户港岛的沉积土液化所进行的验证表明,这是一种判别砂土液化的有效方法。

　　Desai 等[36]将黏塑性本构关系引入扰动状态概念理论,用以描述相对完整状态的材料响应,给出了一个边坡稳定分析的算例。

Wu 等[37]建立了脆弹性岩石的扰动状态本构模型,对卸荷应力状态下岩体的力学特性进行了模拟,其结果与试验测试结果一致。

王德玲等[38]采用扰动状态概念模型分析三峡大坝三坝段的稳定性。其材料的本构模型采用扰动状态概念本构模型,而断层的扰动状态概念模型参数则根据位移反分析法反演,反演时采用遗传算法进行优化。分析大坝稳定性时,采用强度储备法进行追踪计算,采用 VC++ 与 MATLAB 混合编程的方法编制了三维有限元程序进行数值计算,把控制点位移出现拐点确定为坝段的抗滑安全系数,以此得到合理的安全系数。

刘齐建等[39]基于扰动状态概念,将桩土界面单元的状态划分为完整状态和临界状态,受力后界面中处于这两种状态的单元服从随机分布,荷载由它们共同承担。据此建立了相应的桩基荷载传递函数模型,结合不均匀化材料的均匀化理论与概率统计方法,以桩的塑性剪切位移为分布变量,提出了模型中扰动参数的计算原理与方法。通过与实测数据的对比,验证了模型的准确性,并利用建立的模型对某工程试桩进行了分析。

朱剑锋等[40]在 DSC 理论的基础上,以平动位移模式下刚性挡土墙位移量为扰动参量,建立了墙后填土为无黏性土的扰动函数表达式,提出了扰动摩擦角概念,推导了土压力合力、作用方向以及土压力沿墙高分布的计算公式。通过与模型试验实测数据相比较,所得的挡土墙土压力分布及土压力系数与实测结果较为吻合。

5. 在电子封装业中的应用

描述电子封装材料的力学响应是应用 DSC 考虑温度效应的成功实例。在微电子产业中,锡/铅焊缝是封装的基本部分,当设备开启时,电路产生的热量将引起周期性的热力加载作用。由于黏结层之间的热膨胀系数不同,焊缝将经历周期性的剪应变并导致高周疲劳;当半导体设备被用于振动的环境中,附加的应变会缩短焊缝的疲劳寿命。在电子封装中,焊缝的可靠性是由昂贵的实验室测试来确定的。

Desai 等[41]在扰动状态概念的基础上,提出一个能描述电子芯片衬底系统中材料和界面(接缝)热力学响应的本构模型,给出了基于 DSC 的判定电子封装材料周期疲劳破坏的准则,利用实验室测试数据进行的检验表明提出的模型能应用于设计。

Basaran 等[42]利用 DSC 建立了一个锡/铅焊缝的本构模型,该模型统一体现了热力-弹性-黏塑性及损伤等影响因素;基于该模型,用有限元法预测了焊缝的疲劳寿命,并对其可靠性进行了估计;指出基于 DSC 的有限元数值模拟有望替代电子封装中昂贵的实验室测试。

　　Desai 等[43,44]利用新的试验装置——热力数字图像关联仪(TM-DIC)对焊料进行了热力学测试,建立了焊料的 DSC 本构模型,通过实测数据对模型进行了检验。

　　综上所述,Desai 教授创立的扰动状态概念理论是建立在已有力学理论基础上的,它借鉴了其他理论(如损伤力学、临界状态理论和自组织临界理论等)的思想方法而逐步发展起来的一种新的本构模拟方法。由于扰动状态概念在思想方法上的独特性,其相关研究不仅具有理论意义,而且具有工程实用价值。将扰动状态概念理论应用于工程材料本构关系的研究,已受到学术界和工程界的广泛关注。有关的研究成果表明:扰动状态概念不仅具有丰富的理论内涵,而且具有较高的工程实用性。

参 考 文 献

[1]Desai C S. A consistent finite element technique for work-softening behavior[C]//The Proceedings of International Conference on Computational Methods in Nonlinear Mechanics, Austin,1974.

[2]吴刚. 工程材料的扰动状态本构模型(1)——扰动状态概念及其理论基础[J]. 岩石力学与工程学报,2002,21(6):759—765.

[3]Pijaudier-Cabot G,Bazant Z P. Nonlocal damage theory[J]. Journal of Engineering Mechanics, ASCE,1987,113(10):1512—1533.

[4]Desai C S,Basaran C,Zhang W. Numerical algorithms and mesh dependence in the disturbed state concept[J]. International Journal for Numerical Methods in Engineering,1997,40(16): 3059—3083.

[5]Desai C S,Dishongh T J,Deneke P. Disturbed state constitutive model for thermomechanical behavior of dislocated silicon with impurities[J]. Journal of Applied Physics,1998,84(11): 5977—5984.

[6]Vaid Y P, Thomas J. Liquefaction and post liquefaction behavior of sand[J]. Journal of Geotechnical Engineering,ASCE,1995,121:163—173.

[7]Bak P,Tang C,Wiesenfeld K. Self organized criticality:An explanation of 1/f noise[J]. Physical Review Letters,1987,59:381—384.

[8]Desai C S. Mechanics of Materials and Interfaces—The Disturbed State Concept[M]. Baca Raton:CRC Press LLC,2001.

[9]吴刚,金剑,潘建华. 扰动状态概念及其研究现状[A]//中国岩石力学与工程学会主编. 新

世纪岩石力学与工程的开拓与发展. 北京:中国科学技术出版社,2000:40—43.

[10]Katti D R,Desai C S. Modeling and testing of cohesive soil using disturbed-state concept[J]. Journal of Engineering Mechanics,1995,121(5):648—657.

[11]Desai C S,Toth J. Disturbed state constitutive modeling based on stress-strain and nonde-structive behavior[J]. International Journal of Solids and Structures,1996,33(11):1619—1650.

[12]Samieh A M,Wong R C K. Modelling the responses of Athabasca oil sand in triaxial com-pression tests at low pressure[J]. Canadian Geotechnical Journal,1998,35(2):395—406.

[13]Sterpi D. An analysis of geotechnical problems involving strain softening effects[J]. Interna-tional Journal for Numerical and Analytical Methods in Geomechanics,1999,23(13):1427—1454.

[14]Liu M D,Carter J P,Desai C S,et al. Analysis of the compression of structured soils using the disturbed state concept[J]. International Journal for Numerical and Analytical Methods in Geomechanics,2000,24(8):723—735.

[15]Wu G,Chen J,Sun H,et al. Disturbed state concept model for studying on mechanical char-acteristics of saturated cohesive soils[C]//Structural Engineers World Congress,Yokohama,2002.

[16]Varadarajan A,Sharma K G,Venkatachalam K,et al. Testing and modeling two rockfill ma-terials[J]. Journal of Geotechnical and Geoenvironemental Engineering,2003,129(3):206—218.

[17]陈锦剑,吴刚,王建华,等. 基于扰动状态概念模型的饱和软粘土力学特性[J]. 上海交通大学学报,2004,38(6):952—955.

[18]王国欣,肖树芳,黄宏伟,等. 基于扰动状态概念的结构性粘土本构模型研究[J]. 固体力学学报,2004,25(2):191—197.

[19]周成,沈珠江,陈生水,等. 结构性土的次塑性扰动状态模型[J]. 岩土工程学报,2004,26(4):435—439.

[20]张玉洁,王常明,王芳,等. 黏性土基于扰动状态概念的应力应变关系及压缩变形分析[J]. 世界地质,2005,24(2):200—202.

[21]吴刚,张磊. 单轴压缩下岩石破坏后区的扰动状态概念分析[J]. 岩石力学与工程学报,2004,23(10):1628—1634.

[22]Wu G,Zhang L. Disturbed state model for analysis of the constitutive relationship of sand-stone under different strain rates[J]. Key Engineering Materials,2004,274:265—270.

[23]郑建业,葛修润,蒋宇,等. 扰动状态概念方法的参数标定及应用初探[J]. 上海交通大学学报,2004,38(6):972—975.

[24]王德玲,葛修润. 关于分级单屈服面模型的几个问题的探讨[J]. 岩土力学,2004,25(7):

　　　　1059—1062.

[25]王德玲,葛修润. 岩石的扰动状态本构模型研究[J]. 长江大学学报(自然版),2005,2(1):
　　　　91—95.

[26]王德玲,沈疆海,葛修润. 岩石疲劳扰动模型的研究[J]. 水利与建筑工程学报,2006,4(2):
　　　　32—33,58.

[27]吴刚,何国梁. 岩石的弹塑性扰动状态本构模型[J]. 河海大学学报,2008,36(5):
　　　　663—669.

[28]朱剑锋,徐日庆,王兴陈,等. 考虑扰动影响的砂土弹塑性模型[J]. 岩石力学与工程学报,
　　　　2011,30(1):193—201.

[29]Desai C S,Ma Y. Modeling of joints and interfaces using the disturbed state concept[J]. In-
　　　　ternational Journal for Numerical and Analytical Methods in Geomechanics,1992,16(9):
　　　　623—653.

[30]Desai C S,Dishongh T J,Deneke P. Disturbed state constitutive model for thermomechanical
　　　　behavior of dislocated silicon with impurities[J]. Journal of Applied Physics,1998,84(11):
　　　　5977—5984.

[31]Pal S,Wathugala G W. Disturbed state model for sand-geosynthetic interfaces and application
　　　　to pull-out tests[J]. International Journal for Numerical and Analytical Methods in Geome-
　　　　chanics,1999,23(15):1873—1892.

[32]Fakharian K,Evgin E. Elasto-plastic modelling of stress-path-dependent behaviour of inter-
　　　　faces[J]. International Journal for Numerical and Analytical Methods in Geomechanics,
　　　　2000,24(2):183—199.

[33]Basaran C,Chandaroy R. Finite element simulation of the temperature cycling tests[J]. IEEE
　　　　Transactions on Components,Packaging & Manufacturing Technology. Part A,Manufactur-
　　　　ing Technology,1997,20(4):530—536.

[34]Desai C S,Park I,Shao C M. Fundamental yet simplified model for liquefaction instability
　　　　[J]. International Journal for Numerical and Analytical Methods in Geomechanics,1998,22
　　　　(9):721—748.

[35]Desai C S. Evaluation of liquefaction using disturbed state and energy approaches[J]. Journal
　　　　of Geotechnical and Geoenvironmental Engineering,2000,126(7):618—631.

[36]Desai C S,Samtani N C,Vulliet L. Constitutive modeling and analysis of creeping slopes[J].
　　　　Journal of Geotechnical Engineering,ASCE,1995,121(1):43—56.

[37]Wu G,Zhang L. Studying unloading failure characteristics of a rock mass using the disturbed
　　　　state concept[J]. International Journal of Rock Mechanics and Mining Sciences,2004,41
　　　　(18):1—7.

[38]王德玲,葛修润. 扰动状态概念模型在三峡大坝 3# 坝段稳定性分析中的应用[J]. 长江大

学学报(自科版),2005,2(10):369—372.

[39]刘齐建,杨林德. 桩基荷载传递函数扰动状态模型及应用[J]. 同济大学学报(自然科学版),2006,34(2):165—169.

[40]朱剑锋,徐日庆,王兴陈. 基于扰动状态概念模型的刚性挡土墙土压力理论[J]. 浙江大学学报 (工学版),2011,45(6):1081—1087.

[41]Desai C S,Chia J,Kundu T,et al. Thermomechanical response of materials and interfaces in electronic packaging:Part I and part II-unified constitutive model and calibration[J]. Journal of Electronic Packaging,Transactions of the ASME,1997,119(4):294,301—309.

[42]Basaran C,Chandaroy R. Using finite-element analysis for simulation of reliability tests on solder joints in microelectronic packaging[J]. Computers & Structures, 2000, 74 (2): 215—231.

[43]Desai C S,Wang Z,Whitenack R,et al. Testing and modeling of solders using new test device,part 1:models and testing[J]. Journal of Electronic Packaging,Transactions of the ASME,2004,126:225—231.

[44]Desai C S,Wang Z,Whitenack R,et al. Testing and modeling of solders using new test device,part 2:Calibration and validation[J]. Journal of Electronic Packaging,Transactions of the ASME,2004,126:232—236.

第2章 扰动状态概念的基本理论

正如第1章所介绍的,DSC是一种统一的建模方法,它以集成的方式考虑简单系统中引起材料发生软化、损伤、硬化、弹性、塑性、徐变、微裂纹和破坏的原因。

从第1章中,我们了解了扰动状态概念的基本原理、特点、研究方法及研究现状。本章将系统阐述扰动状态概念的基本理论,包括扰动状态概念的基本状态量,基于扰动状态概念的各类本构方程,如弹性模型、弹塑性模型、黏弹性和黏塑性模型、饱和及非饱和材料模型、结构性材料和强化材料模型以及界面和节理模型。

2.1 扰动状态概念的各基本状态量

DSC的基础是基本的物理思想,即可观测到的材料响应可以用一系列组成要素的响应来表达,各要素之间由扰动函数来联系。简单地说,观测到的材料状态能够表示为相对于处于基准状态下材料的扰动或偏离行为,即材料系统的当前状态是相对于初始或最终状态的扰动状态。

扰动状态概念的基本状态量包括完全调整状态、完全调整状态、观测行为及扰动函数等。

2.1.1 相对完整状态

相对完整状态简称RI状态,它可用一种具有相关响应的弹性或塑性的模型来表征其特性,也可用其他合适的连续模型,如黏塑性模型、热黏塑性模型及HISS模型来表示RI状态。在这种情形下,尽管模型中包含着永久变形、双剪力以及测定的体积等不易被观测到的响应,但像非相关响应(摩擦)、各向异性和微裂纹(硬化)等因素会对模型造成偏离或扰动,以致产生能够被观测到的响应。

当RI状态不包含上述因素的影响时,其所发生的响应是相对的,这些因素会使所观察到的响应与材料给定的RI状态有所偏差。所以,选择RI状态和相关的构成模型来定义材料的响应和可观测到的数据是很重要的;而这种数据是在原始条件下得到的,且这种原始条件能够获得材料模型在RI状态下的特性和参数标度。正如在第1章所陈述的,材料的最初状态可被视为完整的状态。但在通常情况下,应力和张力响应都有各自的 RI 行为,因为这些响应是被很多因素所影响的,这些因素包括最初的条件、应力、应变、密度、压力和温度。当采用 δ_0 模型时,RI 状态下的塑性响应能够由三种因素来表述,导致材料的各种响应的范围也能够被模拟,这些响应通过不同的曲线来表达(图 2.1)。

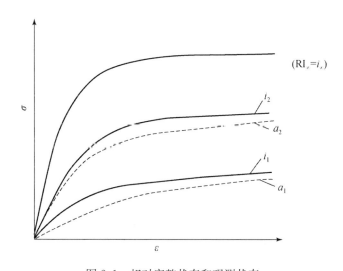

图 2.1　相对完整状态和观测状态

同样,如果在 RI 状态下发生非线性弹性响应,弹性系数如弹性模量 E、泊松比 μ、剪切模量 G 及体积模量 K 等的确定将定义给定初始条件的 RI 响应,如下:

$$E = E(p_0) \qquad\qquad [2.1(a)]$$

$$G = G(p_0) \qquad\qquad [2.1(b)]$$

式中,p_0 表示最初的平均压力,其数值为 $\dfrac{\sigma_1 + \sigma_2 + \sigma_3}{3}$。为了模拟受 p_0 影响的模型,RI 状态下的模量能够用 p_0 表示为如下形式:

$$E = \overline{K}(p_0)^n \qquad\qquad [2.1(c)]$$

式中,$\overline{K}$ 和 n 都是参数。

2.1.2　完全调整状态

在加载过程中,处于 RI 状态的部分材料不断变化直至 FA 状态。根据最初的状态和由应力、裂纹、不连续性以及微裂纹等因素组成的条件下,处于 FA 状态的材料是杂乱无章地分散于材料的各个部分的。这种转变的发生是由于材料的微观结构的自我调整。由此可以认为,处于运动状态(如平移、旋转)的材料颗粒将在微观状态下经历瞬间的不稳定性,但这种可测量的巨大响应是随着微粒不稳定响应的发生而发生的,而且这种响应的发生并不表明破坏意义上的不稳定性。只有当不稳定性在最后阶段中处于主要或临界状态时,破坏才会发生。

这种 FA 状态在实验室中只能无限渐近,而不能被达到或测量,此时材料会朝着拥有最大平均信息量的各向同性状态或者平衡状态的方向组合。在 FA 状态下,材料的结构和组成与处在 RI 状态下是不同的。同时,处在 RI 状态和 FA 状态的部分又是相关联的,就如同在固体材料的矩阵颗粒中气泡的分布是杂乱无章的。很显然,包含材料骨架和固体颗粒矩阵的混合物的行为与材料中气泡的行为决定于这两者的共同行为。当材料中的气泡被完全包含在固体矩阵中时,材料即能够承受部分荷载。当这些气泡破裂或者不再包含在材料中时,即这些气泡通过固体矩阵上的裂纹与大气相连时,材料就不再能够承受负荷。

处于 FA 状态的材料部分与处在固体基体中的气泡是相似的,这部分也能承载部分荷载。只有在最后的完全调整状态下,也就是 $(FA)_\infty$ 状态,材料才会完全破坏或者 FA 状态部分不再能够承担荷载。这样的条件是逐步渐近的,在达到这样的条件之前,实验室的测试已停止并且材料已告破坏。这就是在模型中能够定义和利用的工程 $(\overline{FA})$ 状态。它发生于 $(FA)_\infty$ 状态之前,即当材料因为各种原因而破坏的时候它就发生了。必须说明的是,只有工程 FA 状态才是可以被测量并且被用来近似代替 FA 状态的。

有多种方法可以用来描述处于 FA 状态下材料的行为。

(1)受限液-固体。

其可能的代表就是临界状态模型[1,2],在这些状态下材料受剪力($\sqrt{J_{2D}}$ 或 τ)作用发生连续的剪应变,直到剪力值达到最初的压力($J_1/3$ 或 p)才进入 FA 状态。

(2)受限液体。

这里假设材料部分能够承受静水压力,但不能承受剪力($\sqrt{J_{2D}}$)。也就是说,当材料部分达到 FA 状态时,其剪力下降为零[3,4]。这种模拟类似于理想塑性材料在 FA 应力达到屈服应力时的屈服反应。

(3)有限的裂纹或孔隙。

这类似于经典破坏模型[5,6]中的假定,即处于 FA 状态的材料部分不能受力,也即 $\sqrt{J_{2D}} = J_1/3 = 0$。因此,荷载压力只是由处于 RI 状态的材料部分来承担。

在某些状况下,FA 状态可采用对应于给定参数的某一基准值时的材料响应。例如,在部分饱和材料中,FA 状态可选为在完全饱和或零饱和度时的响应。后面将会详细阐述不同材料处于 FA 状态和 RI 状态下的各种性质。

2.1.3　扰动及其表述

DSC 假定在机械和环境的加载下,材料的微观结构处于 RI 状态和 FA 状态部分的响应会产生扰动和变化。RI 状态部分指的是响应排除了像摩擦、各向异性、微裂纹扩展、损伤、软化、硬化或强化影响的材料部分。在 RI 状态下的材料常用连续介质理论进行模拟。FA 状态部分指的是处于趋近于极限的变形阶段渐近线(平衡)状态的材料部分。处于 RI 状态的材料通过微观结构的自发调整过程会连续变形到 FA 状态。

在变形阶段材料的变形单元被认为是由处于 RI 状态和 FA 状态的两部分基本物质构成的混合物。RI 和 FA 两种物质状态可称为基准状态。由于初始应力、各向异性和制造过程等因素的初始扰动,材料开始时处于完全或部分的 RI 状态。在变形过程中,材料中处于 FA 状态部分体积将增大,而 RI 状态部分的体积将缩小。这个过程包含了材料中 RI 和 FA 状态部分的连续相互作用。

材料的观测响应是根据材料的两种基准状态(RI 状态和 FA 状态)的响应并通过扰动函数 D 来表达,扰动函数 D 表示的是两种基准状态观测响应的偏差。

由于材料受 RI 和 FA 状态部分相互作用机理的综合响应的影响,扰动状态概念包括耦合(观测)响应。因此,材料的响应表现为基于材料中 RI 和 FA 状态部分观测响应的统一形式。这样,在微观结构模型中就不必去量测和定义局部情况的本构响应。而因为微裂纹的相互作用已经隐含在模型里,则不必考虑损伤理论中一个或多个微裂纹受载的叠加作用。

1. 控制方程

基于 RI 和 FA 状态下力的平衡,观测应力张量的增量 $\mathrm{d}\sigma_{ij}^a$ 可表示为

$$\mathrm{d}\sigma_{ij}^a = (1-D)\mathrm{d}\sigma_{ij}^i + D\mathrm{d}\sigma_{ij}^c + \mathrm{d}D(\mathrm{d}\sigma_{ij}^c - \mathrm{d}\sigma_{ij}^i) \qquad (2.2)$$

式中, $\sigma_{ij}^a = (1-D)\sigma_{ij}^i + D\sigma_{ij}^c$, a 、 i 、 c 分别表示观测状态、RI 状态和 FA 状态下材料的响应; D 是标量扰动函数;d 表示递增量。在式(2.2)中, $\sigma_{ij}^r = \sigma_{ij}^c - \sigma_{ij}^i$ 表示 FA 和 RI 状态应力之间差值(相对应力)。式(2.2)还可以写成

$$\mathrm{d}\sigma_{ij}^a = (1-D)C_{ijkl}^i + DC_{ijkl}^c + \mathrm{d}D\sigma_{ij}^r \qquad (2.3)$$

式中, C_{ijkl}^i 是与本构特性有关的四阶张量。

在 DSC 中,相对应力 σ_{ij}^r 会导致相对运动(平移,旋动)。考虑式(2.3)右边的第二项,就可以包含微裂纹的相互作用的影响。因为相对应力 σ_{ij}^r 的缘故,RI 和 FA

状态下的应变 $d\varepsilon_{ij}$ 是不相同的，ε_{ij}^i 和 ε_{ij}^c 分别表示 RI 部分和 FA 部分的应变张量。通常建立这两种应变之间的关系比较困难，在有限元方法中，可以先假设两者最初是相等的，然后基于此采用迭代方法在递增加载过程中找出两者的关系，一种简单的关系可表示为

$$d\varepsilon_{ij}^c = (1+\alpha)d\varepsilon_{ij}^i \tag{2.4}$$

式中，α 是相对运动参数，也可以是变形历史的函数，如塑性应变迹和扰动。同时，dD 可表示为

$$dD = R_{ij}d\varepsilon_{ij}^i \tag{2.5(a)}$$

根据塑性模型和扰动函数 D，R_{ij} 可由下式得出：

$$R_{ij} = \frac{(D_u AZ\xi_D^{\bar{z}-1}e^{-A\xi_D^{\bar{z}}})\dfrac{\partial F}{\partial\sigma_{uv}}C_{uvst}^e\left(\dfrac{\partial F}{\partial\sigma_{ij}}\dfrac{\partial F}{\partial\sigma_{ij}}-\dfrac{1}{3}\dfrac{\partial F}{\partial\sigma_{ii}}\dfrac{\partial F}{\partial\sigma_{ii}}\right)^{\frac{1}{2}}}{\dfrac{\partial F}{\partial\sigma_{mn}}C_{mnpq}^e\dfrac{\partial F}{\partial\sigma_{pq}}-\dfrac{\partial F}{\partial\xi}\left(\dfrac{\partial F}{\partial\sigma_{mn}}\dfrac{\partial F}{\partial\sigma_{mn}}\right)^{\frac{1}{2}}} \tag{2.5(b)}$$

式中，D_u、A 和 Z 是 D 的参数；ξ 和 ξ_D 分别表示塑性总应变和偏应变的迹；F 是屈服函数，上标 e 表示弹性。式(2.3)又可写为

$$d\sigma_{ij}^a = [(1-D)C_{ijkl} + D(1+\alpha)C_{ijkl} + \sigma_{ij}^r R_{kl}]d\varepsilon_{kl}^i \tag{2.6(a)}$$

$$d\sigma_{ij}^a = (L_{ilkl} + L_{ijkl}^r)d\varepsilon_{kl}^i \tag{2.6(b)}$$

或

$$d\sigma_{ij}^a = C_{ijkl}d\varepsilon_{kl}^i \tag{2.6(c)}$$

式中，$L_{ijkl} = (1-D)C_{ijk}^i + D(1+\alpha)C_{ijkl}^i$；$L_{ijkl}^r = \sigma_{ij}^r R_{kl}$。

2. 扰动函数

由加载引起的扰动受材料物理性质的影响，可以表示为材料基准状态下其特性的观测响应偏差。扰动函数 D 可以由观测应力-应变(体积)响应或非破坏性(超声波)速率(加载过程、卸载过程和重复加载过程)得到(图 2.2)。这里 D 可表示为

$$D_\sigma = \frac{\bar{\sigma}^i - \bar{\sigma}^a}{\bar{\sigma}^i - \bar{\sigma}^c} \tag{2.7}$$

式中，$\bar{\sigma}$ 代表等效的测试应力。例如，偏应力张量的第二不变量及八面体的剪应力 τ_{oct}。此时假设 RI 状态下响应的数值大于观测响应，则 D 是正的；如果它的数值小于观测响应，D 将是负的，表示观测响应中的硬化或强化作用。这时 D 表示为

$$D = D_u[1 - \exp(-A\xi_D^Z)] \tag{2.8}$$

式中，A 和 Z 为材料参数；D_u 是 D 的极限值。

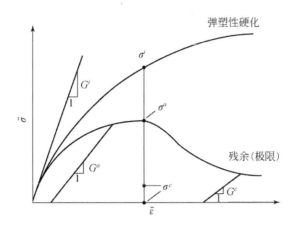

图 2.2　应力-应变响应的扰动示意图

图 2.3 所示为 D 与 ξ_D 的关系示意图。

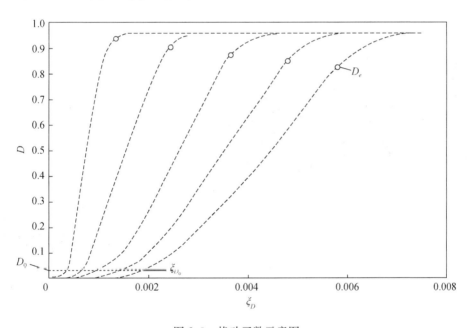

图 2.3　扰动函数示意图

$$\xi_D = \int (\mathrm{d}E_{ij}^p\ \mathrm{d}E_{ij}^p)^{\frac{1}{2}} \tag{2.9}$$

式中,ξ_D 是基于观测响应的不可恢复或塑性应变。简单起见,可以根据分级单曲面(δ_0)塑性模型的 RI 响应下的塑性应变来计算其值。这里,扰动函数的形式类似于经典损伤理论的参数 ω。

3. 扰动的分析

DSC 考虑了 RI 和 FA 部分的相对运动从而需要考虑该模型的一些特点。下面将讨论本模型的各种特点。

用一种简单的形式来表示非局部或平均应变：

$$d\bar{\varepsilon}_{ij} = \frac{\int_V d\varepsilon_{ij}^a \, dV}{\bar{V}} \tag{2.10}$$

式中，$\bar{V}$ 表示从属的体积。

Muhlhaus 等[7]把式(2.10)写为

$$d\bar{\varepsilon}(y_i) = \frac{1}{a^3}\int d\varepsilon_{ij}^a (y_i + s_i) ds_1 ds_2 ds_3 \tag{2.11}$$

式中，$a^3 = \bar{V}$，a 是体积的特征尺寸。$|s_{ij}| \leqslant a/2$，$s_i = x_i - y_i$。$d\varepsilon_{ij}^a$ 可用泰勒级数展开表示为

$$d\varepsilon_{ij}^a (y_i + s_i) = d\varepsilon_{ij}^a (y_i) + \frac{1}{1!}\left(\frac{\partial(d\varepsilon_{ij}^a)}{\partial x_i}\right)_{x_i = y_i} s_i + \frac{1}{2!}\left(\frac{\partial^2(d\varepsilon_{ij}^a)}{\partial x_i dx_j}\right)_{x_i = y_i} s_i s_j + \cdots$$
$$\tag{2.12}$$

式(2.12)代入式(2.11)则得

$$d\bar{\varepsilon}_{ij}(y_i) \cong d\varepsilon_{ij}^a + \frac{a^2}{24}\left[\nabla^2 (d\varepsilon_{ij}^a)\right]_{x_i = y_i} \tag{2.13}$$

式中，∇^2 是 Laplace 算子。此外，式(2.3)还可表示为

$$d\sigma_{ij}^a = d\sigma_{ij}^i + Dd\sigma_{ij}^r + dD\sigma_{ij}^r \tag{2.14(a)}$$

式中，$\sigma_{ij}^r = \sigma_{ij}^c - \sigma_{ij}^i$；$d\sigma_{ij}^r = d\sigma_{ij}^c - d\sigma_{ij}^i$。式[2.14(a)]可写为

$$d\sigma_{ij}^a = d\sigma_{ij}^i + g_{ij}(\varepsilon_{ij}^p, d\varepsilon_{ij}^p, a, da) \tag{2.14(b)}$$

式中，a 是特征尺寸；da 是其相应于总相对应力 σ_{ij}^r 和相对应力增量 $d\sigma_{ij}^r$ 的增量。应力的增量形式可认为和塑性理论中所用的增量形式是类似的。

上述相对应力将在材料单元中产生力矩

$$M_{ij} = \frac{a^c}{a}(\sigma_{ij}^c - \sigma_{ij}^i) \tag{2.15}$$

式中，a^c 是 FA 或临界状态部分的尺寸。$D = \dfrac{a^c}{a}$，D 为扰动函数。a^c 的值被极限（或残余）值 a_u^c 所限，a_u^c 是相应于残余状态的极限 D_u（<1）。此外，扰动参数 A、Z 和 D_u 可以是一些因素的函数，如初始密度、围压和长度比例。长度比例可根据特

征尺寸(与颗粒大小有关)/测试试件长度与直径之比或其他适合的比例来表示。例如,考虑在有限元方法中所用的扰动 D_E 和实验室测试所得 D_T 之间的关系为

$$D_E = \frac{V_T}{V_E} \frac{V_E^c}{V_T^c} \tag{2.16}$$

式中,V_E 和 V_T 分别表示有限元和实验室测试试件的体积。根据式(2.8)中 D 的定义,在 DSC 中扰动是与测试试件的尺寸相关的。如用 $L/\overline{D}$ 比例来表示,L 是单元长度,$\overline{D}$ 是(平均)直径。

图 2.4 所示为实验室中(人工的)松软岩石的圆柱体试件在单轴压缩荷载下对应于不同 $L/\overline{D}$ 值的响应。

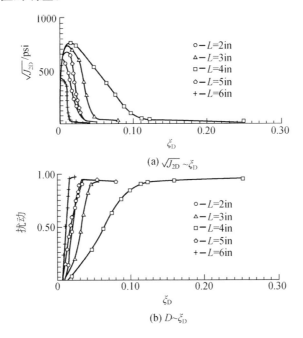

图 2.4　对应于不同 $L/\overline{D}$ 值松软岩石的应力-应变响应($\overline{D} = 3.0$)

1 in=25.4 mm;1 psi=6.89 kPa

图 2.4(b)表明扰动函数 D 与 $L/\overline{D}$ 比值有关,因此扰动函数 D 可以包含可控制局部变化的长度比例和大小的影响。注意到 DSC 模型常可基于某一单元的平均应变来提供满意的解答,这一点在有限元分析中是常用的。然而,如果用基于多个单元的平均值可以得到更好的结果。

综上所述,DSC 模型被认为隐含了一些类似于梯度塑性理论中所用的项。因此,它能保证椭圆率性质、局部化的限制和规则化;它采用平均化方法并考虑相对

运动,从而有利于消除虚拟网格的相关性。由于 RI 和 FA 部分由不同应力而引起的两者之间的相对运动形成了公式中的附加能量项,所得结果较为稳定。

2.2　基于扰动状态概念的本构方程

2.2.1　DSC 的弹性理论

DSC 方程由下式给出:

$$d\sigma_{ij}^a = (1 - D)C_{ijkl}^i d\varepsilon_{kl}^i + DC_{ijkl}^c d\varepsilon_{kl}^c + dD(\sigma_{ij}^c - \sigma_{ij}^i) \tag{2.17}$$

在本节中,作为能够表征以本构张量 C_{ijkl} 为代表的相对完整状态中材料行为特性模型的理论,将对 DSC 的弹性理论进行详细的介绍。

1. 线弹性体

如果处于 RI 状态的材料为线弹性的,并假设是各向同性的,则本构方程[8~10]如下:

$$\sigma_{ij}^i = C_{ijkl}^{i(e)} \varepsilon_{kl}^i \tag{2.18(a)}$$

或

$$\sigma^i = C^{i(e)} \varepsilon^i \tag{2.18(b)}$$

式中,σ_{ij}^i 是 RI 状态下材料的应力张量,可表示如下:

$$\sigma_{ij}^i = \begin{bmatrix} \sigma_{11} & \sigma_{12} & \sigma_{13} \\ \sigma_{21} & \sigma_{22} & \sigma_{23} \\ \sigma_{31} & \sigma_{32} & \sigma_{33} \end{bmatrix} \tag{2.19}$$

ε_{ij}^i 是应变张量,可表示如下:

$$\varepsilon_{ij}^i = \begin{bmatrix} \varepsilon_{11} & \varepsilon_{12} & \varepsilon_{13} \\ \varepsilon_{21} & \varepsilon_{22} & \varepsilon_{23} \\ \varepsilon_{31} & \varepsilon_{32} & \varepsilon_{33} \end{bmatrix} \tag{2.20}$$

式中,σ_{11}、σ_{22}、σ_{33} 和 ε_{11}、ε_{22}、ε_{33} 分别表示正应力和正应变;σ_{12}、σ_{23}、σ_{13} 和 ε_{12}、ε_{23}、ε_{13} 分别表示剪应力和剪应变;σ^i 和 ε^i 为应力和应变向量,表示如下:

$$\sigma^i = \begin{bmatrix} \sigma_{11} \\ \sigma_{22} \\ \sigma_{33} \\ \sigma_{12} \\ \sigma_{23} \\ \sigma_{13} \end{bmatrix}, \quad \varepsilon^i = \begin{bmatrix} \varepsilon_{11} \\ \varepsilon_{22} \\ \varepsilon_{33} \\ \varepsilon_{12} \\ \varepsilon_{23} \\ \varepsilon_{13} \end{bmatrix} \tag{2.21}$$

对于线弹性和各向同性的材料,四阶本构张量 $C_{ijkl}^{i(e)}$ 用通用的 Hooke 法则以转置矩阵表示如下:

$$
\begin{bmatrix} \sigma_{11} \\ \sigma_{22} \\ \sigma_{33} \\ \sigma_{12} \\ \sigma_{23} \\ \sigma_{13} \end{bmatrix}^{i} = \frac{E}{(1+\nu)(1-2\nu)} \begin{bmatrix} 1-\nu & \nu & \nu & 0 & 0 & 0 \\ & 1-\nu & \nu & 0 & 0 & 0 \\ & & 1-\nu & 0 & 0 & 0 \\ & & & 1-2\nu & 0 & 0 \\ & & & & 1-2\nu & 0 \\ & & & & & 1-2\nu \end{bmatrix}^{i} \begin{bmatrix} \varepsilon_{11} \\ \varepsilon_{22} \\ \varepsilon_{33} \\ \varepsilon_{12} \\ \varepsilon_{23} \\ \varepsilon_{13} \end{bmatrix}^{i}
$$

$$(2.22)$$

式中,$2\varepsilon_{12}=\gamma_{xy}$,$2\varepsilon_{23}=\gamma_{yz}$,$2\varepsilon_{13}=\gamma_{xz}$,$\gamma_{xy}$、$\gamma_{yz}$、$\gamma_{xz}$ 为剪应变;E 为弹性模量;γ 是泊松比。若用剪切模量 G 和体积模量 K 来表示式(2.22),形式如下:

$$
\begin{bmatrix} \sigma_{11} \\ \sigma_{22} \\ \sigma_{33} \\ \sigma_{12} \\ \sigma_{23} \\ \sigma_{13} \end{bmatrix}^{i} = \begin{bmatrix} K+\dfrac{4G}{3} & K-\dfrac{2G}{3} & K-\dfrac{2G}{3} & 0 & 0 & 0 \\ & K+\dfrac{4G}{3} & K-\dfrac{2G}{3} & 0 & 0 & 0 \\ & & K+\dfrac{4G}{3} & 0 & 0 & 0 \\ & & & 2G & 0 & 0 \\ & & & & 2G & 0 \\ & & & & & 2G \end{bmatrix}^{i} \begin{bmatrix} \varepsilon_{11} \\ \varepsilon_{22} \\ \varepsilon_{33} \\ \varepsilon_{12} \\ \varepsilon_{23} \\ \varepsilon_{13} \end{bmatrix}^{i}
$$

$$(2.23)$$

各弹性常量的关系为

$$G = \frac{E}{2(1+\nu)} \qquad [2.24(a)]$$

$$K = \frac{E}{3(1-2\nu)} \qquad [2.24(b)]$$

2. 非线性或分段线性的行为特性

根据 Hooke 法则,将式(2.18)写成增量形式 $d\sigma^{i}=C_{t}^{i(e)}d\varepsilon^{i}$,材料的 E、γ、K 和 G 表示切线斜率。在这种情况下,材料的非线性响应可近似将其分成许多线性分段增量来表示。在每一段材料的模量通常假定为常量,非线性材料的响应通常可由近似分段线性响应的叠加来表示,而每一段的模量(E_t,V_t,G_t,K_t)是不一样的,这种模型通常被称为准线性可变单元或可变模量模型,如图 2.5 所示。

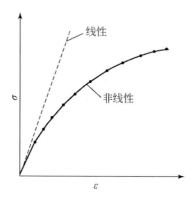

图 2.5　分段线性可近似为非线性

3. 可变物理量模型

应力-应变曲线表示的非线性特性可以用数学函数来表示。那么,曲线斜率则可由函数在给定点的增量表示。下面给出了一些经常使用的函数。

1)函数形式

非线性的应力-应变曲线能以像双曲线、样条曲线及指数函数等数学函数[11]来表示。在不同的初始压力 σ_0 和密度 ρ_0 下的应力-应变曲线如图 2.6 所示,这里的应力-应变响应可以用应力量 σ 的形式来表达,σ 可表示主应力 σ_1 或应力差 $\sigma_1-\sigma_3$,剪应力 τ_{oct} 或应力张量 S_{ij} 的二阶常量 $\sqrt{J_{2\mathrm{D}}}$ 表示如下:

$$J_{2\mathrm{D}} = \frac{1}{6}\big[(\sigma_1-\sigma_2)^2+(\sigma_2-\sigma_3)^2+(\sigma_1-\sigma_3)^2\big] \qquad [2.25(\mathrm{a})]$$

$S_{ij}=\sigma_{ij}-(1/3)\sigma_{ii}\delta_{ij}$,$\delta_{ij}$ 为 Kronecker 符号;σ_i($i=1,2,3$)表示主应力;且

$$\tau_{\mathrm{oct}}^2 = \frac{2}{3}J_{2\mathrm{D}} \qquad [2.25(\mathrm{b})]$$

应变量 ε 可以是主应变 ε_1 或应变差 $\varepsilon_1-\varepsilon_3$,剪应变 γ_{oct},或者是偏应变张量 E_{ij} 的二阶不变量 $I_{2\mathrm{D}}$:

$$I_{2\mathrm{D}} = \frac{1}{6}\big[(\varepsilon_1-\varepsilon_2)^2+(\varepsilon_2-\varepsilon_3)^2+(\varepsilon_1-\varepsilon_3)^2\big] \qquad [2.26(\mathrm{a})]$$

$$E_{ij} = \varepsilon_{ij}-\frac{1}{3}\varepsilon_{ii}\delta_{ij} \qquad [2.26(\mathrm{a})]$$

$$\varepsilon_{ii} = \varepsilon_v = I_1 \qquad [2.26(\mathrm{b})]$$

式中,I_1 是总应变张量 ε_{ij} 的一阶常量;ε_i($i=1,2,3$)是主应变;且

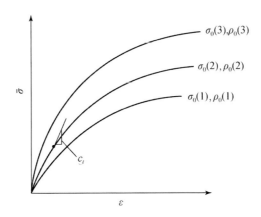

图 2.6　非线性应力-应变响应的函数表示

$$\gamma_{oct}^2 = \frac{2}{3} I_{2D} \qquad [2.26(c)]$$

正如图 2.6 所示,应力-应变的行为特性取决于诸如初始压力 P_0、σ_0 或密度 ρ_0 等因素。所以,对于给定的 σ_0,应力-应变关系的函数形式可表示为

$$\bar{\sigma} = \bar{\sigma}(\bar{\varepsilon}) \qquad [2.27(a)]$$

并且响应与 σ_0 有关

$$\bar{\sigma} = \bar{\sigma}(\bar{\varepsilon}, \sigma_0) \qquad [2.27(b)]$$

或者

$$\bar{\sigma} = \bar{\sigma}(\bar{\sigma}, P_0 \text{ 或 } J_{10}/3)$$

对于切线常量,如 E_t、γ_t、G_t 和 K_t 可由式(2.27)的函数得到,例如:

$$E_t = \frac{d(\sigma_1 - \sigma_3)}{d\varepsilon_1} \bigg|_{\sigma_0 = 常量} \qquad [2.28(a)]$$

$$\gamma_t = -\frac{d\varepsilon_3}{d\varepsilon_1} \bigg|_{\sigma_0 = 常量} \qquad [2.28(b)]$$

$$K_t = \frac{d\left(\dfrac{J_1}{3}\right)}{d\varepsilon_v} \qquad [2.28(c)]$$

$$G_t = \frac{d\tau_{oct}}{d\gamma_{oct}} \qquad [2.28(d)]$$

以上的准线弹性模型基于如下思想:非线性的响应能以基于应力-应变函数写出的材料切线模量增量形式表示。材料的非线性行为特性通过高阶或超弹性模型能以更通用的形式表达。以上的准线性模型可看做高阶模型的一个特例。

　2）超弹性模型

　Cauchy 和 Green 弹性体是两个用来表征非线性弹性体行为特性的模型。这里给出对 Cauchy 弹性模型[11~13]的简要描述，其中应力和应变的关系可表示为

$$\sigma_{ij} = \alpha_0 \delta_{ij} + \alpha_1 \varepsilon_{ij} + \alpha_2 \varepsilon_{im} \varepsilon_{mj} + \alpha_3 \varepsilon_{im} \varepsilon_{nn} \varepsilon_{nj} + \cdots \qquad [2.29(a)]$$

式中，$\alpha_0, \alpha_1, \cdots, \alpha_n$ 代表反应函数。用 Cayley-Hamilton 理论[14]，式[2.29(a)]可写为

$$\sigma_{ij} = \phi_0 \sigma_{ij} + \phi_1 \varepsilon_{ij} + \phi_2 \varepsilon_{im} \varepsilon_{mj} \qquad [2.29(b)]$$

式中，ϕ_0、ϕ_1、ϕ_2 是以应变张量的 I_1、I_2、I_3 表示的反应函数。可以得到式（2.29）不同阶数的各种特殊形式，在下面介绍其中一些较为简单的形式。

　3）一阶模型

　对于一阶模型，仅仅只有式[2.29(b)]中前两个项相关，且 $\phi_2 = 0$，那么 ϕ_1 是常量（$=\beta_2$），ϕ_0 是线性函数的第一个应变常量，假设 $\phi_0 = \beta_0 \delta_{ij} + \beta_1 I_1 \delta_{ij}$，则式（2.29）成为

$$\sigma_{ij} = \beta_0 \delta_{ij} + \beta_1 I_1 \delta_{ij} + \beta_2 \varepsilon_{ij} \qquad [2.30(a)]$$

在这个等式中，$\beta_0 \delta_{ij}$ 为应变等于 0 时的初始应力（各向同性），因此，如果初始应力为 0，则式[2.30(a)]简化为

$$\sigma_{ij} = \beta_1 I_1 \delta_{ij} + \beta_2 \varepsilon_{ij} \qquad [2.30(b)]$$

式中，β_1、β_2 为弹性材料的常量。

　可以发现一阶 Cauchy 弹性模型与各向同性材料的线弹性 Hooke 法则相同。为此考虑一致变形的状态，此时应变张量 ε_{ij} 如下：

$$\varepsilon_{ij} = \left(\frac{I_1}{3} \right) \delta_{ij} = \begin{bmatrix} \dfrac{I_1}{3} & 0 & 0 \\[2mm] 0 & \dfrac{I_1}{3} & 0 \\[2mm] 0 & 0 & \dfrac{I_1}{3} \end{bmatrix} \qquad [2.31(a)]$$

以式[2.31(a)]代替式（2.30）中的相关量，得

$$\sigma_{ij} = \left(\beta_1 I_1 + \beta_2 \frac{I_1}{3} \right) \delta_{ij} \qquad [2.31(b)]$$

对于各向同性条件，均值压力 P 定义如下：

$$P = \frac{\sigma_{ii}}{3} = \frac{J_1}{3} = \frac{\sigma_{11} + \sigma_{22} + \sigma_{33}}{3} \qquad [2.32(a)]$$

因此，式[2.31(b)]变为

$$\frac{J_1}{3} = \left(\beta_1 + \frac{\beta_2}{3} \right) I_1 = K I_1 \qquad [2.32(b)]$$

式中，K 为体积模量，见图 2.7(a)。

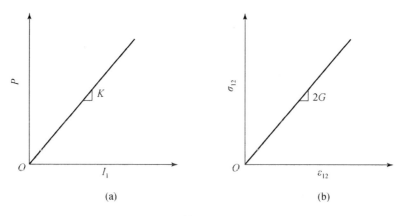

(a)　　　　　　　　　　　　　　(b)

图 2.7　体积和剪切模量

现在考虑纯剪应变条件下的情况，这意味着对于各向同性的材料，没有正应变且只有非零的剪应变 $\varepsilon_{12} = \varepsilon_{21}$，则式 [2.30(b)] 变换为

$$\sigma_{ij} = \beta_2 \varepsilon_{ij} \qquad [2.33(a)]$$

或

$$\sigma_{ij} = \begin{bmatrix} 0 & \beta_2 \varepsilon_{12} & 0 \\ \beta_2 \varepsilon_{12} & 0 & 0 \\ 0 & 0 & 0 \end{bmatrix} \qquad [2.33(b)]$$

式中，$\varepsilon_{12} = \dfrac{1}{2} \gamma_{12}$，$\gamma_{12}$ 为剪应变，从式 (2.33) 中可得

$$\sigma_{12} = \beta_2 \left(\frac{\gamma_{12}}{2} \right) \qquad [2.34(a)]$$

因此

$$\sigma_{12} = \frac{\beta_2}{2} \gamma_{12} = G \gamma_{12} \qquad [2.34(b)]$$

式中，$G = \beta_2/2$ 为剪切模量，见图 2.7(b)。现在以 $\beta_2 = 2G$ 表示，则式 [2.32(b)] 变换为

$$\frac{J_1}{3} = \left(\beta_1 + \frac{2G}{3} \right) I_1 \qquad (2.35)$$

以及

$$K = \beta_1 + \frac{2G}{3} \qquad\qquad [2.36(a)]$$

$$\beta_1 = K - \frac{2}{3}G \qquad\qquad [2.36(b)]$$

用以上变量 β_1 和 β_2 代替,式[2.30(b)]变换为

$$\sigma_{ij} = \left(K - \frac{2}{3}G\right)I_1\delta_{ij} + 2G\varepsilon_{ij} = KI_1\delta_{ij} + 2G\left(\varepsilon_{ij} - \frac{I_i}{3}\delta_{ij}\right) \qquad (2.37)$$

注意到应变张量 ε_{ij} 可以分解为

$$\varepsilon_{ij} = E_{ij} + \frac{I_1}{3}\delta_{ij} \qquad\qquad (2.38)$$

式中,E_{ij} 是偏应变张量;那么式(2.37)可表达为

$$\sigma_{ij} = KI_1\delta_{ij} + 2GE_{ij} = \left(\frac{J_1}{3}\delta_{ij} + S_{ij}\right) \qquad\qquad (2.39)$$

式中,S_{ij} 是偏应力张量;$J_1/3$ 是均值压力。

4)二阶 Cauchy 弹性体模型

在式[2.29(b)]中,将 ϕ_0、ϕ_1、ϕ_2 以应变不变量的形式来表达,那么其结果就为应变的二阶表达式,那么可以写成

$$\phi_0 = \beta_1 I_1 + \beta_2 I_1{}^2 + \beta_3 I_2 \qquad\qquad [2.40(a)]$$

$$\phi_1 = \beta_4 + \beta_5 I_1 \qquad\qquad [2.40(b)]$$

$$\phi_2 = \beta_6 \qquad\qquad [2.40(c)]$$

式中,$\beta_i(i=1,2,\cdots,6)$ 为材料的常量。以式(2.40)的各式替换式[2.29(b)]得

$$\sigma_{ij} = (\beta_1 I_1 + \beta_2 I_1^2 + \beta_3 I_2)\delta_{ij} + (\beta_4 + \beta_5 I_1)\varepsilon_{ij} + \beta_6\varepsilon_{im}\varepsilon_{mj} \qquad (2.41)$$

由此可以发现,一阶模型是二阶模型的特例。因此,式(2.41)的线性部分为

$$\sigma_{ij} = \beta_1 I_1 \delta_{ij} + \beta_4 \varepsilon_{ij} \qquad\qquad (2.42)$$

式(2.42)与式(2.39)相同,$\beta_1 = K - \frac{2G}{3}$,$\beta_4 = 2G$。那么式(2.42)可以写成

$$\sigma_{ij} = \left[\left(K - \frac{2G}{3}\right)I_1 + \beta_2 I_1^2 + \beta_3 I_2\right]\delta_{ij} + (2G + \beta_5 I_1)\varepsilon_{ij} + \beta_6\varepsilon_{im}\varepsilon_{mj} \quad (2.43)$$

式中,包含 6 个材料物理量 K、G、β_2、β_3、β_5 和 β_6,这些量需要通过试验测定,其他一些高阶模型的细节包括 Green 弹性体,在各类文献中都有介绍。

4. 相对完整状态

对一些材料来说,通过使用以上所说的线弹性体模型、准线性或分段线性的近似或高阶、超弹性体模型等有可能很确切地表示出相对稳定状态的材料响应。对

于线弹性模型 RI 状态材料的本构张量 C_{ijkl}^i ，式(2.18)可写成

$$C_{ijkl}^{i(l)} = C_{ijkl}^l (K_1 G \text{ 或 } E, \nu) \tag{2.44}$$

对于准线性和超弹性体模型,可写成

$$C_{ijkl}^{i(l)} = C_{ijkl}^l (K_t, G_t; E_t, \gamma_t) \tag{2.45}$$

式中,t 代表切线模量,通过代表行为特性的函数在某一点的斜率来估计。

如果没有因微裂纹、破坏、软化或硬化等因素造成的扰动,在式(2.17)中的 D 将为 0,观察响应将和 RI 响应一致。然而,如果一个线性或非线性的弹性材料受到扰动的影响,则观察到的响应将和 RI 状态下的响应有偏离。

5. 完全调整状态

如果材料受到微裂纹和扰动的影响,并且假设裂纹区域的行为特性像空洞,如经典的破坏模型一样,那么这种 FA 或破坏区域将没有力的作用,因此,它们不能传递应力,则式(2.17)中相应的本构矩阵[15]为

$$\underset{\sim}{C^c} = 0 \tag{2.46(a)}$$

然而实际上,在扰动、裂缝或破坏区域可能有一个很小的弹性区域,那么

$$\underset{\sim}{C^c} = \underset{\sim}{C^c}(K_t^c, G_t^c; E_t^c, \gamma_t^c) \tag{2.46(b)}$$

式中,上标 c 表示 FA 状态;K_t^c, G_t^c 等是与 FA 状态有关的与应力-应变响应区域一致的经过校正的弹性物理量,如图 2.8 所示。

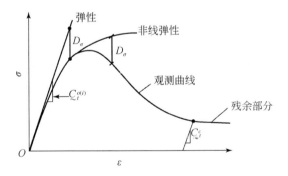

图 2.8　RI 状态下的弹性模型

如果假设 FA 状态的材料能传递静水压力,不能承受剪应力,且 FA 材料与 RI 材料有相同的体积变化行为,则本构矩阵能表达为如下形式:

$$\overline{\underset{\sim}{C}} = \overline{\underset{\sim}{C^i}} \tag{2.47(a)}$$

从式(2.22)可得到

$$(\sigma_{11} + \sigma_{22} + \sigma_{33})^i = 3K^i(\varepsilon_{11} + \varepsilon_{22} + \varepsilon_{33})^i \qquad [2.47(b)]$$

式中, $K^i = \dfrac{J_1^i}{3\varepsilon_v^i}$ 。

这样,FA 材料的行为特性可由 RI 材料的体积模量 K^i 来决定。体积模量同样能被定义如 K^c ,由应力应变残留区域的模量(E^c 或 G^c)决定。

6. 扰动函数

基于应力-应变数据(图 2.8),扰动函数 D 可以写成

$$D_\sigma = \frac{\sigma^i - \sigma^a}{\sigma^i - \sigma^c} \qquad (2.48)$$

那么,式(2.17)可以用来得到理想的一维、二维和三维情况。例如,对于各向同性材料,式(2.17)简化为

$$d\sigma_{11}^a = (1-D)E^i d\varepsilon_{11}^i + DE^c d\varepsilon_{11}^i + dD(\sigma_{11}^c - \sigma_{11}^i) \qquad (2.49)$$

对于平面应力情况:

$$d\underset{\sim}{\sigma}^a = (1-D)\underset{\sim}{C}^i d\underset{\sim}{\varepsilon}^i + D\underset{\sim}{C}^c d\underset{\sim}{\varepsilon}^c + dD(\underset{\sim}{\sigma}^c - \underset{\sim}{\sigma}^i) \qquad (2.50)$$

式中, $d\sigma^T = \begin{bmatrix} d\sigma_{11} & d\sigma_{22} & d\sigma_{33} \end{bmatrix}$; $\underset{\sim}{\sigma}^{iT} = \begin{bmatrix} \sigma_{11} & \sigma_{22} & \sigma_{12} \end{bmatrix}^i$; $\underset{\sim}{\sigma}^{cT} = \begin{bmatrix} \sigma_{11} & \sigma_{22} & \sigma_{12} \end{bmatrix}^c$;

$$\underset{\sim}{C} = \frac{E_t}{1-\nu_t^2} \begin{bmatrix} 1 & \gamma_t & 0 \\ & 1 & 0 \\ & & 1-\gamma_t \end{bmatrix} 。$$

7. 材料的物理量

对于线弹性体,材料的限定参量为 E、γ、G 和 K。一般来说,对于非线性材料,这些参量是从卸载响应曲线的平均斜率得到的。弹性模量 E 可由单轴试验(σ_1 和 ε_1)或者三轴试验(σ_1 或 $\sigma_1 - \sigma_3$)和 ε_1(σ_3 为常量)曲线得到。泊松比可由侧向应变 ε_3 或者主应变 ε_1 曲线得到,如图 2.9(b)所示;剪切模量 G 可由卸载时的剪应力剪应变曲线的斜率得到,如图 2.9(c)所示;体积模量 K 可由静水压力试验卸载时均值压力和体积应变的曲线斜率得到,如图 2.9(d)所示。

温度对弹性体响应的影响可通过温度函数的限定参量,如 E、γ、G 和 K,且可以修改弹性方程来引入热膨胀效应的影响。则式(2.18)可写成

$$d\sigma_{ij}^i = C_{ijkl}^{i(l)}(T)\begin{bmatrix} d\varepsilon_{kl} - \alpha_T(T)dT\delta_{kl} \end{bmatrix} \qquad (2.51)$$

式中,T 为温度;α_T 是热膨胀系数;dT 为温度变化量;δ_{ij} 为 Kronecker 变化量;$C_{ijkl}^{i(l)}(T)$ 为由温度决定的本构张量。

材料的常量物理量由不同温度下的应力应变试验决定,并以温度的形式表达。以下的一些形式经常被使用,并且能反映出许多材料与温度有关的响应[16]:

$$P(T) = P_r \left(\frac{T}{T_r} \right)^c \tag{2.52}$$

式中,T_r 为基准温度(如 300K);P_r 为温度 T_r 下的参量值;c 是由室内试验获得的参数。

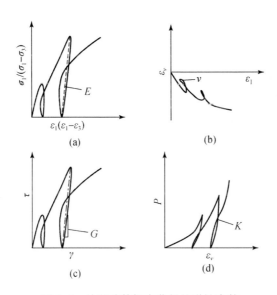

图 2.9 从试验数据中获得的弹性常数

2.2.2 DSC 的塑性理论

1. 塑性理论简介

这些年来,塑性理论的发展和应用一直在不断向前推进。本节简要介绍塑性理论基础及其在 DSC 中的应用。

从 2.2.1 小节中可知,如果材料是弹性的,则弹性理论适用,即卸载时沿相同的路径返回到原来的位置,见图 2.10(a)。然而,除了小部分情况,大多数材料都不会恢复到原来的位置,也就是说,它们在卸载过程中沿着不同的路径返回。其结果就是卸载结束时,材料保留一部分变形或应变,这部分应变被称为不可逆的、无弹性或塑性的应变,即为 ε^p。因此,在不同点假定总应变 ε 由塑料应变 ε^p 和弹性应变 ε^e 共同组成,如图 2.10(b)所示。

如果材料(单元)应力应变曲线到 A 点都是有弹性的,然后产生塑性,则其被称为弹塑性材料;如果过 A 点后,材料在恒定的屈服应力 σ_y 作用下经历连续的变形,则其被称为理想弹塑料材料。在屈服点 A 后,如果该材料被卸载,它将不会返回到原来的位置,并且会产生塑性应变 ε^p 。

　　一些材料的刚度可能会在屈服过程中逐渐下降,然而在屈服点后,持续加载下应力将会增大。换言之,在加载过程中的每个点都是一个新的屈服点,并且下一个屈服应力大于前一个屈服应力。这种行为被称为弹塑性硬化响应。

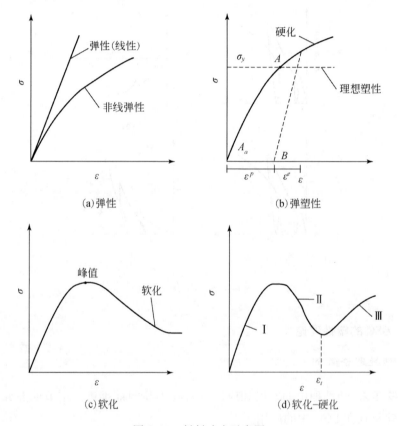

图 2.10　材料响应示意图

　　许多材料,如地质材料、混凝土和聚合物,可能不会出现或很少出现弹性区域,即点 A_0 是非常接近初始位置的。也就是说,它们几乎从一开始加载就表现出不可逆应变、硬化或连续屈服的特性。这种响应被称为连续硬化或屈服。

　　如果达到峰值应力后,应力与峰值应力相比有所下降,则这种响应被称为应变软化,见图 2.10(c)。有些材料可能会在峰值后首先表现出应力的下降,如应变软化响应;接着经过一定的阈值应变后可能会发生硬化。这种行为被称为应变软化-

硬化行为,见图 2.10(d)。

2. 力学机理

不可逆应变或塑料应变的表现形式可以归因于原子和微观的内部变化。在原子尺度上,原子连接键的拉伸造成了可恢复的弹性响应。接着就会发生相对滑移,即造成不可恢复的响应[17]。在弹性范围内,物质粒子保持接合或接触,如去除负载则材料返回到其原始状态,见图 2.11(a)。在屈服之后,这可以被认为是一个阈值状态,触点可能会发生相对运动,见图 2.11(b)。此时测得的宏观层面的运动或位移能够表示发生在原子和微观层次上运动的积累,而其中没有恢复的运动(位移)即被称为是不可逆的或塑性的。

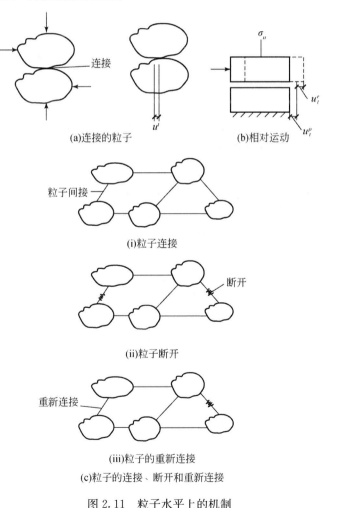

(a)连接的粒子 (b)相对运动

(i)粒子连接

(ii)粒子断开

(iii)粒子的重新连接

(c)粒子的连接、断开和重新连接

图 2.11 粒子水平上的机制

这里所探讨的材料强度主要是指理想弹塑性材料的情况。连续应变发生在恒定屈服应力下,这表示内聚强度的产生是由于颗粒间吸引力和化学键的作用。凝聚特性和摩擦特性也常常存在于许多材料中,因此,对于弹塑性硬化材料来说,在屈服后,屈服强度会随着进一步加载而增大。

对于应变软化响应,粒子之间的键可能会发生断裂,从而导致材料所能承受的应力减小。然而,对于某些材料来说,在应力一定程度的减小以及微观结构的自我调节后,触点可能会重新产生且随着应变的增加而聚合,这样的行为被称为硬化或愈合,见图 2.11(c)。

很显然,从上面的讨论可知,为了定义弹塑性材料的力学行为,需要定义屈服状态和屈服行为,以便评估屈服后区的塑性变形。

3. 屈服准则

屈服准则是用来定义弹性法则的限制,一般通过应力来表示。在一维或轴向加载的情况下,屈服准则可以表示为

$$F = F(\sigma_y) \tag{2.53}$$

式中,F 是屈服函数;σ_y 是单轴拉伸或压缩下得到的屈服应力。

一般情况下,屈服准则还可表示为

$$F = F(\sigma) \tag{2.54}$$

如果假定该材料是各向同性的,即它的响应与方向无关,则 F 可以表示为

$$F = F(\sigma_1, \sigma_2, \sigma_3) \tag{2.55}$$

式中,σ_1、σ_2 和 σ_3 表示主应力。通常情况下,屈服函数还可用总应力张量 σ_{ij} 不变量 (J_1, J_2, J_3) 表示:

$$F = F(J_1, J_2, J_3) \tag{2.56}$$

式中,$J_1 = \sigma_{ii}$;$J_2 = \dfrac{1}{2}\sigma_{ij}\sigma_{ij}$;$J_3 = \dfrac{1}{3}\sigma_{ik}\sigma_{kn}\sigma_{mi}$。

由此,可以得到著名的 Von Mises 屈服准则

$$\frac{1}{6}\left[(\sigma_1 - \sigma_2)^2 + (\sigma_2 - \sigma_3)^2 + (\sigma_3 - \sigma_1)^2\right] = k^2 \tag{2.57}$$

式中,k 为通过试验测出的材料参数。

4. Mohr-Coulomb 屈服准则

Mohr-Coulomb 屈服准则可以作为应力空间中一个不规则的六边形考虑并包括摩擦的影响,见图 2.12(b)。这一准则的属性之一是它包含了不同加载途径下

的不同应力强度,见图 2.12(c)。其结果是,它通常被认为更适合摩擦和地质材料。所述的 Mohr-Coulomb 屈服准则的屈服函数由下式给出:

$$F = J_1\sin\phi + \sqrt{J_{2D}}\cos\theta - \frac{\sqrt{J_{2D}}}{3}\sin\phi\sin\theta - c\cos\phi = 0 \tag{2.58}$$

式中,θ 是 Lode 角。

$$\theta = \frac{1}{3}\arcsin\left(-\frac{3\sqrt{3}}{2}\frac{J_{3D}}{J_{2D}^{3/2}}\right) \tag{2.59}$$

且 $-\dfrac{\pi}{6} \leqslant \theta \leqslant \dfrac{\pi}{6}$。

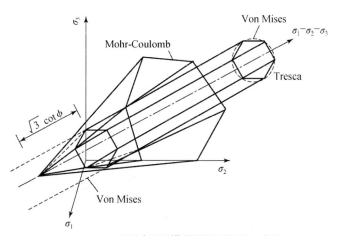

(a)σ_1-σ_2-σ_3空间中不同模型屈服函数F的示意图

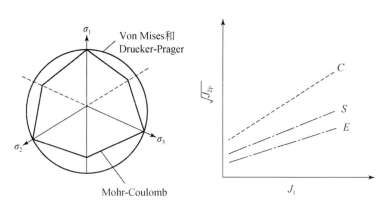

(b)∏平面上不同模型屈服函数F的示意图　　　(c)不同应力路径的破坏面

图 2.12　塑性模型和应力路径的影响

5. 连续屈服或硬化模型

如上所述的经典塑性模型,屈服的过程是依赖于应力状态的。但是由于内部微观结构的转变,未考虑到材料物理状态的变化。在变形过程中,材料的状态不断发生变化,例如,密度、比容或静水压力和剪切应力下孔隙率的变化等。这对类似于地质、混凝土和陶瓷这样的材料尤其适用,因为它们在剪切和静水负荷的作用下表现出耦合响应。其结果是,材料几乎从一开始负载就发生屈服,也就是说,应力-应变响应上的每个点都是屈服点,而屈服应力也在不断增加。

6. 临界状态模型

1)临界状态概念

在临界状态的概念中,其基本思路是:无论初始密度、材料(颗粒状)或剪切应力,在各种变形状态和最终接近临界状态下其体积、密度或孔隙率都不会发生改变。在临界状态时,材料给定的初始平均压力在持续恒定的剪切应力作用下发生变形直至达到体积无法再变化的状态。

图 2.13 所示为松散和致密材料在给定的初始平均压力 $p_0 = \sigma_0 = J_{10}/3$ 下的

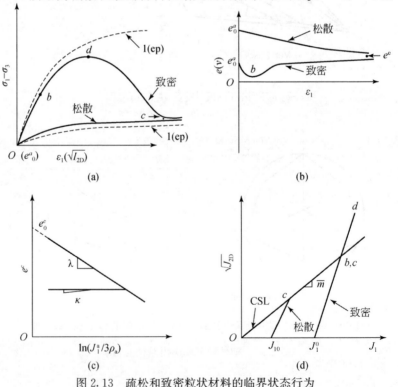

图 2.13　疏松和致密粒状材料的临界状态行为

应力-应变和体积响应。对于松散材料,体积持续减小然后接近临界状态,用 c 表示。而致密材料可能会首先发生收缩(体积减小),在经历一个体积恒定的瞬时状态后,材料会扩张,即体积增大。最后,对松散材料给定一个压力 p_0 时,材料将接近临界状态。

正常固结黏性土不排水和排水条件下的实验室测试类似于临界状态下的条件,如图 2.14(a)和(b)所示。在这里可以看出,不同初始平均压力下的剪切不会导致临界状态下的剪切应力和孔隙率 e^c 改变。即临界状态下这样的剪切应力轨迹在 q-p 图上是一条直线,这就是所谓的临界状态线(CSL)。在临界状态下 e-$\ln p$ 图中孔隙率的轨迹通常是弯曲的,但通常近似为与 λ 斜率相关的直线,如图 2.13(c)所示。

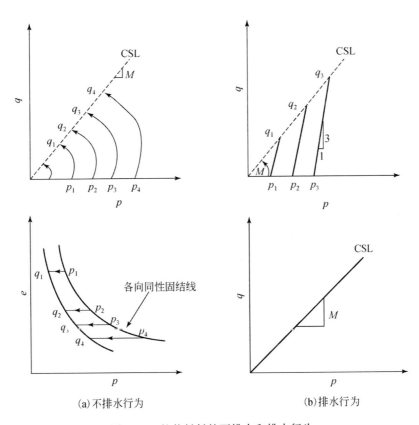

(a)不排水行为　　　　　　　　　　(b)排水行为

图 2.14　粒状材料的不排水和排水行为

由图 2.15(a)可知,如果将两个响应 q-p 和 e-p 结合在一起,它们在 q-p-e 图中为一弯曲面。因此,材料的行为不仅依赖于应力的状态,同时也依赖于孔隙比 e 或密度ρ。如图 2.15(b)所示，$q\text{-}p$ 图上弯曲面的凸起表示屈服面不断增大，并与 CSL 相交使得屈服面的切线是水平的。这意味着体积(塑性)应变的变化在相交处不再出现。同样地，如果假定该材料为各向同性的，它在静水加载屈服面下仅会产生体积应变，因此，屈服面和 p 轴将相交成直角。另外，在图 2.15(b)中，ε_s^p 和 ε_v^p 分别表示塑性剪切应变和体积应变，而 d 表示增量。

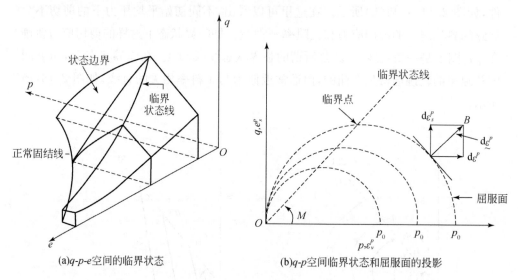

(a)$q\text{-}p\text{-}e$空间的临界状态　　　　(b)$q\text{-}p$空间临界状态和屈服面的投影

图 2.15　临界状态表示

2)临界状态模型的参数

如果在具有各向同性硬化的弹塑性行为(屈服面在应力空间中对称增长)的情况下使用临界状态模型，则需要以下几个参数。

弹性：E 和 γ 或 G 和 K。

塑性：M、λ、κ(卸载)和 e_0(初始孔隙比)。

这些参数可通过实验室测试确定。

7. 帽盖模型

帽盖模型的基本思想类似于临界状态模型。如图 2.16 所示，在此模型中，需要定义两个函数，其中 F_y 表征连续屈服函数，而由 Drucker-Prager 表面的初始部分和 Von Mises 准则最终部分组成的 F_f 表征着破坏行为。这意味着，在加载的早期阶段中，平均压力较低，该材料表现为黏性摩擦，而在较高的平均压力下，它表现出本质上的凝聚力响应。

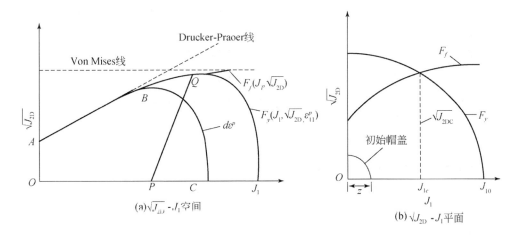

图 2.16　帽盖模型在 $\sqrt{J_{2D}}$ - J_1 应力空间中的示意图

假设帽盖模型的屈服函数 F_y 是椭圆形的,由下式表达:

$$F_y = \left(\frac{J_{10} - J_{1c}}{\sqrt{J_{2DC}}}\right)^2 J_{2D} + (J_1 - J_{1c})^2 = 0 \tag{2.60}$$

式中,J_{10} 为屈服面和 J_1 轴的交点;J_{1c} 是 J_1 在椭圆中心处的值;$\sqrt{J_{2DC}}$ 是当 $J_1 = J_{1c}$ 时 $\sqrt{J_{2D}}$ 的值。J_{10} 代表硬化或屈服,并用体积塑性应变表示:

$$J_{10} = -\frac{1}{\bar{D}}\ln\left(1 - \frac{\varepsilon_v^p}{W}\right) + Z \tag{2.61}$$

式中,$\bar{D}$、W 和 Z 为材料参数;W 表示初始(应力)的条件下帽盖的尺寸。破坏面的表达式由下式给出:

$$F_f = \sqrt{J_{2D}} + \bar{\gamma}\mathrm{e}^{-\bar{\beta}J_1} - \bar{\alpha} = 0 \tag{2.62}$$

式中,$\bar{\alpha}$、$\bar{\beta}$ 和 $\bar{\lambda}$ 为材料参数。

2.2.3　DSC 的分级单屈服面模型

1. 屈服函数

Desai 综合了前人的试验结果和各种经典塑性模型,提出了 HISS 模型。HISS 模型为材料的弹塑性行为提供了一个一般化公式。此模型可应用于各向同性和各向异性的硬化,以及关联和非关联的弹塑性行为。在 DSC 下,HISS 可用于表示 RI 响应。在多数情况下,使用最基本和简单的类型 HISS- δ_0 模型,可用于各向同性硬化和关联塑性。

　　分级是 HISS 的一个重要特性。其他各种模型可看做 HISS 对一具体材料的特殊化。在 DSC 中,HISS 方法提供了一个多种情况分级的模型,即线弹性-关联弹塑性(δ_0)-非关联弹塑性(δ_1)以及黏弹塑性和热黏弹塑性模型等,把各种经典屈服模型统一为一种形式。因此,使用时可以选取最接近于给定的工程材料的模型。经典模型如 Von Mises、Mohr-Coulomb 还有 Drucker-Prager,连续屈服如临界状态和帽盖模型以及其他模型如松冈元-Nakai、Lade 以及 Vermeer 模型都可以被看做 HISS 的特殊情况。

　　HISS 分级单曲面模型的屈服函数为

$$F = \frac{J_{2D}}{P_a^2} - \left[-\alpha \left(\frac{J_1 + 3R}{P_a} \right)^n + \gamma \left(\frac{J_1 + 3R}{P_a} \right)^2 \right] (1 - \beta S_r)^m = 0 \quad (2.63)$$

或写成

$$F = \overline{J_{2D}} - (-\alpha \overline{J_1}^n + \gamma \overline{J_1}^2)(1 - \beta S_r)^m = 0 \quad (2.64)$$

或

$$F = \frac{J_{2D}}{P_a^2} - F_b F_s = 0 \quad (2.65)$$

式中,$F_b = \left[-\alpha \left(\dfrac{J_1 + 3R}{P_a} \right)^n + \gamma \left(\dfrac{J_1 + 3R}{P_a} \right)^2 \right]$, $F_s = (1 - \beta S_r)^m$。

　　J_1、J_{2D}分别是第一应力张量不变量和第二应力偏张量不变量,$\overline{J_{2D}} = J_{2D}/P_a^2$,$\overline{J_1} = J_1/P_a$ 将 J_1、J_{2D}无量纲化;P_a 是大气压常数;R 是黏结应力,在受压情况时反映材料的抗拉强度,在受拉情况时与材料的抗压强度有关;n 为阶段改变参数,与体积变化由压缩转为膨胀或由膨胀转为压缩时的应力状态有关;m 对岩土材料常用 -0.5[18];γ 是与最终屈服面或极限状态包络线有关的参数;β 是 F 在主应力空间中与形状有关的参数;S_r 是应力比;α 是硬化参数,可以表示材料的内部变化,例如,塑性剪应变迹线或累积塑性应变,以及塑性功或耗散能量。α 的一种简单形式为

$$\alpha = \frac{a_1}{\xi^{\eta_1}} \quad (2.66)$$

式中,ξ 为塑性应变迹线,即累积塑性变形,其可用下式表示:

$$\xi = \int (\mathrm{d}\varepsilon_{ij}^p \, \mathrm{d}\varepsilon_{ij}^p)^{\frac{1}{2}} \quad (2.67)$$

式中,$\mathrm{d}\varepsilon_{ij}^p$ 是塑性应变增量;a_1、η_1 是材料参数。

　　应力比 S_r 的表达式为

$$S_r = \frac{\sqrt{27}}{2} \frac{J_{3D}}{J_{2D}^{3/2}} \quad (2.68)$$

$$C_{ijkl}^{ep} = C_{ijkl}^{e} - \frac{C_{ijkl}^{e} \dfrac{\partial Q}{\partial \sigma_{mn}} \dfrac{\partial F}{\partial \sigma_{uv}} C_{uvkl}^{e}}{\dfrac{\partial F}{\partial \sigma_{ij}} C_{ijkl}^{e} \dfrac{\partial F}{\partial \sigma_{kl}} - \dfrac{\partial F}{\partial \xi}\left(\dfrac{\partial F}{\partial \sigma_{kl}} \dfrac{\partial F}{\partial \sigma_{kl}}\right)^{\frac{1}{2}}} \tag{2.69}$$

2. HISS 模型参数的物理意义

1) γ

Desai 认为，γ、β、m 与最终屈服面或称极限包络线有关，如果屈服包线采用 Mohr-Coulomb 破坏准则，如图 2.17 所示，有

$$\sqrt{\gamma} = \frac{\tan\theta_C}{(1-\beta)^{0.5m}} = \frac{\tan\theta_E}{(1-\beta)^{0.5m}} \tag{2.70}$$

式中，θ_C、θ_E 分别是材料在压缩和拉伸试验中所得的内摩擦角；Desai 总结试验结果认为 m 对岩土材料可以取为 -0.5[18]。

$$\beta = \frac{p_1^4 - p_2^4}{p_1^4 + p_2^4} \tag{2.71}$$

式中

$$p_1 = \tan\theta_C = \left[\sqrt{\gamma}\,(1-\beta)^{-\frac{1}{4}}\right]_C = \frac{2}{\sqrt{3}}\left(\frac{\sin\phi_C}{3-\sin\phi_C}\right) \tag{2.72(a)}$$

$$p_2 = \tan\theta_E = \left[\sqrt{\gamma}\,(1-\beta)^{-\frac{1}{4}}\right]_E = \frac{2}{\sqrt{3}}\left(\frac{\sin\phi_E}{3+\sin\phi_E}\right) \tag{2.72(b)}$$

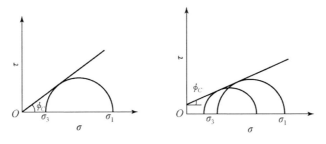

图 2.17　Mohr-Coulomb 包络线

对于岩石材料，J_1-$\sqrt{J_{2D}}$ 空间中极限包线近似为一直线[19]，是屈服函数的渐近线，根据定义，极限包络线上 $a=0$，此时的屈服函数表示为

$$F_u = \frac{J_{2D}}{P_a^2} - \gamma\frac{(J_1+3R)^2}{P_a^2}(1-\beta S_r)^m = 0 \tag{2.73}$$

$$J_{2D} = \sqrt{\gamma\,(1-\beta S_r)^m}(J_1+3R) \tag{2.74}$$

于是 $\sqrt{\gamma(1-\beta S_r)^m}$ 就表示 J_1-$\sqrt{J_{2D}}$ 空间中极限包络线的斜率，R 可通过极限包络线与 J_1 轴的截距得到，如图 2.18 所示。

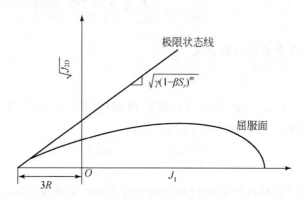

图 2.18　$\sqrt{J_{2D}}$-J_1 应力空间中的屈服面与极限包线

2)β

β 与内摩擦角 ϕ 相关。ϕ 增大则 β 增大。β 决定了屈服面在 π 平面上的形状，$\beta=0$ 时，屈服面为圆形。$\beta \leqslant 0.76$ 则保证了屈服面在主应力空间中是外凸的[18]（图 2.19），因此，β 应小于等于 0.76。

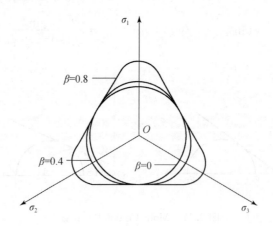

图 2.19　对应不同 β 值屈服面在八面体平面上的形状

3)n

n 决定材料膨胀开始时的应力水平，影响屈服面在 $\sqrt{J_{2D}}$-J_1 平面的形状，$n>2$。在图 2.20 中，点 p 处 $\mathrm{d}\varepsilon_V^p=0$，$n=\dfrac{2}{1-\dfrac{J_{2D}}{J_1^2}\dfrac{1}{F_s\gamma}}$，$F_s=(1-\beta S_r)^m$。

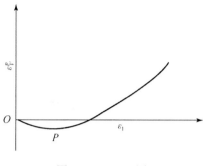

图 2.20　ε_3^p-ε_1 图

4) α

α 为硬化参数，α 值的改变表示了屈服面的硬化。α_1 取值小则材料刚度大，η_1 较大则材料刚度大。通过 $\ln\alpha + \eta_1\ln\xi = \ln\alpha_1$，取峰值前的点，则可从 $\ln\xi$-$\ln\alpha$ 坐标中的值得到 α_1 和 η_1 的值，如图 2.21 所示。

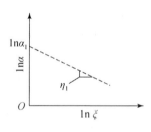

图 2.21　$\ln\xi$-$\ln\alpha$ 关系图

3. HISS 模型的本构方程

根据塑性增量理论

$$\mathrm{d}\varepsilon_{ij}^p = \lambda\frac{\partial Q}{\partial\sigma_{ij}} \tag{2.75}$$

式中，$\mathrm{d}\varepsilon_{ij}^p$ 为塑性应变增量；λ 为流动因子；Q 是塑性势函数。如果采用关联流动法则，则 $Q=F$，F 是屈服函数。

由相容条件，得

$$\mathrm{d}F = 0 \tag{2.76}$$

式(2.76)给出

$$\left(\frac{\partial F}{\partial\sigma_{ij}}\right)^{\mathrm{T}}\mathrm{d}\sigma_{ij} + \frac{\partial F}{\partial\xi}\mathrm{d}\xi = 0 \tag{2.77}$$

式中

$$d\xi = \left[(d\varepsilon_{ij}^{p})^{T} d\varepsilon_{ij}^{p} \right]^{\frac{1}{2}} = \left[\lambda \left(\frac{\partial Q}{\partial \sigma_{ij}} \right)^{T} \lambda \left(\frac{\partial Q}{\partial \sigma_{ij}} \right) \right]^{\frac{1}{2}} = \lambda \left[\left(\frac{\partial Q}{\partial \sigma_{ij}} \right)^{T} \frac{\partial Q}{\partial \sigma_{ij}} \right]^{\frac{1}{2}} = \lambda \gamma_{F}$$

(2.78)

式中

$$\gamma_{F} = \left[\left(\frac{\partial Q}{\partial \sigma_{ij}} \right)^{T} \frac{\partial Q}{\partial \sigma_{ij}} \right]^{\frac{1}{2}}$$

(2.79)

因此,由式(2.76)推出

$$\left(\frac{\partial F}{\partial \sigma_{ij}} \right)^{T} d\sigma_{ij} + \frac{\partial F}{\partial \xi} \lambda \gamma_{F} = 0$$

(2.80)

$$\left(\frac{\partial F}{\partial \sigma_{ij}} \right)^{T} C_{ijkl}^{e} d\varepsilon_{ij}^{e} + \frac{\partial F}{\partial \xi} \lambda \gamma_{F} = 0$$

(2.81)

将 $d\varepsilon_{ij}^{e} = d\varepsilon_{ij} - d\varepsilon_{ij}^{p}$ 代入,得

$$\left(\frac{\partial F}{\partial \sigma_{ij}} \right)^{T} C_{ijkl}^{e} (d\varepsilon_{ij} - d\varepsilon_{ij}^{p}) + \frac{\partial F}{\partial \xi} \lambda \gamma = 0$$

(2.82)

于是,将式(2.75)中的 $d\varepsilon_{ij}^{p}$ 代入,得到

$$\left(\frac{\partial F}{\partial \sigma_{ij}} \right)^{T} C_{ijkl}^{e} d\varepsilon_{ij} - \left(\frac{\partial F}{\partial \sigma_{ij}} \right)^{T} C_{ijkl}^{e} \lambda \frac{\partial Q}{\partial \sigma_{ij}} + \frac{\partial F}{\partial \xi} \lambda \gamma_{F} = 0$$

(2.83)

$$\left(\frac{\partial F}{\partial \sigma_{ij}} \right)^{T} C_{ijkl}^{e} d\varepsilon_{ij} - \lambda \left[\left(\frac{\partial F}{\partial \sigma_{ij}} \right)^{T} C_{ijkl}^{e} \frac{\partial Q}{\partial \sigma_{ij}} - \frac{\partial F}{\partial \xi} \gamma_{F} \right] = 0$$

(2.84)

$$\lambda = \frac{\left(\dfrac{\partial F}{\partial \sigma_{ij}} \right)^{T} C_{ijkl}^{e} d\varepsilon_{ij}}{\left(\dfrac{\partial F}{\partial \sigma_{ij}} \right)^{T} C_{ijkl}^{e} \dfrac{\partial Q}{\partial \sigma_{ij}} - \dfrac{\partial F}{\partial \xi} \gamma_{F}}$$

(2.85)

本构方程可表示为

$$d\sigma_{ij} = C_{ijkl}^{e} (d\varepsilon_{ij} - d\varepsilon_{ij}^{p}) = \left[C_{ijkl}^{e} - \frac{C_{ijkl}^{e} \dfrac{\partial Q}{\partial \sigma_{ij}} \left(\dfrac{\partial F}{\partial \sigma_{ij}} \right)^{T} C_{ijkl}}{\left(\dfrac{\partial F}{\partial \sigma_{ij}} \right)^{T} C_{ijkl}^{e} \dfrac{\partial Q}{\partial \sigma_{ij}} - \dfrac{\partial F}{\partial \xi} \gamma_{F}} \right] d\varepsilon_{ij}$$

$$= \left\{ C_{ijkl}^{e} - \frac{C_{ijkl}^{e} \dfrac{\partial Q}{\partial \sigma_{ij}} \left(\dfrac{\partial F}{\partial \sigma_{ij}} \right)^{T} C_{ijkl}^{e}}{\left(\dfrac{\partial F}{\partial \sigma_{ij}} \right)^{T} C_{ijkl}^{e} \dfrac{\partial Q}{\partial \sigma_{ij}} - \dfrac{\partial F}{\partial \xi} \left[\left(\dfrac{\partial Q}{\partial \sigma_{ij}} \right)^{T} \left(\dfrac{\partial Q}{\partial \sigma_{ij}} \right) \right]^{\frac{1}{2}}} \right\} d\varepsilon_{ij}$$

(2.86)

对于关联屈服模型(HISS-δ_{0}),有

$$d\sigma_{ij} = \left[C_{ijkl}^{e} - \frac{C_{ijkl}^{e} \dfrac{\partial F}{\partial \sigma_{mn}} \dfrac{\partial F}{\partial \sigma_{uv}} C_{uvkl}^{e}}{\dfrac{\partial F}{\partial \sigma_{ij}} C_{ijkl}^{e} \dfrac{\partial F}{\partial \sigma_{kl}} - \dfrac{\partial F}{\partial \xi} \left(\dfrac{\partial F}{\partial \sigma_{kl}} \dfrac{\partial F}{\partial \sigma_{kl}} \right)^{\frac{1}{2}}} \right] d\varepsilon_{ij}$$

(2.87)

2.2.4 DSC 的黏弹性和黏塑性模型

在塑性理论中,通常不考虑准静态过程中的时间效应及随时间变化的黏性(蠕变或松弛)的影响。另一方面,几乎所有材料在负载下随时间变化都有一定程度的变形。这些变形可以是弹性的、可恢复的,也可能是塑性的或不可恢复的。因此,一个适用性较强的模型应该能够描述弹性、塑性、黏性以及蠕变变形。

有些材料可能会发生显著的黏弹性蠕变,而另一些可能会发生黏塑性蠕变。事实上,对于一些材料可能需要同时考虑上述两种情况。因此,建立这样一个模型来解释材料的蠕变行为是有必要的。考虑到普遍情况,首先基于 Perzyna[20] 提出的理论建立黏弹塑性(elastic visco-plastic,EVP)模型。该模型已被广泛使用,而且它对一些工程问题[21~23]提供了满意的解决方案。

1. 黏弹塑性模型

根据 Perzyna 的理论,黏弹塑性模型的介绍主要包括材料参数的确定、试验验证、校准以及模型的验证。同时也将讨论使用模型来表征 RI 状态下的响应。

图 2.22(a)所示为 Perzyna 模型表征黏弹塑性行为的示意图。在 $t=0$ 时施加一个恒定的应力 σ_0 并保持不变,直到达到时间 $\bar{t}$。在时间 $\bar{t}$ 时,将应力 σ_0 移除。材料在 $t=0$ 时将产生一个瞬时弹性应变 ε^e;而从 $t=0$ 直至 $\bar{t}$ 施加恒定应力 σ_0 的过程中,即会发生黏塑性应变 ε^{vp}。当应力被移除,则弹性应变将会恢复,材料即保留不可逆的黏塑性应变。

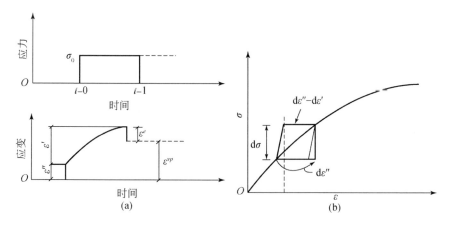

图 2.22 黏弹塑性模型示意图

在 EVP 模型中的黏塑性应变随时间从 0 到 t 而发生变化;然而,足够长的时间后,它的最终值与一个给定屈服函数的非黏塑性模型中的应变值是相等的,见图 2.22(b)。这表明,对于一个给定的应力增量 $d\underset{\sim}{\sigma}$,非黏塑性中的塑性应由下式给出:

$$d\underset{\sim}{\sigma} = \underset{\sim}{C}^{\varphi} d\underset{\sim}{\varepsilon} \tag{2.88}$$

$$d\underset{\sim}{\varepsilon}^{p} = d\underset{\sim}{\varepsilon} - d\underset{\sim}{\varepsilon}^{e} \tag{2.89}$$

如果在应力增量保持不变的情况下材料发生了蠕变变形,则黏塑性应变随时间增加而增大,最后达到 $d\underset{\sim}{\varepsilon}^{vp}$,其值等于 $d\underset{\sim}{\varepsilon}^{p}$。

2. 基本理论

根据 Perzyna 的理论,总应变率 $\underset{\sim}{\dot{\varepsilon}}$ 可以分解为 $\underset{\sim}{\dot{\varepsilon}}^{e}$ 和 $\underset{\sim}{\dot{\varepsilon}}^{vp}$,如下式所示:

$$\underset{\sim}{\dot{\varepsilon}} = \underset{\sim}{\dot{\varepsilon}}^{e} + \underset{\sim}{\dot{\varepsilon}}^{vp} \tag{2.90(a)}$$

式中

$$\underset{\sim}{\dot{\sigma}} = \underset{\sim}{C}^{e} \underset{\sim}{\dot{\varepsilon}}^{e} \tag{2.90(b)}$$

$$\underset{\sim}{\dot{\varepsilon}}^{e} = \underset{\sim}{C}^{(e)-1} \underset{\sim}{\dot{\sigma}} \tag{2.90(c)}$$

$$\underset{\sim}{\dot{\varepsilon}}^{vp} = \Gamma \langle \phi \rangle \frac{\partial Q}{\partial \underset{\sim}{\sigma}} \tag{2.90(d)}$$

式中,$\underset{\sim}{\dot{\sigma}}$ 是应力矢量;$\underset{\sim}{C}^{e}$ 是各向同性材料的弹性本构矩阵;Q 是塑性势函数;Γ 是流动参数;ϕ 是流变函数,通常由 F 表示。

$$\left\langle \phi\left(\frac{F}{F_0}\right) \right\rangle = \begin{cases} \phi\left(\dfrac{F}{F_0}\right), & \dfrac{F}{F_0} > 0 \\ 0, & \dfrac{F}{F_0} \leqslant 0 \end{cases} \tag{2.91}$$

式中,F_0 是 F 的一个参考值,或任何一个适当的常数(如屈服应力 σ_y、大气压力 p_a),以便使 F/F_0 无量纲。

3. 塑性解的力学机理

根据前述 EVP 理论可知,黏塑性过程的力学机理可以通过考虑一个从 $t=0$ 开始并施加恒定应力增量 $\Delta\underset{\sim}{\sigma}$ 的蠕变试验来解释。如图 2.23(a)所示,初始应力为 $\underset{\sim}{\sigma}_0$;现在来考虑 δ_0 模型中的屈服函数 F:

$$F = \bar{J}_{2D} - (-\alpha \bar{J}_1^N + \gamma \bar{J}_1^2)(1 - \beta S_r)^{-0.5} \tag{2.92(a)}$$

式中,硬化参数 α 由下式计算:

$$\alpha = \frac{a_1}{\xi_{vp}^{\eta}} \qquad\qquad [2.92(\mathrm{b})]$$

式中，ξ_{vp} 为黏塑性应变 $\underset{\sim}{\varepsilon}^{vp}$ 的轨迹，由下式表示：

$$\xi_{vp} = \int \left[(\mathrm{d}\underset{\sim}{\varepsilon}^{vp})^{\mathrm{T}} \mathrm{d}\underset{\sim}{\varepsilon}^{vp} \right]^{\frac{1}{2}} \qquad\qquad [2.92(\mathrm{c})]$$

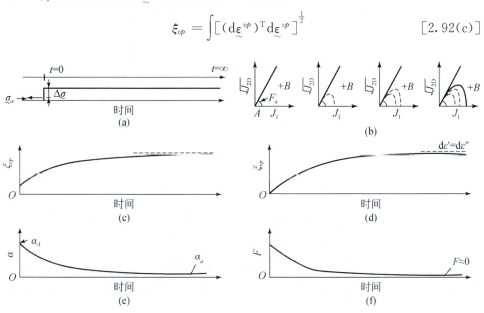

图 2.23 黏塑性解的力学机理

在时间 $t=0$ 时施加应力增量，让 F_0 表示对应于应力状态 $\underset{\sim}{\sigma}_0$ 的初始屈服表面。该表面通常被称为静态屈服面 $F_s(=F_0)$。在恒定应力下，材料经历了黏塑性变形，屈服面由于应力的变化 $\Delta\sigma$ 而从 F_s 变换为 F_d，这就是所谓的超应力及硬化函数 α。修正面 F_d 也可称为动态屈服表面，且它的值一般大于零（$F_d>0$），因为应力和硬化函数是随时间而变化的，一般无法满足条件 $F_d=0$。黏塑性应变一般由超应力并随时间增加而增加，见图 2.23(d)，但是，其增长速度持续下降并趋于零。在足够长的时间后，F_d 在点 B 处趋于平衡[图 2.23(b)]，而此时屈服函数 $F_B=0$ 也能满足。

随着时间的推移，总应变 $\underset{\sim}{\varepsilon}$（弹性加黏塑性）不断积累[图 2.23(c)]，从而导致黏塑性应变的轨迹 ξ_{vp} 的积累[图 2.23(d)]。其结果是，硬化参数 α 的值，从初始值 α_A 变为最终值 α_B[图 2.23(e)]，在这期间的屈服面从 A 扩大到 B[图 2.23(b)]，此时达到稳定状态，黏塑性应变率降为零。当 $t \to \infty$ 时，黏塑性模型的求解往往趋近于非黏塑性模型[图 2.23(b)]。

4. 黏塑性应变增量

在应力增量恒定的情况下，黏塑性应变随时间的增长而增大。此结论可以通过时间积分来确定,具体如下。

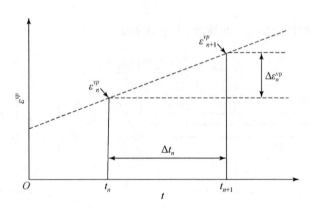

图 2.24　黏塑性应变的时间积分

考虑图 2.24 中的时间增量 $\Delta t_n = t_{n+1} - t_n$,则 t_n 到 t_{n+1} 的应变增量可以表示为

$$\Delta \varepsilon_n^{vp} = \Delta \left[(1-\theta) \dot\varepsilon_n^{vp} + \theta \dot\varepsilon_{n+1}^{vp} \right] \tag{2.93}$$

式中,$0 \leqslant \theta \leqslant 1$ 。基于不同 θ 值获得了不同的时间积分形式。当 $\theta = 0$ 时,得到了简单的欧拉形式;$\theta = 0.5$ 时,得到了 Crank-Nicolson 形式;当 $\theta = 1$ 时,得到全隐式形式。

当 $n = 1$ 时,式(2.93)中的黏塑性应变率可利用泰勒级数展开,忽略高阶项,得

$$\dot\varepsilon_{n+1}^{vp} = \dot\varepsilon_n^{vp} + G_n \Delta \underset{\sim}{\sigma}_n \tag{2.94(a)}$$

式中,$\Delta \underset{\sim}{\sigma}_n$ 为 t_n 到 t_{n+1} 的应力增量;G_n 为梯度矩阵,表达式如下:

$$\underset{\sim}{G}_n = \frac{\partial \dot\varepsilon_n^{vp}}{\partial \underset{\sim}{\sigma}} \tag{2.94(b)}$$

根据式[2.90(d)],上式可变换为

$$\underset{\sim}{G}_n = \Gamma \left[\phi \frac{\partial}{\partial \underset{\sim}{\sigma}} \left(\frac{\partial F}{\partial \underset{\sim}{\sigma}} \right)^{\mathrm{T}} + \frac{\mathrm{d}\phi}{\mathrm{d}F} \left(\frac{\partial F}{\partial \underset{\sim}{\sigma}} \right)^{\mathrm{T}} \right] \tag{2.94(c)}$$

将 G_n 代入式(2.93),可得

$$\Delta \varepsilon_n^{vp} = \Delta t_n (\dot\varepsilon_n^{vp} + \theta G_n \Delta \underset{\sim}{\sigma}_n) \tag{2.95}$$

5. 应力增量

应力增量可写为

$$\Delta \underset{\sim}{\sigma}_n = \underset{\sim}{C}_n^e (\Delta \underset{\sim}{\varepsilon}_n - \Delta \underset{\sim}{\varepsilon}_n^{vp}) \tag{2.96(a)}$$

式中,$\Delta \underset{\sim}{\varepsilon}_n = B_n \Delta \underset{\sim}{q}_n$;B 是应变-位移的变换矩阵;$q(n)$ 是位移矢量;$\underset{\sim}{C}_n^e$ 是弹性本构

矩阵。

现在，将 $\Delta\varepsilon_n^{vp}$ 代入式[2.96(a)]中，可得

$$\Delta\underset{\sim}{\sigma}_n = \underset{\sim}{\bar{C}}(B_n\Delta\underset{\sim}{q}_n - \dot{\varepsilon}_n^{vp}\Delta t_n) = \underset{\sim}{\bar{C}}\Delta\underset{\sim}{\varepsilon}^e(t) \qquad [2.96(b)]$$

式中，$\underset{\sim}{\bar{C}} = (I + \underset{\sim}{C}_n^e\theta\Delta t_n\underset{\sim}{G}_n)^{-1}\underset{\sim}{C}_n^e$；$\Delta\underset{\sim}{\varepsilon}^e(t)$ 是依赖于时间的等效弹性应变。

6. 黏弹塑性有限元方程

对一个给定负载增量 $\Delta\underset{\sim}{Q}_n$ 的应变进行时间积分($n=1,2,\cdots$)，见图 2.25。

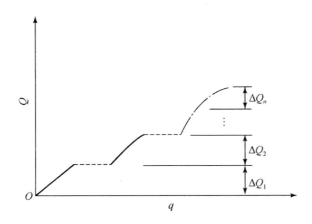

图 2.25　黏弹塑性解中的增量加载示意图

有限元增量平衡方程为

$$\int_V B_n^T\Delta\underset{\sim}{\sigma}_n^i\mathrm{d}V + \Delta\underset{\sim}{Q}_n = 0 \qquad [2.97(a)]$$

式中，V 是有限单元的体积。将式[2.96(b)]代入式[2.97(a)]，可得

$$\int_V B_n^T\underset{\sim}{\bar{C}}(B_n\Delta\underset{\sim}{q}_n - \dot{\varepsilon}_n^{vp}\Delta t_n)\mathrm{d}V + \Delta\underset{\sim}{Q}_n = 0 \qquad [2.97(b)]$$

或

$$\int_V(B_n^T\underset{\sim}{\bar{C}}B_n\mathrm{d}V)\Delta\underset{\sim}{q}_n - \int_V B_n^T\underset{\sim}{\bar{C}}\dot{\varepsilon}_n^{vp}\Delta t_n\mathrm{d}V + \Delta\underset{\sim}{Q}_n = 0 \qquad [2.97(c)]$$

或

$$\Delta\underset{\sim}{q}_n = \underset{\sim}{k}_{t(n)}^{-1}\left(\int_V B_n^T\underset{\sim}{\bar{C}}\dot{\varepsilon}_n^{vp}\Delta t_n\mathrm{d}V - \Delta\underset{\sim}{Q}_n\right) = \underset{\sim}{k}_{t(n)}^{-1}\Delta\underset{\sim}{\bar{Q}} \qquad [2.97(d)]$$

式中，$\underset{\sim}{k}_{t(n)}^{-1}$ 为切线刚度矩阵，其表达式如下：

$$\underset{\sim}{k}_{t(n)} = \int_V B_n^T\underset{\sim}{\bar{C}}B_n\mathrm{d}V \qquad (2.98)$$

$\Delta \underset{\sim}{\bar{Q}}$ 为增量载荷向量,如下式所示:

$$\Delta \underset{\sim}{\bar{Q}} = \int_V B_n^{\mathrm{T}} \underset{\sim}{\bar{C}} \dot{\underset{\sim}{\varepsilon}}_n^{vp} \Delta t_n \mathrm{d}V - \Delta \underset{\sim}{Q_n} \tag{2.99}$$

通过求解式[2.97(d)]计算位移增量 Δq_n ,通过式[2.96(b)]计算应力增量 $\Delta \underset{\sim}{\sigma_n}$ 。由此可得 $n+1$ 步后的总量为

$$\underset{\sim}{q}_{n+1} = \underset{\sim}{q}_n + \Delta \underset{\sim}{q}_n \tag{2.100(a)}$$

$$\underset{\sim}{\sigma}_{n+1} = \underset{\sim}{\sigma}_n + \Delta \underset{\sim}{\sigma}_n \tag{2.100(b)}$$

则黏塑性应变增量 $\Delta \varepsilon_n^{vp}$ 可用下式求解:

$$\Delta \underset{\sim}{\varepsilon}_n^{vp} = B_n \Delta \underset{\sim}{q}_n - \underset{\sim}{C}^{(e)-1} \Delta \underset{\sim}{\sigma}_n \tag{2.101(a)}$$

则总应变为

$$\underset{\sim}{\varepsilon}_{n+1}^{vp} = \underset{\sim}{\varepsilon}_n^{vp} + \underset{\sim}{\varepsilon}_n^{vp} \tag{2.101(b)}$$

7. Perzyna 模型的一维表达

单轴情况下的流变模型[24]如图 2.26 所示。弹簧和阻尼器分别表示的是弹性和黏性的反应。在给定的应力(增量) σ 下,当时间 $t = 0$ 时,瞬时弹性响应 ε^e 如下所示:

$$\varepsilon^e = \frac{\sigma}{E} \tag{2.102}$$

式中,E 是线性弹簧的弹性模量。注意当时间 $t = 0$ 时,阻尼器和滑块是不可操作的;然而,当 $t > 0$ 时,阻尼器和滑块开始运作。在应力 σ_s 后滑块将开始移动,此时缓冲器中的超应力 σ_d 由下式给出:

$$\sigma_d = \sigma - \sigma_s \tag{2.103}$$

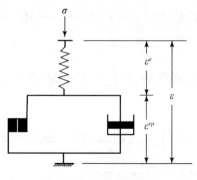

图 2.26　黏弹塑性模型

黏塑性应变将会在屈服应力 σ_y 后发生。因此,对线性应变硬化响应(图 2.27)来说,黏塑性应变发生时的应力 $\bar{\sigma}$ 如下:

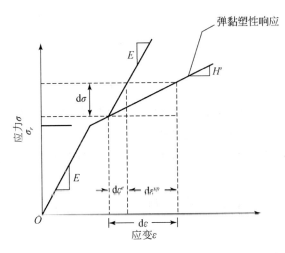

图 2.27　单轴情况下应力-应变曲线的线弹性和应变硬化行为

$$\bar{\sigma} = \sigma_y + H'\varepsilon^{vp} \tag{2.104}$$

式中, H' 为应力-应变曲线线性应变硬化部分的斜率。滑块的应力为

$$\sigma_s = \begin{cases} \sigma, & \sigma_s < \bar{\sigma} \\ \bar{\sigma}, & \sigma_s \geqslant \bar{\sigma} \end{cases} \tag{2.105}$$

则总应变为

$$\varepsilon = \varepsilon^e + \varepsilon^{vp} \tag{2.106}$$

式中, ε^e 为弹性应变。

$$\sigma_d = \mu \frac{d\varepsilon^{vp}}{dt} \tag{2.107}$$

式中, μ 为黏度系数; t 为时间。在屈服之前, $\varepsilon^{vp} = 0$,因此 $\sigma_d = 0$ 且 $\sigma_s = \sigma$ 。将式(2.104)、式(2.105)和式(2.107)代入式(2.103)得

$$\mu \frac{d\varepsilon^{vp}}{dt} + H'\varepsilon^{vp} + \sigma_y = \sigma \tag{2.108}$$

将式(2.106)和式(2.102)代入式(2.108),得

$$H'E\varepsilon + \mu E \frac{d\varepsilon}{dt} = H'\sigma + E(\sigma + \sigma_y) + \mu \frac{d\sigma}{dt} \tag{2.109(a)}$$

式[2.109(a)]是一个一阶常微分方程,并表示与时间相关的应力应变关系。式[2.109(a)]可用流动参数 Γ 表示如下:

$$\dot{\varepsilon} = \frac{\dot{\sigma}}{E} + \Gamma[\sigma - (\sigma_y + H'\varepsilon^{vp})] \qquad\qquad [2.109(\mathrm{b})]$$

式中，$\Gamma = 1/\mu$。

$$\dot{\varepsilon} = \dot{\varepsilon}^e + \dot{\varepsilon}^{vp} = \frac{\dot{\sigma}}{E} + \dot{\varepsilon}^{vp} \qquad\qquad (2.110)$$

比较式(2.110)和式[2.109(b)]，可得

$$\dot{\varepsilon}^{vp} = \Gamma[\sigma - (\sigma_y + H'\varepsilon^{vp})] \qquad\qquad (2.111)$$

式中，$\sigma - (\sigma_y + H'\varepsilon^{vp})$ 表示引起黏塑性应变的超应力；换句话说，在这个模型中，黏塑性应变率是基于超应力而唯一定义的。

可以得到求解式[2.109(a)]基于恒定应力的封闭形式，此时式[2.109(a)]可以写为

$$\Gamma H'\varepsilon + \frac{\mathrm{d}\varepsilon}{\mathrm{d}t} = \frac{\Gamma H'}{E}\sigma + \Gamma(\sigma - \sigma_y) \qquad\qquad (2.112)$$

由此得出

$$\varepsilon = \frac{\sigma}{E} + \frac{\sigma - \sigma_y}{H'}(1 - \mathrm{e}^{-H'\Gamma t}) \qquad\qquad (2.113)$$

式中，$H' > 0$。图 2.28(a)表示的是单轴情况下黏弹塑性模型的应力应变响应。它表明，瞬时弹性应变 $\varepsilon^e = \dfrac{\sigma}{E}$，其限制值为 $\dfrac{\sigma - \sigma_y}{H'}$，这与从非黏塑性模型中得出的塑性应变相同。

对理想塑性材料($H' = 0$)，通过 L'Hospital 准则得到的解为

$$\varepsilon = \frac{\sigma}{E} + (\sigma - \sigma_y)\Gamma t \qquad\qquad (2.114)$$

图 2.28(b)所示为理想塑性模型的黏弹塑性响应。可以看出，对于理想塑性材料，ε^{vp} 还未达到稳态条件，且会以一个恒定的应变速率无限的增大。

值得注意的是，对于应变硬化材料，式(2.113)中的模型会引起一个稳态的黏塑性应变，它与非黏塑性模型中的塑性应变是相同的。因此，Perzyna 模型提供了随时间变化的塑性应变，但是，其最终的幅度与基于给定屈服函数 F 下的塑性模型是一样的。

8. 时间步长的选择

求解的可靠性主要取决于时间积分式(2.93)，其中最重要的是选择大小合适的时间步长 Δt。当 $\theta \geqslant 0.5$ 时，该式已被证明是无条件稳定的。但是，稳定性并不意味着该解决方案是一定准确的，因此，限制时间步长的大小是有必要的。

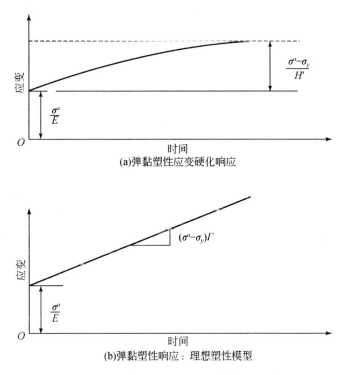

(a)弹黏塑性应变硬化响应

(b)弹黏塑性响应:理想塑性模型

图 2.28 单轴情况下黏弹塑性模型的响应

时间步长的大小受若干因素的影响如材料的属性和应变速率。Cormeau[21]、Zienkiewicz 等[22]以及 Dinis 等[25]提出了一个时间步长和应变率之间的经验关系式,如下所示:

$$\Delta t \leqslant \eta \frac{\varepsilon}{\dot{\varepsilon}^{vp}} = \frac{\eta}{\dot{\varepsilon}^{vp}} \left(\frac{\sigma}{E} + \varepsilon^{vp} \right) \qquad (2.115)$$

式中,η 是一个与具体问题相关的参数,其值的范围为 $0.01 \leqslant \eta \leqslant 0.15$。它通常在时间积分中给出不同的时间步长。另外一种类似的经验公式由下式给出:

$$\Delta t_{n+1} \leqslant \eta_0 \Delta t_n \qquad (2.116)$$

式中,$1.2 \leqslant \eta_0 \leqslant 2$。

9. 扰动函数

图 2.29(a)为蠕变试验中以一个较慢的速率施加应力增量时的应力-应变响应,其中在恒定增量值下稳态黏塑性应变需要量测。这样的行为被称为静态响应。图 2.29(a)中的硬化曲线表示应力和稳态应变的轨迹,它与非黏塑性响应的轨迹是

相同的。而所观察到的应力-应变响应可以体现材料的退化和软化。在这里,扰动函数 D 可以定义为

$$D = \frac{\sigma^i - \sigma^a}{\sigma^i - \sigma^c} \qquad [2.117(a)]$$

式中,σ^i 为观察应力,表示应力的度量,如 τ 或 $\sqrt{J_{2D}}$;σ^c 是 FA 状态下的应力。

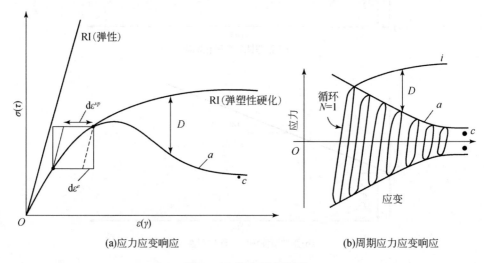

(a)应力应变响应　　　　　　　　　　(b)周期应力应变响应

图 2.29　扰动蠕变模型

　　图 2.29(b)给出了循环(重复)加载示意图,其中可将扰动函数视为 N 的函数,可以表示为

$$D(N) = \frac{\sigma^i - \sigma_p}{\sigma^i - \sigma^c} \qquad [2.117(b)]$$

式中,σ_p 为给定周期 N 下的峰值应力。式[2.117(b)]中的 D 可通过黏塑性应变轨迹来表示。在循环加载的情况下,RI 状态下的行为可以使用非黏塑性模型模拟,见图 2.29(b)。观测应力增量 $\Delta\underset{\sim}{\sigma}^a$ 表示如下:

$$\Delta\underset{\sim}{\sigma}^a = (1-D)\Delta\underset{\sim}{\sigma}^i + D\Delta\underset{\sim}{\sigma}^c + \mathrm{d}D(\underset{\sim}{\sigma}^c - \underset{\sim}{\sigma}^i) \qquad (2.118)$$

式中,$\Delta\underset{\sim}{\sigma}^i$ 是完整的黏塑性应力增量。如果假设应变 $\Delta\underset{\sim}{\varepsilon}^e(t)$ 在 RI 和 FA 状态下是相等的,则式(2.118)可以写为

$$\Delta\underset{\sim}{\sigma} = (1-D)\underset{\sim}{\bar{C}}\Delta\underset{\sim}{\varepsilon}^e + D\underset{\sim}{C}^c\Delta\underset{\sim}{\varepsilon}^e + \mathrm{d}D(\underset{\sim}{\sigma}^c - \underset{\sim}{\sigma}^i) \qquad [2.119(a)]$$

$$= [(1-D)\underset{\sim}{\bar{C}} + D\underset{\sim}{C}^c]\Delta\underset{\sim}{\varepsilon}^e + \mathrm{d}D(\underset{\sim}{\sigma}^c - \underset{\sim}{\sigma}^i) \qquad [2.119(b)]$$

式中,$\underset{\sim}{C}^c$ 是 FA 响应的本构矩阵。

10. 有限元方程

平衡方程[2.97(a)]可以写为

$$\int B_n^{\mathrm{T}} \Delta \sigma_n^a \mathrm{d}V + \Delta Q_n = 0 \tag{2.120}$$

将式(2.119)代入式(2.120),可得

$$\int B_n^{\mathrm{T}} \{[(1-D)\bar{C} + DC^c](B_n \Delta q_n^i - \dot{\varepsilon}_n^{vp}\Delta t_n) + \mathrm{d}D(\sigma^c - \sigma^i)\}\mathrm{d}V + \Delta Q_n = 0$$
$$[2.121(\mathrm{a})]$$

或

$$k_t^{\mathrm{DSC}} \wedge q_n^i = Q_1 - Q_2 - \Delta Q_n = \Delta \bar{Q}^{\mathrm{DSC}} \tag{2.121(b)}$$

式中,$\Delta \bar{Q}^{\mathrm{DSC}}$是包含扰动影响的等效或残余载荷向量,

$$k_t^{\mathrm{DSC}} = \int_V B_n^{\mathrm{T}}[(1-D)\bar{C} + DC^c]B_n \mathrm{d}V$$

$$Q_1 = \int_V B_n^{\mathrm{T}}[(1-D)\bar{C} + DC^c]\dot{\varepsilon}_n^{vp}\Delta t_n \mathrm{d}V$$

$$Q_2 = \int_V B_n^{\mathrm{T}} \mathrm{d}D(\sigma^c - \sigma^i)\mathrm{d}V$$

11. 相关率行为

大多数工程材料的行为取决于加载速率(图 2.30),其通常用应变速率或位移速率定义。静态响应是指材料在缓慢加载速率下的行为。随着加载速率的增加,材料表现出硬化响应和更高的破坏强度。图 2.30(a)和(b)分别表示在不同应变率下,给定初始应力和平均压力作用的材料行为示意图。因此,相应于每个应变速率都存在一个特殊的极限包络线。这表示材料在稳态加载下也可能会产生硬化响应。然而,如果在不同的应变率下加载(动态载荷下),应变率在增加过后就会出现下降趋势,该材料就可能表现出应变软化的行为 [图 2.30(c)]。

EVP 模型可以用于与应变率相关的行为。在这种情况下,动态屈服面 F_d 将取决于加载速率。换句话说,如果在不同的速率下施加相同的应力增量,则动态屈服面 F_{di} $(i=1,2,\cdots)$[图 2.30(d)]也会有所不同。

12. 黏弹塑性模型中的参数

前面已经描述了弹性和塑性常数的确定。在此,考察具有黏性行为的 EVP 模

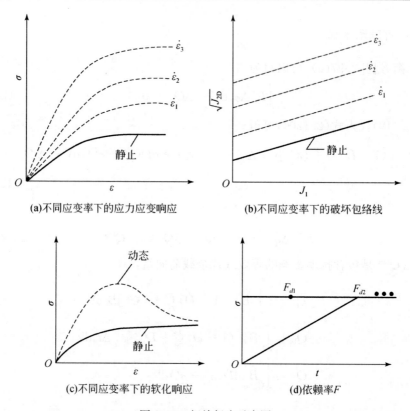

(a)不同应变率下的应力应变响应　　　　(b)不同应变率下的破坏包络线

(c)不同应变率下的软化响应　　　　(d)依赖率 F

图 2.30　相关行为示意图

型中所需的参数。

1)参数的测定

参数 Γ、N 或 $\overline{N}$ 需要通过相应的试验确定。

流动参数 Γ：对式[2.90(d)]两边同时平方并乘以 $\frac{1}{2}$，得

$$\frac{1}{2}\,(\dot{\underset{\sim}{\varepsilon}}^{vp})^{\mathrm{T}}\,\dot{\underset{\sim}{\varepsilon}}^{vp} = \frac{1}{2}\,(\Gamma\langle\phi\rangle)^2 \left(\frac{\partial F}{\partial\underset{\sim}{\sigma}}\right)^{\mathrm{T}}\frac{\partial F}{\partial\underset{\sim}{\sigma}} \qquad [2.122(\mathrm{a})]$$

或

$$\dot{I}_2^{vp} = \frac{1}{2}\,(\Gamma\langle\phi\rangle)^2 \left(\frac{\partial F}{\partial\underset{\sim}{\sigma}}\right)^{\mathrm{T}}\frac{\partial F}{\partial\underset{\sim}{\sigma}} \qquad [2.122(\mathrm{b})]$$

式中，$\dot{I}_2^{vp}$ 为黏塑性应变率张量 $\dot{\underset{\sim}{\varepsilon}}^{vp}$ 的第二不变量，因此

$$\Gamma\langle\phi\rangle = \sqrt{\dfrac{2\,\dot{I}_2^{vp}}{\left(\dfrac{\partial F}{\partial\underset{\sim}{\sigma}}\right)^{\mathrm{T}}\dfrac{\partial F}{\partial\underset{\sim}{\sigma}}}} = a \qquad [2.123(\mathrm{a})]$$

式中

$$\frac{\partial F}{\partial \underset{\sim}{\sigma}} = \frac{\partial F}{\partial J_1} \underset{\sim}{I} + \frac{\partial F}{\partial J_{2D}} \underset{\sim}{S} + \frac{\partial F}{\partial J_{3D}} \left(\underset{\sim}{S}^{\mathrm{T}} \underset{\sim}{S} - \frac{2}{3} J_{2D} \underset{\sim}{I} \right) \qquad [2.123(b)]$$

式中，$\underset{\sim}{S}$ 是偏应力矢量；应力不变量 I_2 由下式给出：

$$I_2 = \frac{1}{2} \varepsilon_{ij} \varepsilon_{ij} = \frac{1}{2} \mathrm{tr}\,(\varepsilon)^2 \qquad [2.123(c)]$$

　　式[2.123(a)]中的 a 可以通过蠕变试验中不同点的值获得。尽管超应力 $\underset{\sim}{\sigma}$ 在蠕变试验中是恒定的，但屈服函数（$F_d > 0$）会在蠕变行为中发生变化，因为黏塑性应变率将会导致硬化参数 α 以及黏塑性应变轨迹 ξ_{vp} 的变化。由于在测试过程中能够测定应变值，就可以通过不同点的值获得 $\dot{I}^{vp}$ 的值。

　　流变参数 ϕ 如下：

$$\phi = \left(\frac{F}{F_0} \right)^N \qquad [2.124(a)]$$

则式[2.123(a)]写为

$$\Gamma \left\langle \left(\frac{F}{F_0} \right)^N \right\rangle = a \qquad [2.124(b)]$$

因此

$$\ln\Gamma + N\ln\left(\frac{F}{F_0} \right) = \ln a \qquad [2.124(c)]$$

　　图 2.31(a)为 a 与 F/F_0 的关系示意图，而其对数示意图如图 2.31(b)所示。图中直线的斜率为 N，并且截距 $F/F_0 = 1$ 时可求出 Γ。

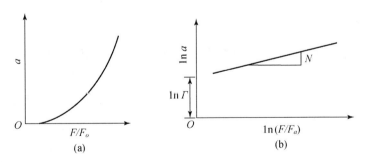

图 2.31　蠕变参数的测定

　　流变函数也可能有其他形式，如指数的形式，具体如下：

$$\phi = \exp\left(\frac{F}{F_0} \right)^N - 1.0 \qquad [2.125(a)]$$

因此,式[2.123(a)]变换为

$$\Gamma\left[\exp\left(\frac{F}{F_0}\right)^{\bar{N}}-1.0\right]=a \qquad [2.125(b)]$$

$$\ln\Gamma+\left(\frac{F}{F_0}\right)^{\bar{N}}=\ln a \qquad [2.125(c)]$$

2)扰动参数

对于准静态过程(单向卸载),D 利用式[2.117(a)]计算;对循环荷载,D 可以由式[2.117(b)]计算,如下所示:

$$D=D_u(1-\mathrm{e}^{-A\xi_D^Z}) \qquad (2.126)$$

在这里,通常假设 $D_u=1.0$。D 的值通过不同应力水平下的值获得,ξ 从这些点的黏塑性应变中计算得到。A 和 Z 的值通过对式(2.126)取对数所得关系式 $Z\ln(\xi_D)+\ln(A)=\ln\left[-\ln\left(\frac{D_u-D}{D_u}\right)\right]$ 获得。

2.2.5　饱和材料和非饱和材料的 DSC 模型

当固体颗粒中所有的孔隙都充满某种液体(如水)时,有孔材料则可能会完全饱和。当这些孔隙仅是部分充满液体时,空气或是气体会存在于那些没有被液体占据的孔隙空间内。人们对饱和有孔材料特性的测试和模拟相对于部分饱和或非饱和材料的研究要更深入。然而,由于非饱和材料的重要性,近年来在地质环境工程、大批量运输以及其他工程体系等领域内对部分饱和或非饱和材料的研究也取得了进展。下面来讨论这两种材料的 DSC 模型。

1. 概述

关于饱和与部分饱和有孔材料建模的资料有很多。很多早期的文献[26,27]都提到了建模的力学问题。Biot 的有孔饱和材料相关力学响应理论[28,29]为计算机过程(有限元)的实施和公式化提供了基础。Terzaghi[26]用于饱和土性能的一维理想状态可以看做 Biot 三维公式的一个特例。

尽管只是模拟了部分饱和土的性能,但是它对各种工程问题的重要性在很长时间以前就已经被认识到了。通过大量研究,提出了用于饱和土和膨胀土分析与试验的模型[29~33]。最近的许多研究也考虑了基本性能的机理并且提出了分析的模型,包括临界状态的应用、分级单曲面塑性、扰动状态概念、热力流方面以及对计算机的应用。

对于液体通过饱和与非饱和有孔介质流动或渗透,Desai 等[34~36]提出并应用了残余流动过程(residual flow procedure,RFP),现已证明 RFP 和变化的不等量法是等价的,并且可以作为固定域分析的一个替代过程。相似的过程已经在非饱和介质的自由平面流[37]和计算机(有限元)分析[38]方面有了应用。

2. 完全饱和材料

Terzaghi 提出的有效应力原理可以用来定义应力与一维饱和介质内液体或水压力间的关系:

$$\sigma^a = \bar{\sigma} + p = \bar{\sigma} + u_w \tag{2.127}$$

式中,σ^a 是总应力;$\bar{\sigma}$ 是通过颗粒连接的固体骨架所承受的有效应力;p 是孔隙水压力。这里用 u_w 来表示孔隙水压力而不是用 p 是因为 u_w 通常用于文献中,而 p 经常用于代表有效应力 $= J_1/3$。式(2.127)的成立基于一系列假设,例如,应力和孔隙水压力是定义在一个名义面积 A 上,并且固体颗粒接触的面积 A^s 在发生变形的时候是可以忽略的。因此,$\bar{\sigma}$ 和 u_w 不适用于接触面积随变形变化(增长)的情况。

如果应用 DSC 公式,根据力的平衡可推出

$$\sigma^a = (1-D)p^f + D\sigma^a \tag{2.128}$$

式中,D 是扰动函数;p^f 是液体压力。这里 p^f 和式(2.127)里的 p 是不同的,代表接触应力。式(2.128)可以看做 D 的函数,用于计算 σ^a 和 p^f,D 是用接触面积 A^s(或孔隙比 e)表示的。

Biot 提出的理论常用于饱和介质相关性能的分析。通过采用修正的或用于部分饱和介质的残余流动概念,这个理论改进后也可描述非饱和介质。以下将讨论饱和与部分饱和介质的连续模型,以及用于实现求解过程的方程。像 Terzaghi 理论一样,基于名义面积来定义各个量。

3. 方程

图 2.32 是部分饱和材料单元的象征性示意图。图中分别表示了固体骨架、液体(水)以及气体(空气)的特性。如果材料是干燥的,则合力 F^a 与固体骨架中的力 F 是平衡的,即

$$F^a = \bar{F} = \bar{F}^i + \bar{F}^c \tag{2.129}$$

假如材料是完全饱和的,则由力的平衡可得

$$F^a = \bar{F}(u_w) + F^w(\bar{\sigma}) \tag{2.130(a)}$$

和

$$\sigma^a = \bar{\sigma}(u_w) + u_w(\bar{\sigma}) \tag{2.130(b)}$$

式中，u_w 和 $\bar{\sigma}$ 分别代表固体骨架中得孔隙水压力和有效应力。很明显固体骨架和孔隙水的性质是相关的，因此 $\bar{\sigma}$ 和 u_w 是互相影响的。

对于部分饱和材料，平衡可以表示为

$$F^a = \bar{F}(u_w, u_g) + F^w(\bar{\sigma}, u_g) + F^g(\bar{\sigma}, u_w) \qquad [2.131(a)]$$

或

$$F^a = \bar{F}(s) + F^w(\bar{\sigma}, s) + F^g(\bar{\sigma}, s) \qquad [2.131(b)]$$

$$\sigma = \bar{\sigma}(s) + u_w(\bar{\sigma}, s) + u_g(\bar{\sigma}, s) \qquad [2.131(c)]$$

式中，u_g 为孔隙内空气或气体压力；$s = u_g - u_w$ 是基质负压，如果气体正好是空气，s 就是孔隙空气压力。另外式(2.130)说明固体骨架、孔隙水及孔隙空气的性质是相关的。

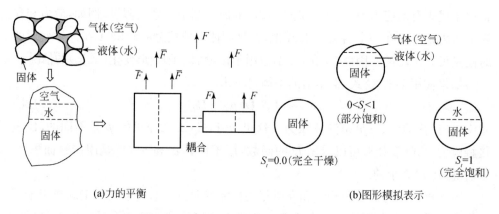

(a)力的平衡　　　　　　　　　　　　　　　　　　(b)图形模拟表示

图 2.32　干燥与饱和材料

通常，有必要通过适当的试验来确定固体骨架的连续方程以及土和空气的状态。在一个通常的求解(有限元)过程中，相关的公式中包括位移，孔隙水压力和孔隙空气压力都是独立的变量。在这种情况下，所有这三种变量都需要通过增量过程来计算。当然，要计算这样一个相关的问题就会变得困难，尤其是三种状态的连续方程。因此，可以用一个近似的计算方法来代替。通过简化的近似，这些状态可以认为是不相关的，这样 u_w 和 u_g 值就是已知的了，可以转化为相应的荷载，就像在 RFP 中一样。

在更严格一些的过程中，基于有效扰动的位移计算出的应力可用来确定 u_w 和(或)u_g 的关系式，这个关系式可以用在下一步对有效响应的增量分析中。这里计算出的 u_w 和(或)u_g 的值可被化为等价的或残余的向量，这个量是从相关方程中积分得来的，如从 Biot 理论中得来。

4. 应力方程

对于孔隙中存在空气和水的部分饱和介质,总应力张量为

$$\sigma_{ij}^a = \bar{\sigma}_{ij} + u_a \delta_{ij} - f(u_a - u_w)\delta_{ij} \qquad [2.132(a)]$$

$$= \bar{\delta}_{ij} + (u_a - f(s))\delta_{ij} \qquad [2.132(b)]$$

式中,$\bar{\delta}_{ij}$ 是有效应力张量;$f(s)$ 是空气和孔隙水压力的函数。

图 2.33 是根据 HISS 塑性模型的膨胀屈服面图。

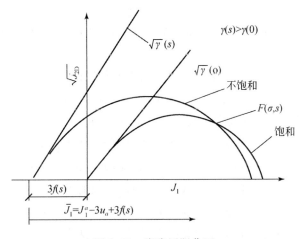

图 2.33　膨胀屈服曲面

极限包络线 γ 的斜率随负压而增加。这里 J_1 轴上的截距由式(2.132)推得

$$\sigma_{ij}^a = \bar{\sigma}_{ij} + 3u_a - 3f(s) \qquad [2.133(a)]$$

或

$$J_1^a = \bar{J}_1 + 3u_a - 3f(s) \qquad [2.133(b)]$$

或

$$p^a = \bar{p} + u_a - f(s) \qquad [2.133(c)]$$

式中,J_1^a 和 $\bar{J}_1$ 分别表示总的和有效应力张量的第一不变量;p^a 和 p 分别表示总的和有效压力。负压的存在调整了材料的响应并且增加了材料的张力强度,该强度又称为黏结应力,与 $3f(s)$ 成比例。如果材料是完全饱和的,则式(2.133)可化为

$$J_1^a = \bar{J}_1 + 3u_w \qquad [2.134(a)]$$

或

$$p^a = \bar{p} + u_w \qquad [2.134(b)]$$

这和 Terzaghi 的有效应力方程一样。

作为 Terzaghi 饱和材料的一维有效应力方程的变形,Bishop[30] 提出了式(2.133)的一种简化形式用于部分饱和土:

$$\sigma^a = \bar{\sigma} + u_a - \chi(u_a - u_w) \qquad (2.135)$$

式中,χ 常称为权数或有效应力参数。为表示有效应力 $\bar{\sigma}$,式(2.135)可写为

$$\bar{\sigma} = (\sigma^a - u_a) + \chi(u_a - u_w) \qquad (2.136)$$

如用名义有效应力 $\bar{p} = \bar{J}_1/3$ 表示,则变为

$$\bar{p} = (p^a - u_a) + \chi(s) \qquad [2.137(a)]$$

$$\bar{p} = \bar{p}^a + \chi(s) \qquad [2.137(b)]$$

式中,p^a 表示总名义应力;$\bar{p}^a$ 是除去空气压力的总名义应力,通常作为净名义应力;s 是负压 $= u_a - u_w$。

当相对饱和度 $S_r = 1$ 时,参数 χ 可达到饱和材料的统一值。这样式(2.136)可化为式(2.127)。对于干性材料,$\chi = 0$ 且 $u_a = 0$,因此式(2.136)可化为 $\bar{\sigma} = \sigma^a$,表明总的或观测应力等于有效应力或固体骨架的应力。

图 2.34 为不同土的 χ 和 S_r 图。有研究者基于参数 χ 可能不只由像 S_r 这样的指数性状决定,对式(2.136)的正确性提出置疑,尤其是当材料经过塑性变形,微裂缝会导致软化和塌陷。因此,基于式(2.132)作下面的推广:

$$\bar{\sigma} = (\sigma^a - u_a) + f(S_r, s, D)(u_a - u_w) \qquad (2.138)$$

式中,D 表示扰动,是用塑性应变抛物线 ξ、孔隙比 e 或塑性功 w 表示的函数。如果 D 表示为 S_r 或 s 的函数,并由于有效应力 $\bar{\sigma}$ 且 S_r 和 s 是相关的,则式(2.138)可以写为

$$\bar{\sigma}(s) = \sigma^a(s) - u_a + D(\xi, e, w, s)(u_a - u_w) \qquad (2.139)$$

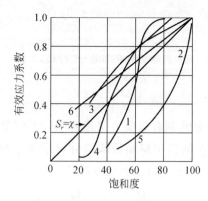

图 2.34　χ 和 S_r 之间的关系

图 2.35 为 D 与 ξ 和 e 的关系图,作为负压和饱和度的函数,关于 D 的各种定义后面将给出解释。

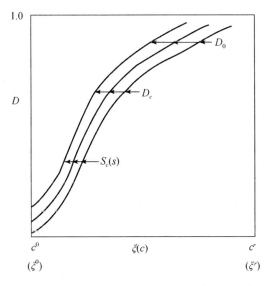

图 2.35　扰动与塑性应变轨迹 ξ 和孔隙比 e 的关系

5. DSC 增量方程

微结构在相应的应变、空气和水压力及负压的影响下会发生部分的变形,因此扰动可以看作是发生在固体骨架中并能通过有效压力存在。对于饱和的情况,观测的有效应力 $\bar{\sigma}^a$ (在固体骨架中)可被表示为

$$\bar{\sigma}_{ij}^a = (1-D)\bar{\sigma}_{ij}^i + D\bar{\sigma}_{ij}^c \qquad [2.140(a)]$$

或

$$\bar{\sigma}^a = (1-D)\bar{\sigma}^i + D\bar{\sigma}^c \qquad [2.140(b)]$$

式中,$\bar{\sigma}^a$、$\bar{\sigma}^i$ 和 $\bar{\sigma}^c$ 分别为观察的应力向量、相对未扰动和固体骨架的完全调整状态(图 2.36);D 代表固体骨架的扰动,它可以用不同的方法来定义。

式(2.140)的增量形式可以写为

$$d\bar{\sigma}^a = (1-D)d\bar{\sigma}^i + Dd\bar{\sigma}^c + dD(\bar{\sigma}^c - \bar{\sigma}^i) \qquad [2.141(a)]$$

或

$$d\bar{\sigma}^a = (1-D)\bar{C}^i d\varepsilon^i + D\bar{C}^c d\varepsilon^c + dD(\bar{\sigma}^c - \bar{\sigma}^i) \qquad [2.141(b)]$$

式中,$\bar{C}^i$ 和 $\bar{C}^c$ 分别固体骨架 RI 和 FA 部分的矩阵;ε^i 和 ε^c 分别是 RI 和 FA 部分的应变;dD 是 D 的增量或比值。

对于部分饱和材料,式(2.141)可以写成 s(或 S_r)的函数

$$d\bar{\sigma}^a = (1-D(s))\bar{C}^i(s)d\varepsilon^i + D(s)\bar{C}^c(s)d\varepsilon^c + dD(s)(\bar{\sigma}^c - \bar{\sigma}^i) \qquad (2.142)$$

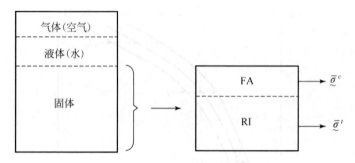

图 2.36　固体中的混合部分、RI 及 FA 部分

因此,RI 和 FA 的响应及 D 就表示为负压(s)或饱和比 S_r 的函数。

式(2.141)或式(2.142)能积分得到有效响应。那么,若总应力已知,孔隙水压力或负压可用有效值计算出来。通常在实验室测试中总的和有效响应及负压是可以测得的。例如,在饱和材料的情况中,饱和水压力可表示为

$$u_w = \frac{J_1^a - J_1}{3} = p^a - \bar{p} \tag{2.143}$$

式中,$J_1(= \sigma_1 + \sigma_2 + \sigma_3)$ 是总应力张量的第一不变量;σ_{ij} 可在实验室中测得;$\overline{J_1}$ 是从式(2.142)的积分中算出的有效不变量。

在部分饱和土的试验情况下,空气压力 u_a 可由式(2.137)算出:

$$\bar{J}_1 = (J_1^a - 3u_a) + f(D)(u_a - u_w) \tag{2.144}$$

式中,D 是扰动函数;$s = u_a - u_w$ 是试验中负压的值。

在通常的界限值问题中,当相关方程用增量求解,也就是说,u_a 和 u_w 的值和位移一起作为独立的变量可利用有限元方法计算。同样的可以假设一个 u_a 的独立关系式,这样,相关的公式中就只有位移和孔隙水压力 u_w 两个量了。

6. 扰动

扰动可以用实验室测试的数据计算出,如应力应变、体积(孔隙)比、有效(孔隙水)压力或非破坏性状。因此扰动可以表示为

$$D(s, \bar{p}_0) = D_{u1}(s, \bar{p}_0)(1 - e^{-A_1(s, \bar{p}_0)\xi_D^{Z_1(s, \bar{p}_0)}}) \qquad [2.145(a)]$$

或

$$D(s, \bar{p}_0) = D_{u2}(s, \bar{p}_0)(1 - e^{-A_2(s, \bar{p}_0)w^{Z_1(s, \bar{p}_0)}}) \qquad [2.145(b)]$$

式中,s 和 $\bar{p}_0$ 分别表示一个给定试验中的负压和初始名义有效压力;ξ_D 和 w 分别表示塑性应变曲线和塑性功。前面已经描述了不少能确定扰动的方法。尽管从不

同的测量值得到的扰动描述了同样的现象,但它们的值和扰动可能是不一样的。因此,当在应力中试用时,就需要对不同定义的扰动 D 需要适当地关联。

1)应力-应变行为

考虑到应力-应变响应,图 2.37 表示了两种确定扰动的可能方法。图 2.37(a)～(d)表示的是一种部分饱和土应力应变的体积变化,由 Cui 和 Delage 通过在不同的围压 σ_3 和负压 (s) 下的三轴试验得到的。试验数据表明在不同的 σ_3 和 s 的组合下,土体表现出了软化和膨胀反应,而在其他的组合下,主要表现出硬化和密实。在给定负压下,密实和松散土的扰动过程也可用于部分饱和土的试验验证。对于软化响应,RI 行为可以被模拟为硬化响应(弹性或弹塑性),就像峰值前的曲线一样。对于硬化行为,RI 响应可基于等容或等密度来描述。作为简化,零应力可采用为 RI 响应。在两种情况下 FA 响应可基于临界状态条件来描述。

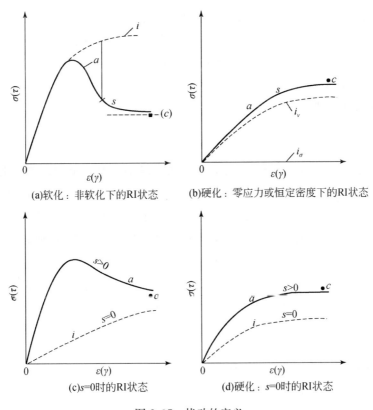

(a)软化:非软化下的RI状态　　　　(b)硬化:零应力或恒定密度下的RI状态

(c)$s=0$时的RI状态　　　　(d)硬化:$s=0$时的RI状态

图 2.37　扰动的定义

k 对于 RI 和 FA 响应的选择可以根据给定材料的行为。例如,FA 状态可基于完全饱和的响应,(如零负压),RI 状态可基于在(近似)零饱和(如高真空度)的响应。同样的,在零负压(饱和)情况下的响应可被采用为 RI 响应[图 2.37 的(c)和(d)]。FA 响应可描述为在临界状态下的行为。

这里的扰动函数 D 可表示为

$$D = \frac{\sigma^i - \sigma^a}{\sigma^t - \sigma^c} \tag{2.146}$$

或

$$D = \frac{\tau^i - \tau^a}{\tau^t - \tau^c} \tag{2.147}$$

在图 2.37(a)和(b)所示的情况下扰动函数从 0 到 1 变化。在图 2.37(c)中它的值从 0 增加到大于 1,然后降低,考虑到图 2.37(d),它将在 0 到 1 变化。

在第一种情形中,软化是和正的 D 一起发生的,而硬化是和负的 D 一起发生的。因此有必要采用适当的量来确定是软化还是硬化。例如,考虑初始孔隙比,$e > e^c$ 则说明是硬化,$e < e^c$ 则为软化。在第二种情形下,硬化的发生要考虑 $s=0$ 时 RI 响应。因此在式(2.141)中将会用到正或负的扰动。

2)体积或孔隙比

扰动可以用孔隙比表示为

$$D_g = \frac{e^{\max} - e^a}{e^{\max} - e^{\min}} \tag{2.148}$$

式中,D_g 表示全程扰动;$e^{\max}$ 和 $e^{\min}$ 分别是最大和最小孔隙比;e^a 是观察到的孔隙比。

图 2.38 表示的是 e 和应力(名义净应力)的关系示意图。D_g 的值从 0 到单位值之间变化。然而在实践中,有孔材料在测试前可能有一个初始的孔隙比 e^0($< e^{\max}$),对于一个给定的荷载,它可能会趋向最终孔隙比 e^f。在这种情况下,在荷载范围内的扰动从对应 e^0 一个初始值 D_0(>0)开始,趋向于最终的扰动 D_f 或 D_u(< 1);因此扰动会在 D_0 和 D_f 之间变化,如图 2.39 所示。如果有必要并且适当,给定荷载下的局部扰动 D_ε 会在零和单位值之间变化,可表示为

$$D_\varepsilon = \frac{e^0 - e^a}{e^0 - e^f} \tag{2.149}$$

需要注意的是,D_g 可以表示为

$$D_g = 1 - S_r \tag{2.150}$$

式中,D_g 和塑性应变、负压等因素有关。因此用不同的 $\bar{p}_0$ 值和 s 值进行的实验室测试中,D_g 可从 S_r 的量测中得到。对式(2.150)的物理分析是为了考虑土体饱和后对扰动的量测。

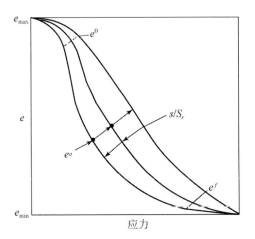

图 2.38　孔隙压力与应力图解

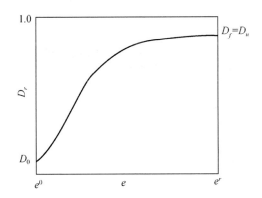

图 2.39　在 $e(e^0 \sim e^f)$ 范围内试验的扰动与孔隙压力

3)有效应力参数

前面对扰动的定义,可用于全部的应力应变行为,并可认为是对部分饱和材料行为的类似表示,用 Khalili 和 Khabhaz 提出的峰值强度来表示,则这里剪力 τ 表示为

$$\tau = c' + [(\sigma - u_a) + \chi(u_a - u_w)]\tan\phi' \qquad (2.151)$$

式中,c' 是有效结合力;ϕ' 是有效摩擦角;σ 是总应力。完全饱和时土的慢剪强度 τ_0 为

$$\tau_0 = c' + (\sigma - u_a)\tan\phi \qquad (2.152)$$

式中,饱和时 $u_a = u_w$。τ 和 τ_0 的不同可以认为是由于真空强度的影响。因此

$$\tau - \tau_0 = \chi(u_a - u_w)\tan\phi' \qquad (2.153)$$

和

$$\chi = \frac{\tau - \tau_0}{(u_a u_w)\tan\phi'} \qquad (2.154)$$

图 2.40 表示不同初始孔隙比下剪力和负压 s 的关系。峰值强度 D_p 下的扰动现在可以用式(2.153)表示为

$$D_p = \frac{(u_a - u_w)\tan\phi' - (\tau - \tau_0)}{(u_a - u_w)\tan\phi'} \qquad [2.155(a)]$$

$$= 1 - \chi \qquad [2.155(b)]$$

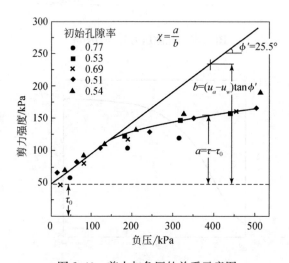

图 2.40 剪力与负压的关系示意图

对于完全饱和情况,$S_r = 1$ 和 $\chi = 1$;因此,$D_p = 0$。对于干燥情况,$S_r = 0$ 和 $\chi = 0$,因此 $D_p = 0$。这样,通过对 D_p 描点得到图 2.41,表示它从 0 变到 1 而饱和度从 1 变到 0。

在式(2.155)中,参数 χ 表示强度从完全饱和的 RI 状态到部分饱和状态的改变。因此参数 χ 可作为对扰动的量测。对于整个应力应变响应,它将和塑性应变、功、初始压强和负压等因素有关。

4)残余流动概念

残余流动概念可从 Desai 等在二维和三维排水下提出的残余流动过程(RFP)推出。Li 和 Desai 给出了它在不相关渗出量和应力分析中的应用。在 RFP 中,一个残余或修正流动荷载可基于在饱和与非饱和情况下渗透性或传导性与饱和度之

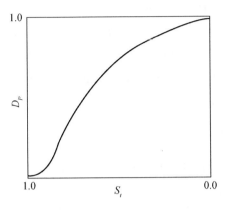

图 2.41　D_p 与 S_r 的关系示意图

间的不同来评价。RFP 概念还可用于调整饱和介质的相关方程,也就是说 Biot 的理论,也可同样用于部分饱和介质。

图 2.42(a)表示有孔(土)介质中材料在自由表面(FS)下是饱和的,在 FS 上是部分饱和的。液体压强(u_w)在饱和区是正的,在部分饱和区是负的(负压)。图 2.42(b)和(c)分别表示了渗透率 k 和饱和度随压力的变化关系。在完全饱和状态下,渗透率是 k_s ,而 $S_r = 10$。在部分饱和范围内,渗透率是 $k_{us} < k_s$,饱和度 $S_r < 1$。当负压提高时,渗透率和饱和度降低并渐渐趋向于干燥状态下的值。

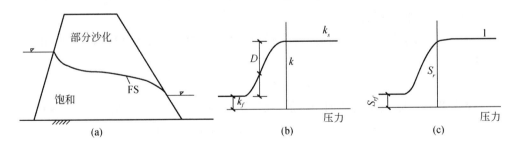

图 2.42　残余流动过程

在此,扰动函数 D 可以表示为

$$D_k = \frac{k_s - k_{us}}{k_s - k_f} \tag{2.156}$$

和

$$D_s = \frac{1 - S_r}{1 - S_{rf}} \tag{2.157}$$

最初,在饱和状态或 RI 状态,$k_{us} = k$ 且 $S_r = 1$;最终,$k_{us} = k_s$ 且 $S_r = S_{rf}$。因此,假如渗透率的值或饱和度是在试样变形时测出的,那么 D 的值就可以测出。

根据前面的定义,D 的值及其变化和在连续方程(2.142)中需要的是不同的。因此,有必要在对不同方法得到的扰动确定适当的相关性,以便定义基于应力的 DSC 方程(2.142)中所需的 D。

7. HISS 和 DSC 模型

DSC 及其分级变形,例如,HISS-δ_0 和 δ_1 塑性模型可用于建立饱和与部分饱和材料的连续方程。由此产生许多近似的公式是有可能的。这里描述一些用于部分饱和材料的模型。用于饱和材料的模型可以作为部分饱和材料的一个特例。

假如有孔材料(如土)的有效响应是塑性屈服或硬化类型,δ_0 和 δ_1 模型可通过表示像负压 s 的函数或饱和度 S_r 这样的参数时得到应用。

屈服函数 F,对于 δ_0 模型可表示为

$$F = J_{2D} - (-\alpha(s)J_1^{n(s)} + \gamma(s)(J_1)^2)(1 - \beta(s)S_r)^{-0.5} = 0 \qquad (2.158)$$

式中,参数用负压 s 表示。这里,关于 p_a 的有效应力值是无量纲的。

假如行为表现出非相关的性质,在式(2.158)中的 $\alpha(s)$ 可表示为

$$\alpha_Q(s) = \alpha + k(s)(\alpha_0 - \alpha)(1 - r_0) \qquad (2.159)$$

式中,k 是非相关系数;α_0 是 α 在初始(静水)荷载终止时的值;γ_v 是体积塑性应变与总塑性应变轨迹的比值。

图 2.43 表示的是 F 的图解,其中截距 $3R$ 表示材料的界限(拉力)强度,由式(2.160)给出:

$$J_1^a = J_1 + 3R(s) \qquad (2.160)$$

界限强度将随负压的增加而增加,而屈服面随负压增加将向左移动,从零真空($S_r = 1$)开始。参数和负压的关系需要在实验室测试的基础上来定义。

增量有效应力方程(2.142)通过塑性和弹性参数可用于表示部分饱和材料的行为。

8. 软化、退化和不稳定性

在某种负压(s)、初始(单元)压强 $\bar{p}_0$ 和密度(ρ_0)的组合下,一种材料可以表现出软化或退化行为。微观结构的调整可能会限制过渡状态,一些还会导致微观结构的不稳定。后者从扰动的临界值 D_c 可以看出。因此,临界扰动的观点是可以提供确定干燥,饱和或部分饱和材料不稳定性的方法。

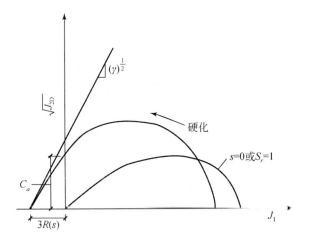

图 2.43　屈服面和黏结力图示

增量连续方程(2.142)可以用于扰动,它可以模拟软化和退化响应。同时注意到,通用方程(2.142)包括了当 $D=0$ 时这种塑性硬化响应的特例。

9. 材料参数

这里简要介绍用于部分饱和土的参数及其求法。

弹性:像 E 和 υ 或 G 和 K 这样的模量可作为无荷载曲线的斜率进行计算获得,若必要可表示为负压的函数。

临界参数:和临界渐近应力应变响应相关的参数是 γ、β 和 R。对于给定的饱和度 S_r 或负压(s),它们由试验测试的数据决定,可表示为

$$\gamma = \gamma(s) \qquad\qquad [2.161(a)]$$

$$\beta = \beta(s) \qquad\qquad [2.161(b)]$$

$$R = R(s) \qquad\qquad [2.161(c)]$$

式中,γ 代表 $\sqrt{J_{2D}}$-J_1 空间极限包络线的斜率($\sqrt{\gamma}$);β 与在 σ_1-σ_2-σ_3 空间 F 的形状有关;黏结强度 R 可以近似表示为

$$3R(s) = \frac{\sqrt{\overline{C}_a(s)}}{\sqrt{\gamma(s)}} \qquad\qquad [2.161(d)]$$

式中,$\overline{C}_a$ 是当 $J_1=0$ 时(结合力)沿 $\sqrt{J_{2D}}$ 轴的截距,并且是基于极限包络线是线性的假设。假如它不是线性的,包络线最初的斜率可用来确定 $\sqrt{\gamma}$。

硬化参数:在式(2.158)中的硬化参数 α 可表示为

$$\alpha(s) = \frac{\alpha_1(s)}{\xi^{\eta_1(s)}} \tag{2.162}$$

式中,α_1 和 η_1 是和负压有关的硬化参数;ξ 是塑性应变的抛物线。

相变参数:这个参数与体积从压密到膨胀变化时的状态有关,还和体积应变的变化 $\mathrm{d}\varepsilon_v$ 有关。它可以表示为负压(s)的函数:

$$n = n(s) \tag{2.163}$$

对于 FA 响应,参数可以在限制液体或限制液-固体假设的基础上来定义。对于前者,只有膨胀或水压式响应是相关的,假如这个行为是用体积模量 K 表示的,它可表示为负压的函数:

$$K = K(s) \tag{2.164}$$

对于液-固假设,可以应用临界状态概念。这里,临界响应可用下面的方程表示:

$$\sqrt{J_{2D}^c} = \overline{m}(s) J_1^c \tag{2.165(a)}$$

和

$$e^c = e_0^c - \lambda(s) \ln\left(\frac{J_1^c}{3p_a}\right) \tag{2.165(b)}$$

式中,斜率 $\overline{m}$ 和 λ 都用负压(s)的函数表示。

2.2.6　结构材料和刚性材料的 DSC 模型

在本节中,考虑结构材料和刚性材料在机械、热负荷或化学作用下经历硬化或愈合的 DSC 模型。"结构性"一词是相对的,它可以指拥有一个微型或宏观结构矩阵的材料或不同的粒子排列,又或是基本或参考状态的叠加。从这个意义上说,许多材料可以划分为结构性材料,一个各向异性材料可考虑其各向同性结构。表现出由摩擦引起的非结合塑性响应的材料,相对于包括相关反应的状态来说具有不同的结构,具有软化或劣化性能的材料具有不同于存在不能软化或硬化响应状态的结构。

图 2.44 所示为超固结(OC)和正常固结(NC)状态下土壤的反应[39]。NC 状态下的结果是由于增加(正常)负载下土壤颗粒的逐渐沉积,如果在经历加载和卸载时的应力水平低于前一个,就出现 OC 状态的结果。

在 OC 状态下,材料的微观结构的变化可以引起粒子方向的改变和粒子间额外的束缚。加载时,OC 状态下的土壤与 NC 状态下的土壤相比通常表现出更硬化

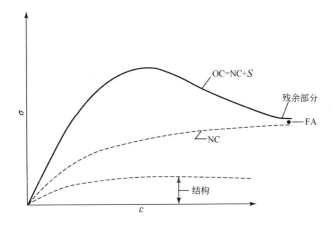

图 2.44　超固结与正常固结

的现象。随着负载的增加,达到峰值应力后,该材料软化或劣化,软化是由于 OC 下结构中粒子间束缚的消失,这可能是由达到峰值应力引起的。在超越峰值的进一步变形下,响应进入剩余的状态并接近 FA(或临界状态)。换句话说,OC 材料的极限状态与 NC 材料的相同。

1. 扰动的定义

在 DSC 的模型中,结构材料的扰动 D 可以用不同的方式定义。图 2.45(a)给出了扰动的示意图,其中 D_b 表示与基本结构相关的扰动,例如,NC 或重组状态。后者可通过自然(OC)状态下材料破坏或粉碎获得,它由天然含水量重塑(或重组)。

整体的扰动 $\overline{D}$ 表示为

$$\overline{D} = D_b + D_s \tag{2.166}$$

式中,D_b 表示基本状态(如 NC)的扰动;D_s 为与结构相关的扰动。式(2.166)的一个特殊形式可以写成

$$\overline{D} = D_{ub}(1 - e^{-A_b \xi^{Z_b}}) + f(s)e^{-A_s \xi_s} \tag{2.167(a)}$$

其中,第一项代表 D_b,函数 $f(s)$ 表示由于结构扰动 D 的变化(增加或减少);ξ 为(偏差)塑性应变轨迹;D_u、A 和 Z 表示材料参数。式[2.167(a)]可以简化,如只考虑结构状态行为的响应,则它可表示为式图 2.45(b)。

$$\overline{D} = f(s)e^{-A_s \xi_s^{Z_s}} \tag{2.167(b)}$$

另外,在基本状态下材料的扰动 D_b 可以统一采用

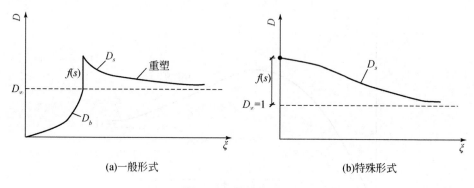

(a)一般形式　　　　　　　　　　(b)特殊形式

图 2.45　结构的扰动

$$\overline{D} = 1 + f(s)e^{-A_s \xi^{Z_s}} \hspace{2cm} [2.167(c)]$$

由图 2.45 可知,在基本状态下的材料其结构性随着负载应用逐渐消失,在有限情况下,它接近基本结构性扰动 D_{b0}。

图 2.46(a)给出了一个结构性材料的响应,其中包括硬化、峰值和软化三种情况。在极限塑性应变 $\varepsilon_t(\xi_t)$ 之后,材料内部的微观结构,可能因不同因素导致束缚加强而改变。对热负载下的硅,这种影响会由于特定温度下杂质如氧气和氮气的增加而增加。

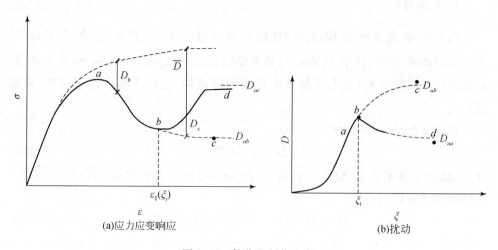

(a)应力应变响应　　　　　　　　　　(b)扰动

图 2.46　软化和硬化响应

由于孔隙水压力的增加会先经历劣化过程,即有效应力的减少使得相应于塑性变形(ξ_c)的扰动系数(D_c)发生变化,循环(地震)加载下的饱和土(砂)土体变得不稳定和液化;如图 2.47(a)和(b)所示。在液化后区域,多孔材料会随着孔隙水压力的减少而发生排水行为[40]。这可能会导致随着有效应力增大强度的增加。因此,在液化后区域扰动降低[图 2.47(c)]。

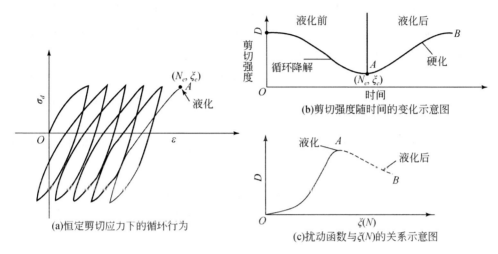

(a)恒定剪切应力下的循坏行为

(b)剪切强度随时间的变化示意图

(c)扰动函数与$\xi(N)$的关系示意图

图 2.47　饱和砂土的液化和液化后行为

沥青混凝土(用于人行道)的行车负载主要在白天,然而它在休止期内会恢复或发生刚度的增加[41]。这种恢复,可以归结为化学影响以及卸载,并可能导致塑性应变和微裂纹的减少。但机械装卸及化学作用所起的具体作用还不得而知。图 2.48 给出了静止期的影响效果(通过有或没有静止期弯曲疲劳横梁上的测试获得沥青的抗弯强度)。图 2.48 还表明,疲劳失效(ΔN_f)随休止期增加而增加。

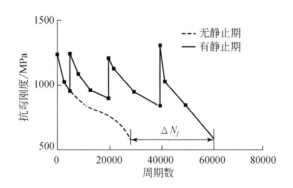

图 2.48　有无静止期沥青混凝土的抗弯刚度随周期的变化

在复合材料或加强材料的情况下,扰动可用相应的组合材料来定义。下面将介绍结构性土壤构造 DSC 模型的一个例子。

2. 结构性土

像土壤这样的材料可以形成一个结构,因为自然沉积过程是地质历史和人工方法如机械负荷的应用造成的。这样的结构可以在有关土壤重组或重塑的状态下定义,并在强加压力导致结构的变化之前可以被认为能代表其基本状态。

在 DSC 模型中,重塑土的行为可以被视为完全调整状态下的行为,其能够在重组状态扰动下得出完整的组织结构的影响。这可能会导致 FA 状态的硬化,可利用式[2.167(a)]表示。

给出一个自然或人为的结构性土应用 DSC 的例子[42]。DSC 的增量应变方程为

$$\mathrm{d}\underset{\sim}{\varepsilon}{}^a = (1-D_\varepsilon)\mathrm{d}\underset{\sim}{\varepsilon}{}^i + D_\varepsilon \mathrm{d}\underset{\sim}{\varepsilon}{}^c + \mathrm{d}D_\varepsilon(\underset{\sim}{\varepsilon}{}^c - \underset{\sim}{\varepsilon}{}^i) \qquad [2.168(\mathrm{a})]$$

式中,D 是扰动函数。Liu 等[42] 假设 RI 代表零应变状态,即将其作为一个完全的刚性材料。因此,$\mathrm{d}\underset{\sim}{\varepsilon}{}^i = 0$,上式简化为

$$\mathrm{d}\underset{\sim}{\varepsilon}{}^a = D_\varepsilon \mathrm{d}\underset{\sim}{\varepsilon}{}^c + \mathrm{d}D_\varepsilon \underset{\sim}{\varepsilon}{}^c = \mathrm{d}(D_\varepsilon \underset{\sim}{\varepsilon}{}^c) \qquad [2.168(\mathrm{b})]$$

结构性土的扰动函数表示为

$$\overline{D}_\varepsilon = D_\varepsilon + \left(\frac{\partial D_\varepsilon}{\partial \underset{\sim}{\varepsilon}{}^c}\right)^{\mathrm{T}} \underset{\sim}{\varepsilon}{}^c \qquad (2.169)$$

因此,观察应变为

$$\mathrm{d}\underset{\sim}{\varepsilon}{}^a = \overline{D}_\varepsilon \mathrm{d}\underset{\sim}{\varepsilon}{}^c \qquad [2.170(\mathrm{a})]$$

扰动函数可以分解为两部分:

$$\mathrm{d}\,\varepsilon_v^a = \overline{D}_{\varepsilon v} + \mathrm{d}\varepsilon_v^c \qquad [2.170(\mathrm{b})]$$

和

$$\mathrm{d}\,\varepsilon_d^a = \overline{D}_{\varepsilon d} + \mathrm{d}\underset{\sim}{\varepsilon}{}_d^c \qquad [2.170(\mathrm{c})]$$

式中,$\overline{D}_{\varepsilon v}$ 和 $\overline{D}_{\varepsilon d}$ 分别为与体积和偏应变有关的扰动函数。

$$\varepsilon_v = \varepsilon_1 + \varepsilon_2 + \varepsilon_3 \qquad [2.171(\mathrm{a})]$$

$$\varepsilon_d = \frac{\sqrt{2}}{3}\sqrt{(\varepsilon_1 - \varepsilon_2)^2 + (\varepsilon_2 - \varepsilon_3)^2 + (\varepsilon_3 - \varepsilon_1)^2} \qquad [2.171(\mathrm{b})]$$

式中,$\varepsilon_i(i = 1,2,3)$ 为主应变。因此,DSC 可利用式(2.170)通过结合容积和偏差响应来确切表达。

3. 结构性土的压缩行为

图 2.49 为就孔隙比 e 和 $\ln p'$ 而言结构性土压缩行为的示意图,其中,p' 表示

平均有效压力。随着结构性土壤上压力的增加,它经将历分解的过程,在此期间,土壤的结构束缚消失,土在高压力下则会逐渐接近重组后的状态。

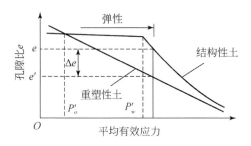

图 2.49　重塑结构性土压缩行为的示意图

假设压力 p' 低于压力 $p'_{y,i}$,当屈服发生,其行为是弹性的,且没有扰动。换句话说,扰动和分解只发生在超出了压力 $p'_{y,i}$ 的塑性屈服中。

使用 DSC 模型定义超出 $p'_{y,i}$ 的天然屈服响应,其中,扰动函数 $\overline{D}_{ev}$ 是基于观察到的(压缩)结构性土壤的行为而定义的。

$$\overline{D}_{ev} = 1 + b\left(\frac{p'_{y,i}}{p'}\right) \tag{2.172}$$

式中,b 是干扰指数,代表重组后土壤的结构。在式(2.172)、式(2.167)中的 D_b 值假定为与重组状态下的一致。D_v 如图 2.45(b)所示,其中 $b = f(s)$。

Liu 等[42] 提出了压缩行为下的各种 DSC 模型:①就平均有效压力和体积响应而言(试验)压缩数据是有效的;②当一维压缩试验就垂直或轴向压力(σ'_v)而言数据是有效的。这些提法都基于临界状态概念[42,43],由此产生的方程如下。

情况一:

$$\mathrm{d}\varepsilon^a_v = \begin{cases} \dfrac{\kappa^*}{1+e}\dfrac{\mathrm{d}p'}{p'}, & p' < p'_y \\[3mm] \dfrac{\lambda^*}{1+e}\left[1 + b\left(\dfrac{p'_{y,i}}{p'}\right)\right]\left(\dfrac{\mathrm{d}p'}{p'}\right), & p' \geqslant p'_y \end{cases} \tag{2.173}$$

情况二:

$$\mathrm{d}\varepsilon^a_v = \begin{cases} \dfrac{\kappa^*_v}{1+e}\dfrac{\mathrm{d}\sigma'_v}{\sigma'_v}, & \sigma'_v < \sigma'_{vy} \\[3mm] \dfrac{\lambda^*_v}{1+e}\left[1 + b_v\left(\dfrac{\sigma'_{vy,i}}{\sigma'_v}\right)\right]\left(\dfrac{\mathrm{d}\sigma''_v}{\sigma'_v}\right), & \sigma'_v \geqslant \sigma'_{vy} \end{cases} \tag{2.174}$$

式中,λ^* 和 λ^*_v 表示初始曲线的斜率;κ^* 和 κ^*_v 表示卸载曲线 $e\text{-}\ln p'$ 的斜率。

2.2.7　界面或节理的 DSC 模型

Coulomb 和 Amontons 提出的古典摩擦法考虑了(刚性)结构之间的干摩擦力。在工程系统中,两种材料之间的接触面通常被称为界面或节理。这种不连续性可能预先存在于一个变形材料系统中。不连续性的存在,可以导致整个系统的不连续。因此,这种基于连续力学的理论也许并不适用描述这种响应。在前面提到,连续体在最初的加载过程中内部可能会产生微裂纹。尽管有一定程度的微裂纹,材料可能仍然被视为连续。然而,微裂纹往往会扩展汇合,并导致出现宏观破坏区。因此,材料不能再被视为连续。事实上,这种有限破坏缺陷很可能就代表着界面或节理。

1. 一般问题

接触可以发生在金属、陶瓷、混凝土、岩石和土壤、复合材料、结构介质(土壤或岩石)的组合之中。在机械和航空航天工程,特别是在机械和飞机结构中,金属与金属之间的接触是常见的,其行为以及由此产生的磨损、撕裂和劣化通常都根据摩擦学进行分析。在土木工程中,这种接触是指结构和地质基础之间的界面,如混凝土和钢筋之间或岩体之间的节理。在电子行业中有关接触的例子涉及芯片基板系统等电子组件之间的界面和接合点。

虽然对接触问题已经提出了一些模型,但其行为尚未得到充分的了解,尤其是当考虑到影响这种行为的显著因素。以下基于 DSC 给出各种模型的简要介绍。

2. 回顾

关于接触、摩擦、界面或节理的研究近年来一直在广泛进行。在此,主要对推动 DSC 发展的连续性模型[44~46]作一简要回顾。

Amontons[47] 和 Coulomb 摩擦法则被认为是第一次正式描述两个结构在接触时响应的本构模型[图 2.50(a)]。该法则表示为

$$F = \mu N \tag{2.175}$$

式中,F 是平行接触面的切向剪切力;μ 是摩擦系数;N 是与面积 A_0 有关的正压力。

上述法则对于刚体之间的干摩擦是有效的。然而在现实中,结构之间的接触往往涉及成对或者不成对的粗糙面且接触的结构可能会发生变形[图 2.50(b)]。因此,库仑摩擦法则是不够的,需要考虑由于外界的影响如不均匀属性和缺乏完整

的接触等因素。后者需要的接触面积 A 小于标称面积，A_0 对其行为的影响也需要考虑。

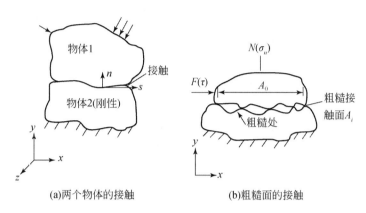

图 2.50　接触面和粗糙面的示意图

对于包括弹性元件的响应，Archard[48] 提出以下法则：

$$F = \mu N^m \tag{2.176}$$

式中，m 的取值范围为 2/3～1；对纯粹的弹性行为，$m = 2/3$；对韧性接触，$m = 1$。

Oden 等[49] 讨论了 Coulomb 摩擦准则的局限性，特别是其本地性和逐点性质，并提出了把材料视为弹性材料的原则，式(2.175)被修改为

$$F = A_r s \tag{2.177(a)}$$

式中，s 是界面的平均剪切强度；A_r 为加权实际接触面积，由以下公式得出：

$$A_r = A_1 + A_2 \cdots = \frac{N_1}{p_0} + \frac{N_2}{p_0} + \cdots = \frac{N}{p_0} \tag{2.177(b)}$$

式中，$A_1, A_2, \cdots$ 是各个变形粗糙面的接触面积；$N_1, N_2, \cdots$ 是各个粗糙面上的法向负载；P_0 为局部塑性屈服压力。

将 A_r 代入式[2.177(b)]，得

$$F = \frac{s}{p_0} N = \mu N \tag{2.177(c)}$$

式中，$S/P_0 = \mu$。因此，F 是在加权面积 A_r 上定义的。

如前所述，大量重要的因素影响到界面或节理的行为。包括地域的考虑，特别是关于材料的法向行为，涉及弹性、塑性和蠕变应变、微裂纹、降解和软化、硬化或愈合、填充材料（氧化物、泥等）的非线性效应，以及液体和装载类型（静态、循环、环境等）。虽然上述可用的模型允许一定的强度、弹性和有限的可塑性响应，但它们通常不允许连续屈服或硬化、微裂纹和导致后峰劣化、软化和黏性（时间）等因素的

影响。这里使用的是目前统一的 DSC 模型,除了包括以前的模型还允许上述因素。人们还注意到许多以前的模型,可以作为特殊情况下的 DSC 模型。

有人认为界面的行为需要综合上述因素来综合建模。这与以前的模型有很大不同,其中包括通过引入约束(运动学/或强制)处理接触或界面的行为,以便允许具体问题如相对运动(滑动、剥落等)的影响。

另一个重要问题是用(计算机)程序解决模型执行情况的方案,并适当考虑因素,如数值预测的准确、精度和稳定性。这一方面是利用薄层单元的概念处理,其中界面区模拟为一个有限厚度为 t 的薄区。在有限元程序中,界面区被视为一个规范性单元,其连续性行为(与 DSC)是基于实验室使用的特殊剪切试验设备来定义的。

基于包括弹性、塑性、蠕变变形、微裂纹、(粗糙)退化等响应的 DSC 模型已给出。DSC 方法允许地域影响、特征尺寸,从而使得计算不受杂散网格的影响。

下面主要介绍界面或节理的 DSC 模型、材料参数的校准实验室测试以及采用薄层单元的数控程序模型。

3. 薄层界面模型

一个界面可以包含着大量的接触面。两个金属结构之间的界面可以考虑在这个意义上没有第三种材料。然后可以由粗糙度水平定义的(微观)粗糙表面带来不同的界面区[图 2.51(a)]。这种接触有些粗糙,并取决于不规则的粗糙特性(高度、长度)。即使光滑的接触也涉及不同层次(宏观、微观的粗糙等)的粗糙面,因此,一般情况下是假设一个理想的光滑表面。

不同材料制成的两个结构在接触时,如钢铁(桩)和软土[图 2.51(b)],它们之间很可能存在一个有限的弥散区,并把弥散区的行为作为一个界面[图 2.51(e)]。

对于岩石节理,它可以发生的接触是充满第三材料(如泥浆),从而产生一个大容量的界面[图 2.51(c)]。类似的情况发生在芯片基板系统的情况下,也就是焊料。在这里,填充的区域可以被视为大界面[图 2.51(d)]。然而,在图 2.51(b)~(d)中,其他界面发生在界面材料和接触的结构之间,可能涉及扩散层、金属间化合物及表面效果等因素,但这时候并不考虑这些因素。

这里针对界面或节理提出的模型,可以逼真地模拟这两个结构之间的相对运动。厚度为 t 的界面区可以简称为薄层,其被视为两种材料间的等效或弥散模糊区域[图 2.51(e)]。如果有适当的特点,在加权意义下,即可以提出在界面有响应的模型。即使在完全接触的情况下[图 2.51(a)],可以发展的等效弥散区域的尺寸

（厚度），也受粗糙面的影响，并代表界面行为。因此，在图 2.51 的所有情况下，假设界面区可以由厚度的等价尺寸 t 来表示。

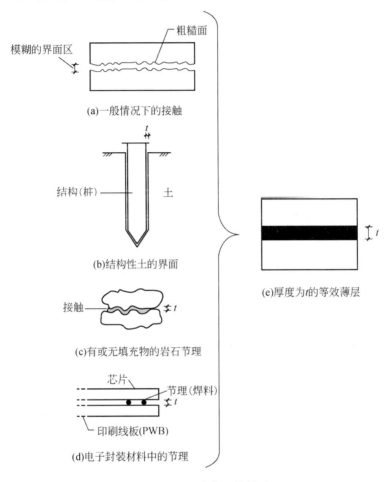

图 2.51 界面或节理的例子

至关重要的难题就是如何确定厚度 t。直接的方式之一是对界面的变形行为进行测量，从而确定重要的尺寸参数（t）。这可以通过无损测试和力学性能测试来实现。在无损测试如 X 射线计算机断层扫描和声学方法的情况下，测量粗糙面周围的影响区域是可能的。它也可以参考综合数值（有限元）预测（实验室）的结果测出标准定义的厚度 t。

4. 扰动状态概念

由于界面由等效厚度 t 表示 [图 2.52(a) 和 (b)]，它可以被视为一个变形的材料单元,并由 RI 和 FA 组成。现在在界面区定义 RI 和 FA 的行为。

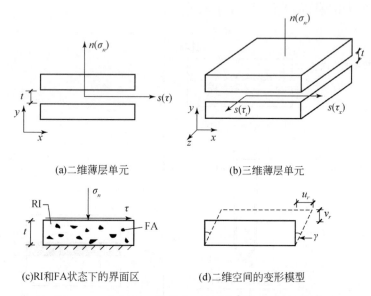

（a)二维薄层单元　　　　　　　　　（b)三维薄层单元

（c)RI和FA状态下的界面区　　　　（d)二维空间的变形模型

图 2.52　在 RI 和 FA 状态下的薄层单元和材料部件

1)相对完整的行为

RI 行为可以由线弹性理论(非线性)、弹塑性(界面或节理的 δ 模型)、热弹塑性、热黏塑性表示。

如果使用弹性(线性)理论,RI 的行为可以使用两个模量模拟,即剪切刚度 k_s 和法向刚度 k_n(图 2.53)。这些模量的取值取决于初始应力(σ_{n0})和粗糙度(R)。因此有

$$k_s = k_s(\sigma_{n0}, R) \qquad\qquad [2.178(\text{a})]$$

$$k_n = k_n(\sigma_{n0}, R) \qquad\qquad [2.178(\text{b})]$$

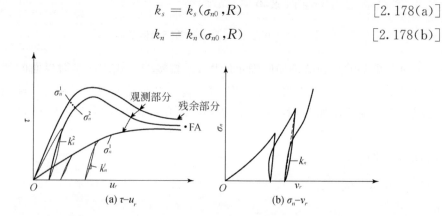

(a) $\tau - u_r$　　　　　　　　　　(b) $\sigma_n - v_r$

图 2.53　材料剪切行为和法向行为的原理图

2)应力-位移方程

对于二维理想图[图 2.52(c)],RI 下的分段非线弹性响应行为的增量方程表示为

$$\begin{Bmatrix} \mathrm{d}\tau \\ \mathrm{d}\sigma_n \end{Bmatrix}^i = \begin{bmatrix} k^t_{ss} & k^t_{sn} \\ k^t_{ns} & k^t_{nn} \end{bmatrix} \begin{Bmatrix} \mathrm{d}u_r \\ \mathrm{d}v_r \end{Bmatrix}^i \qquad [2.179(a)]$$

式中,τ、σ_n 分别表示剪应力和正应力;上标 t 表示切线的剪切刚度和法向刚度;u_r 和 v_r 是相对剪切和法向位移;i 表示 RI 或连续响应;d 表示增量。如果假定弹性剪切和法向常响应耦合,式[2.179(a)]将变换为

$$\begin{Bmatrix} \mathrm{d}\tau \\ \mathrm{d}\sigma_n \end{Bmatrix}^i = \begin{bmatrix} k^t_s & 0 \\ 0 & k^t_n \end{bmatrix} \begin{Bmatrix} \mathrm{d}u_r \\ \mathrm{d}v_r \end{Bmatrix} \qquad [2.179(b)]$$

或者

$$\mathrm{d}\underset{\sim}{\sigma}^i = \underset{\sim}{\bar{C}} \mathrm{d}\bar{u}^i \qquad [2.179(c)]$$

式中,$\mathrm{d}\underset{\sim}{\sigma}^i = [\mathrm{d}\tau \quad \mathrm{d}\sigma]$;$\mathrm{d}\bar{u}^i = [\mathrm{d}u_r \quad \mathrm{d}v_r]$;$\underset{\sim}{\bar{C}}$ 是界面区的切线连续矩阵。

如前所述,净接触面积涉及两个结构间粗糙面上的接触,通常比名义面积或总面积 A_0 小。为了考虑非局部效应,需要引入加权函数。在 DSC 中,这样的加权是通过扰动函数 D 提出的。然而,基于法向面积,剪切应力和正应力定义为

$$\tau = \frac{F}{A_0} \qquad [2.180(a)]$$

$$\sigma_n = \frac{N}{A_0} \qquad [2.180(b)]$$

利用薄层单元,刚度模量可近似表示为

$$k_s t \approx G \qquad [2.181(a)]$$

$$k_n t \approx E \qquad [2.181(b)]$$

式中,G 和 E 分别为界面的等效剪切模量和弹性模量。

现在,相对剪切位移 u_r[图 2.52(d)]表示为

$$u_r \approx \gamma t \qquad [2.182(a)]$$

$$\gamma \approx \frac{u_r}{t} \qquad [2.182(b)]$$

因此

$$v_r \approx \varepsilon_n t \qquad [2.183(a)]$$

则

$$\varepsilon_n \approx \frac{v_r}{t} \qquad [2.183(b)]$$

式中，γ、ε_n 分别表示剪切应力和正应力。这样，式(2.179)可以写成

$$\left\{\begin{matrix} \mathrm{d}\tau \\ \mathrm{d}\sigma_n \end{matrix}\right\} = \begin{bmatrix} G_t & 0 \\ 0 & E_t \end{bmatrix} \left\{\begin{matrix} \mathrm{d}\gamma \\ \mathrm{d}\varepsilon_n \end{matrix}\right\}^i \qquad [2.184(a)]$$

$$\mathrm{d}\underset{\sim}{\sigma}^i = C_j^i \mathrm{d}\underset{\sim}{\varepsilon}^i \qquad\qquad [2.184(b)]$$

式中，G 和 E 的正切值是从实验室的剪切和法向行为(图 2.53)并使用式(2.181)获得的；$\underset{\sim}{\varepsilon} = [\gamma\ \varepsilon_n]$ 是界面应变的矢量。

3)弹塑性模型

使用弹性或弹塑性模型来模拟 RI 的行为。在这里，要考虑到 HISS 可塑性 δ_0 模型。

对于二维界面(图 2.52)来说，屈服函数 F 可以表示为

$$F = \tau^2 + \alpha\sigma_n^{*n} - \gamma\sigma_n^{*2} \qquad (2.185)$$

式中，$\sigma_n^{*2} = \sigma_n + R$，$R$ 与 C_0 有关；n 和 γ 为渐变和最终的参数；α 为硬化函数

$$\alpha = \frac{a}{\xi^b} \qquad (2.186)$$

式中，a 和 b 为硬化参数；ξ 是不可逆转的轨迹或塑性的剪切位移和法向位移(应变)：

$$\xi = \int (\mathrm{d}u_r^p \mathrm{d}u_r^p + \mathrm{d}v_r^p \mathrm{d}v_r^p)^{1/2} = \xi_D + \xi_v \qquad (2.187)$$

式中，u_r^p 和 v_r^p 分别为相对塑性剪切位移和法向位移。u_r^p 和 v_r^p 的取值可表示为

$$u_r = u^e + \bar{u}^p + u^s \qquad [2.188(a)]$$

$$v_r = v^e + \bar{v}^p + v^s \qquad [2.188(b)]$$

式中，u^e 和 v^e 表示接触粗糙面的弹性变形；$\bar{u}^p$ 和 $\bar{v}^p$ 表示塑性变形；u^s 和 v^s 分别表示滑动的位移。由于最后两项不独立，用 u^p 和 v^p 来表示：

$$u_r = u^e + u^p \qquad [2.189(a)]$$

$$v_r = v^e + v^p \qquad [2.189(b)]$$

在固体的状况下，将式(2.185)中的 F 给出的表面看成连续屈服面，当 $\alpha = 0$ 时得出最终屈服面积 F_u。图 2.54 为 F 在 τ-σ_n 应力空间中的原理图。在这里，函数 F 随 α 而改变，取决于界面的粗糙度。

很多时候，表示渐近应力状态观察到的应力-应变响应的最终屈服面或轨迹是一条直线，其斜率等于 $\sqrt{\gamma}$。如果轨迹是曲线，F 可表示为

$$F = \tau^2 + \alpha\sigma_n^{*n} - \gamma\sigma_n^{*q} = 0 \qquad (2.190)$$

式中，q 是一个参数，其值等于 2 倍的直线斜率值。前面提到的，极限情况下 $\alpha = 0$，

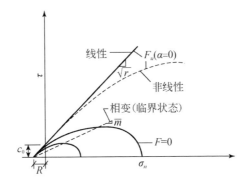

图 2.54　屈服面和临界面

因此,由式(2.190)得

$$\gamma = \frac{\tau^2}{\sigma_n^{*q}} \qquad\qquad [2.191(a)]$$

$q=2$ 时,有

$$\gamma = \frac{\tau^2}{\sigma_n^{*2}} \qquad\qquad [2.191(b)]$$

即

$$\sqrt{\gamma} = \frac{\tau}{\sigma_n^{*}} \qquad\qquad [2.191(c)]$$

对于线性的极限轨迹,R 可由下式获得:

$$R = \frac{c_0}{\sqrt{\gamma}} \qquad\qquad [2.191(d)]$$

4)完全调整状态

在固体的情况下,FA 状态下的材料有以下特点:①没有强度,也就是说,它不能承受剪应力或正应力;②是一种约束性的液体,可以承受正应力,但不能承受剪应力;③在临界状态,它可以继续承受剪应力直到此状态承受正应力吋没有体积变化或法向位移。前两个条件之前已经讨论过,临界状态下的节理或界面将在试验和分析研究的基础上介绍如下。

5)FA 临界状态

研究临界状态下节理或界面的行为可以根据观察到的响应来分析。图 2.55 为 τ、u_r 对比的原理图与典型界面或节理的 u_r、v_r 对比情况下的法向位移示意图。光滑与粗糙的节理通过压实,其次是扩张,通过给出的 σ_n 求出不变的剪应力 τ^c 和法向位移 v_r^c [图 2.55(b)]。基于类似的结果,Archard[48] 提出临界剪应力和正应力的表达式如下：

$$\tau^c = c_0 + c_1 \sigma_n^{(c)c_2} \tag{2.192}$$

式中，C_0 为 $\sigma_n = 0$ 时 τ^c 的临界值；σ_n^c 为临界状态下的正应力；C_1 和 C_2 为临界状态下的参数。

式(2.192)类似于正常固结土临界状态下的公式：

$$\sqrt{J_{2D}^c} = \overline{m} J_1^c \tag{2.193}$$

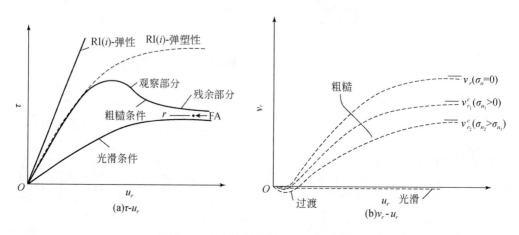

图 2.55　剪切条件下的 RI 与 FA 状态

在这里，C_1 类似于 $\overline{m}$，C_2 类似于 J_1^c。基于节理上所做的剪切试验，Schneider[50]提出在剪切荷载作用下加载，正应力下的节理将接近法向位移 v_r 的临界值[图 2.56(b)]，其与 σ_n 的关系如下：

$$v_r^c = v_r^0 e^{-\lambda \sigma_n} \tag{2.194}$$

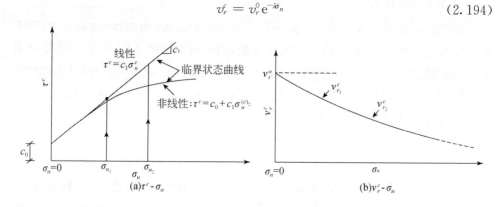

图 2.56　临界(FA)状态下的行为

式中，v_r^0 为 $\sigma_n = 0$ 时的临界或极限位移；$\bar{\lambda}$ 是一个材料参数。如图 2.56(b)所示，对每个 σ_n，临界法向位移 v_{r1}^c、v_{r2}^c 都有一个相应的取值。式(2.194)类似于临界状态下的孔隙压力：

$$e^c = e_0^c - \lambda \ln p \tag{2.195}$$

式中，e^c 为给定平均压力 $p = \dfrac{J_1}{3} = \dfrac{1}{3}(\sigma_1 + \sigma_2 + \sigma_3)$ 下的临界孔隙比；λ 是一个参数；e_0^c 是 p 为单位量时的孔隙比。

由图 2.56(b)可给定 σ_n 值，界面或节理临界状态下的剪应力和法向位移保持不变，剪位移(u_r)根据 τ 计算得出。

式(2.194)、式(2.195)可以用来描述 FA 状态下节理或界面的部分行为。现在考虑扰动函数 D 的问题。

6)扰动函数

扰动函数 D 可通过 τ-u_r 关系图或 v_r-u_r 关系曲线来定义(图 2.57)。

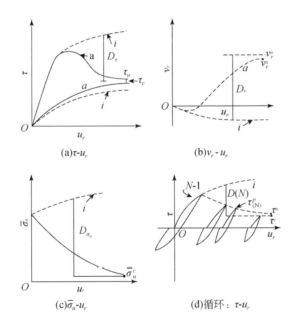

图 2.57 根据不同的测试得出的扰动函数

在前一种的情况下[图 2.57(a)]：

$$D_r = \frac{\tau^i - \tau^a}{\tau^i - \tau^c} \tag{2.196(a)}$$

对后者[图 2.57(b)]：

$$D_v = \frac{v_r^i - v_r^a}{v_r^i - v_r^c} \qquad\qquad [2.196(b)]$$

对饱和界面,有效正应力数据可用于定义扰动函数[图 2.57(c)]：

$$D_{\sigma_n} = \frac{\bar{\sigma}_n^i - \bar{\sigma}_n^a}{\bar{\sigma}_n^i - \bar{\sigma}_n^c} \qquad\qquad [2.196(c)]$$

对循环行为,扰动作为一种循环次数 N 的函数[图 2.57(d)],表示如下：

$$D(N) = \frac{\tau^i - \tau^p}{\tau^i - \tau^c} \qquad\qquad [2.196(d)]$$

扰动式(2.196),可就塑性相对位移轨迹 ξ 表示为

$$D = D_u(1 - \mathrm{e}^{-A\xi^Z}) \qquad\qquad [2.197(a)]$$

式中, ξ 由 ξ_v 和 ξ_D 组成,则式[2.197(a)]可用 ξ_v 或 ξ_D 表示：

$$D_n = D_{nu}(1 - \mathrm{e}^{-A_n\xi_v^{Z_n}}) \qquad\qquad [2.197(b)]$$

$$D_\tau = D_{\tau u}(1 - \mathrm{e}^{-A_\tau\xi_D^Z}) \qquad\qquad [2.197(c)]$$

式中, D_u 是 D 的极限值,所有响应渐近趋向于 $D=1$; A 和 Z 为参数。对剪切行为,其将变为 A_n 和 Z_n,相应于残留状态的 D_u 的取值可以通过图 2.58 计算;图 2.58 表示的是 $D\text{-}\xi_D$ 关系示意图。

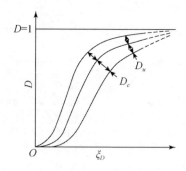

图 2.58　扰动-偏位移(应变)轨迹关系图

7)增量方程

固体的 DSC 增量方程如下：

$$\mathrm{d}\sigma_{ij}^a = (1 - D)C_{ijkl}^i \mathrm{d}\varepsilon_{kl}^i + DC_{ijkl}^c \mathrm{d}\varepsilon_{kl}^c + \mathrm{d}D(\sigma_{ij}^c - \sigma_{ij}^i) \qquad [2.198(a)]$$

$$\mathrm{d}\underset{\sim}{\sigma} = (1 - D)\underset{\sim}{C}^i \mathrm{d}\underset{\sim}{\varepsilon}^i + D\underset{\sim}{C}^c \mathrm{d}\underset{\sim}{\varepsilon}^c + \mathrm{d}D(\underset{\sim}{\sigma}^c - \underset{\sim}{\sigma}^i) \qquad [2.198(b)]$$

这里的构想是假设只有剪应力和正应力,则式(2.198)变为

$$\mathrm{d}\tau^a = (1 - D)\mathrm{d}\tau^i + D\mathrm{d}\tau^c + \mathrm{d}D(\tau^c - \tau^i) \qquad [2.199(a)]$$

$$d\sigma_n^a = (1-D)d\sigma_n^i + Dd\sigma_n^c + dD(\sigma_n^c - \sigma_n^i) \qquad [2.199(b)]$$

$$\left\{ \begin{matrix} d\tau^a \\ d\sigma_n^a \end{matrix} \right\} = (1-D)\, \underset{\sim}{\bar{C}^i} \left\{ \begin{matrix} du_r^i \\ dv_r^i \end{matrix} \right\} + \underset{\sim}{\bar{C}^c} D \left\{ \begin{matrix} du_r^c \\ dv_r^c \end{matrix} \right\} + dD \left\{ \begin{matrix} \tau_R \\ \sigma_{nR} \end{matrix} \right\} \qquad [2.199(c)]$$

式中，$\underset{\sim}{\bar{C}^i}$ 为 RI 本构矩阵；$\underset{\sim}{\bar{C}^c}$ 为 FA 本构矩阵；$\tau_R = \tau^c - \tau^i$ 和 $\sigma_{nR} = \sigma_n^c - \sigma_n^i$ 是相对应力。假设对剪切响应和法向响应 D 是相等的。

如果 D 为 0，式[2.199(c)]变为

$$\left\{ \begin{matrix} d\tau^i \\ d\sigma_n^i \end{matrix} \right\} = \underset{\sim}{\bar{C}^i} \left\{ \begin{matrix} du_r^i \\ dv_r^i \end{matrix} \right\} \qquad (2.200)$$

对(线性)弹性 RI 响应，$\underset{\sim}{\bar{C}^i}$ 将耦合并由剪切刚度 k_s 和法向刚度 k_n 组成。对于弹塑性特性，$\underset{\sim}{\bar{C}^i}$ 矩阵将耦合，对称或者非对称取决于结合或者非结合的模式。

现在，假设 FA 位移可表示为

$$d\underset{\sim}{U^c} = (1+\bar{\alpha})d\underset{\sim}{U^i} \qquad (2.201)$$

式中，$U^{(c)\mathrm{T}} = du_r^c + dv_r^c$；$U^{(i)\mathrm{T}} = du_r^i + dv_r^i$；$\bar{\alpha}$ 为相对运动参数。另外，dD 可由下式推出：

$$dD = \underset{\sim}{R^{\mathrm{T}}} d\underset{\sim}{U^i} \qquad (2.202)$$

那么，式[2.199(b)]可写为

$$d\underset{\sim}{\sigma^a} = \left[(1-D)\underset{\sim}{C^i} + DC^c(1+\bar{\alpha}) + \underset{\sim}{R^{\mathrm{T}}} \underset{\sim}{\bar{\tau}_R}\right]d\underset{\sim}{U^i} \qquad [2.203(a)]$$

$$d\underset{\sim}{\sigma^a} = \underset{\sim}{C^{\mathrm{DSC}}} d\underset{\sim}{U^i} \qquad [2.203(b)]$$

式中，$d\underset{\sim}{\sigma}^{(a)\mathrm{T}} = [d\tau^a \quad d\sigma_n^a]$；$\underset{\sim}{\bar{\tau}_R^{\mathrm{T}}} = [\tau_R \quad \sigma_{nR}]$。

这里，矩阵 $\underset{\sim}{C^{\mathrm{DSC}}}$ 是耦合和非对称的。分析式(2.203)很复杂，需要特殊的迭代法。因此，作为一种简化的近似，$\bar{\alpha}$ 可以假设为零。

8) 具体化

如果假设 FA 无应力，在连续损伤模型情况下，$\underset{\sim}{\bar{C}} = 0$，$\tau_c = 0$，式[2.203(a)]变为

$$d\underset{\sim}{\sigma^a} = (1-D)\underset{\sim}{\bar{C}^i} - dD\underset{\sim}{\sigma^i} \qquad (2.204)$$

式中，$\underset{\sim}{\sigma}^{(i)\mathrm{T}} = [\tau^i \quad \sigma_n^i]$。

这种模型并不合适，因为它不包括 RI 和 FA 部分之间的相互作用。因此，它将包括杂散的网格依赖的影响。

如果假设 FA 部分只承受正应力，但不承受剪应力，就像约束性的液体，式(2.199)将变为

$$d\tau^a = (1-D)d\tau^i + D(0) + dD(0-\tau^i)$$

$$d\sigma_n^a = (1-D)\sigma_n^i + d\sigma_n^c + dD(\sigma_n^c - \sigma_n^i) \qquad [2.205(a)]$$

$$d\, \bar{\sigma}^a = \overline{C}^i d\underset{\sim}{\sigma}^i + D d\underset{\sim}{\sigma}^c + dD\bar{\sigma}_r \qquad [2.205(b)]$$

式中，$\overline{C}^i$ 为 RI(弹性、弹塑性等)材料的本构矩阵；$d\underset{\sim}{\sigma}^{(c)\mathrm{T}} = \begin{bmatrix} 0 & d\sigma_n^c \end{bmatrix}$；$\bar{\sigma}_r^{\mathrm{T}} = \begin{bmatrix} -\tau^i & \sigma_n^c - \sigma_n^i \end{bmatrix}$。

现在，使用式(2.192)，有

$$d\tau^c = c_1 c_2 \sigma_n^{(c)(c_2-1)} d\sigma_n^c \qquad [2.205(c)]$$

如果 τ^c 和 σ_n 之间的关系是线性的，$c_2 = 1$，则

$$d\tau^c = c_1 d\sigma_n^c \qquad [2.205(d)]$$

式中，c_1 是直线的平均斜率(图2.56)。

如果 FA 部分假定在临界状态，$d\tau^c$、$d\sigma_n^c$ 和 τ^c、σ_n^c 需要基于式(2.192)和式(2.194)进行评估。这将需要一个迭代分析。为简化起见，可假定正应力是相等的，即 $d\sigma_n^i = d\sigma_n^c$。然后，利用式[2.205(d)]，式(2.199)可表示为

$$\begin{Bmatrix} d\tau^a \\ d\sigma_n^a \end{Bmatrix} = (1-D) \begin{Bmatrix} d\tau^i \\ d\sigma_n^i \end{Bmatrix} + D \begin{Bmatrix} c_1 d\sigma_n^i \\ d\sigma_n^i \end{Bmatrix} + dD \begin{Bmatrix} \tau_R \\ 0 \end{Bmatrix} \qquad (2.206)$$

9)DSC 的替代方程

可以适当的把界面区看做(小)有限厚度的固体材料。在这种情况下，构想可以通过使用弹塑性(RI)和临界状态下(FA)的模型获得。

假设应力 σ_x 可以忽略不计，方程可通过剪应力 τ，正应力($\sigma_n = \sigma_y$)，与相应的剪应变 γ 和正应变 ε_n 获得，此外，扰动函数 D 可用式[2.197(b)]和式[2.197(c)]的剪切和法向响应表示。

则式(2.199)可以写成

$$\begin{Bmatrix} d\tau^a \\ d\sigma_n^a \end{Bmatrix} = \begin{Bmatrix} (1-D_r)d\tau^i \\ (1-D_n)d\sigma_n^i \end{Bmatrix} + \begin{Bmatrix} D_r d\tau^c \\ D_n d\sigma_n^c \end{Bmatrix} + \begin{Bmatrix} dD_r(\tau^c - \tau^i) \\ dD_n(\sigma_n^c - \sigma_n^i) \end{Bmatrix} \qquad (2.207)$$

然后可使用临界状态公式(2.192)、式(2.195)计算出 $d\sigma_n^c$ 和 $d\tau^c$：

$$d\sigma_n^c = \sigma_n^c \frac{1+e_0}{\lambda} d\varepsilon_n^c \qquad [2.208(a)]$$

$$d\tau^c = c_1 d\sigma_n^c \qquad [2.208(b)]$$

式中，e_0 是界面材料的初始孔隙比，并假设 σ_n^c 和 τ^c 之间是线性关系。假设 $d\sigma_n^i = d\sigma_n^c$，$\sigma_n^i = \sigma_n^c$，$D = D_r = D_n$，该方程可以简化为

$$\begin{Bmatrix} d\tau^a \\ d\sigma_n^a \end{Bmatrix} = (1-D) \begin{Bmatrix} d\tau^i \\ d\sigma_n^i \end{Bmatrix} + D \begin{Bmatrix} c_1 d\tau^i \\ d^i \sigma_n^i \end{Bmatrix} + \begin{Bmatrix} dD(\tau^c - \tau^i) \\ 0 \end{Bmatrix} \qquad (2.209)$$

当界面区被视为坚实的薄层单元，需要固体 DSC/ HISS 模型的有关参数。它

们可以通过适当的假设和转换从界面剪切试验确定如下。

假设：

$$\tau_j \approx \sqrt{J_{2D(s)}}, \quad \sigma_{nj} = p_j = J_{1s}/3$$

弹性：E 和 G，使用式(2.181)

$$\sqrt{\gamma_s} \approx \frac{\sqrt{\gamma_j}}{3}$$

塑性：

$$R_s = \left(\frac{c_a}{c_0}\right) R_j$$

n 从式(2.211)得出；a 和 b 从式(2.186)得出，$\xi_s = \frac{1}{t}\xi_j$。

临界状态：

$$\overline{m}_s = \overline{m}_j/3.0$$

λ_s 为 $\ln e$-$\ln p_j$ 对比图的斜率；

e_0^c ＝孔隙率，由式(2.195)确定。

扰动参数：D_u、A 和 Z，由式(2.197)确定。

5. 参数的测定

界面的 RI 响应与弹塑性 δ_0 的 DSC 模型涉及以下常量，如表 2.1 所示。

表 2.1　界面(节理)DSC 模型的计算参量

模型	常数	注释
弹性	k_s、k_n	—
塑性	a、b、n 和 γ	直的极限包(络)线
	a、b、n、γ 和 q	弯曲的极限包(络)线
	无	无强度
临界状态	k_n	正常强度
	c_0、c_1、c_2；v_r^0、$\overline{\lambda}$	临界状态
扰动性	D_u、A 和 Z	当 $D=D_\tau=D_n$

对于固体材料，寻求上述参数的步骤基本相似，简要介绍如下。

弹性：剪切刚度 k_s 和法向刚度 k_n 可由 τ-u_r 关系图和 σ_n-v_r 关系曲线图的卸载过程得出，如果认为它们在非线性弹性模型中是变量，则可以看成 τ 和 σ_n 的函数。

塑性：γ 是从 τ-σ_n 空间极限包络的斜率中获得[图 2.59(a)]。对于曲面包络，q 的值由下式得出：

$$\tau_u = \sqrt{\gamma}\sigma_n^{q/2} \qquad\qquad [2.210(a)]$$

式中,τ_u是极限剪应力($\alpha=0$)。把式[2.210(a)]写成以下形式可求出 q 值:

$$\ln\tau_u = \ln\sqrt{\gamma} + \frac{q}{2}\ln\sigma_n \qquad [2.210(b)]$$

$\ln\tau_u$-$\ln\sigma_n$关系图[图 2.60(b)]中给出由平均线斜率得出的 q 值。对不同的节理,其他参数与测试数据有关。

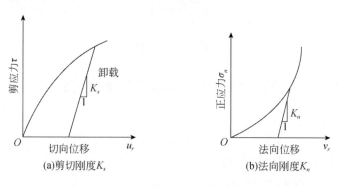

(a)剪切刚度K_s (b)法向刚度K_n

图 2.59　剪切刚度和法向刚度

参数 n 的阶段或状态改变,是基于过渡点的应力状态来评估的[图 2.60(b)],这时法向位移是零或出现从压缩到扩张的变化。然后,基于式(2.190)中 α 的代换,n 的计算公式如下:

$$n = \frac{q}{1 - \dfrac{\bar{\tau}^2}{\gamma\bar{\sigma}_n^q}} \qquad (2.211)$$

式中,$\bar{\tau}$ 和 $\bar{\sigma}_n$ 是过渡点处的应力。在硬化材料的情况下,压实的响应可能会非常小。此时,硬化参数 a 和 b 和 n 可同时由下式给出:

$$\alpha\sigma_n^n = \gamma\sigma_n^a - \tau^2 = \Delta \qquad [2.212(a)]$$

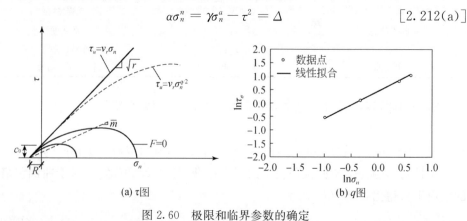

(a) τ图   (b) q图

图 2.60　极限和临界参数的确定

联合式(2.186),得

$$\ln a - b\ln\xi + n\ln\sigma_n = \ln\Delta \qquad [2.212(b)]$$

式中,ξ 可由 τ-u_r 和 σ_n-v_r 关系曲线上的不同点计算[图 2.61(a)]。式[2.212(b)]是由不同点写出的并通过最小二乘法拟合出 a、b 和 n 的值。

a 和 b 的值也可以通过将式(2.186)写成下面形式得出:

$$\ln a - b\ln\xi = \ln\alpha \qquad (2.213)$$

ξ 的值是由曲线上的不同点计算出的[图 2.61(a)],这些点的 α 值由式(2.190)获得。$\ln\alpha$-$\ln\xi$ 关系图[图 2.61(b)]给出当 $\ln\xi = 0$ 及平均曲线斜率时的 a 和 b 的取值。参数 b 表示硬化率,a 为当 ξ 值为 1 时的 α 值,即在塑性位移轨迹的取值。a 的值通常很小并要尽可能精确。

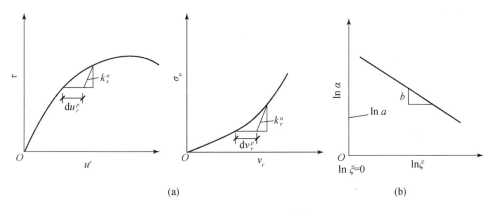

图 2.61　硬化参数的确定

临界状态参数通过将式(2.192)写成下面形式得出:

$$\ln(\tau^c - \tau_0) = \ln c_1 + c_2 \ln\sigma_n^c \qquad (2.214)$$

式中,C_0 值由当 $\sigma_n = 0$ 时的 τ^c-σ_n 关系图中获得(图 2.57)。$\ln\tau^c$-$\ln\alpha_n$ 关系图[图 2.62(a)]给出的是当 $\ln\sigma_n = 0$ 时 C_1 和 C_2 的值。

将式(2.194)写为以下形式,可获得这些参数:

$$\ln v_r^c = \ln v_r^0 - \bar{\lambda}\sigma_n \qquad (2.215)$$

由图 2.62(b)中的 $\ln v_r^c - \sigma_n$ 关系可分别得到当 $\sigma_n = 0$ 以及平均斜率时 v_r^0 和 $\bar{\lambda}$ 的值。

将式(2.197)写为以下形式,可获得扰动参数($D_u = 1$):

$$\ln[-\ln(1 - D)] = \ln A - Z\ln\xi_D \qquad (2.216)$$

观测数据中不同点的 D 值需要利用相应的曲线(图 2.57)。例如,对于 τ-u_r 曲

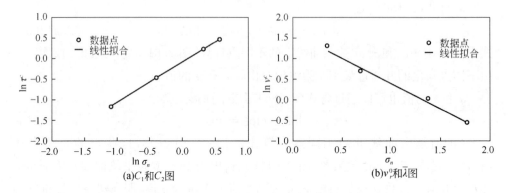

(a)C_1和C_2图　　　　　　　　(b)v^0和$\bar{\lambda}$图

图 2.62　A 型岩石节理的临界参数

线,D 由以下公式得出:

$$D_r = \frac{\tau^i - \tau^a}{\tau^i - \tau^c} \qquad\qquad [2.217(\text{a})]$$

图 2.63　假设 $D_u \approx 1.0$ 时扰动参数(A, Z)的确定

ξ_D 的值根据选择的相应点求出。$\ln[-\ln(1-D_r)]$ 与 $\ln\xi_D$ 关系图(图 2.63)给出了当 $\ln\xi_D = 0$ 以及平均斜率时 A 和 Z 的值。

对于涉及劣化的循环加载的情况下,扰动可由测量剪应力或有效应力的周期数 N 来表示。在剪应力的情况下,D 可以表示为

$$D(N) = \frac{\tau^i - \tau^p}{\tau^i - \tau^c} \qquad\qquad [2.217(\text{b})]$$

式中,τ^p 是给定周期的峰值剪应力;τ^c 为残余剪应力。式(2.197)由 ξ_D 表示,这是给定周期相应于峰值的偏差位移轨迹。RI 剪应力 τ^i 是在假设第一周期响应

持续的基础上确定的,其特点是采用线弹性、弹塑性或其他模型通过整合给出 RI 响应:

$$d\underset{\sim}{\sigma}^t = \underset{\sim}{C}^t d\underset{\sim}{U}^t \tag{2.218}$$

式中,$\underset{\sim}{C}^t$ 是 RI 本构矩阵,其参数从第一个周期的响应中获得。对于线弹性模型,卸载或初始斜率可以提供弹性模量;对于塑性模型,极限参数可从第一个周期响应初始部分的硬化参数的准静态测试中得出。

饱和条件下循环荷载作用下的孔隙水压力可通过应力控制试验测量。D 可基于有效法向应力与 N 关系图中得出[图 2.57(c)]。$\bar{\sigma}_n^{(i)}$ 的 RI 值可通过将第一周期 τu_r 响应作为 RI 而获得。因此

$$D(N) = \frac{\bar{\sigma}_n^{(i)} - \bar{\sigma}_n^{(a)}}{\bar{\sigma}_n^{(i)} - \bar{\sigma}_n^{(c)}} \tag{2.219(a)}$$

式中

$$\bar{\sigma}_n^{(a)} = \sigma_n^{(a)} - p \tag{2.219(b)}$$

其中,$\sigma_n^{(a)}$ 是总法向应力;p 是量测的孔隙水压力。

6. DSC 的数学和物理特性

在模拟界面和节理时,有必要考虑区域性并适当注意其法向行为。此外,界面区的裂纹相互作用及粗糙面的变形影响也需要考虑。当界面材料不连续或由于微裂纹和裂缝的不连续性时,特征尺寸应该是模型的一部分。DSC 模型应包含上述因素。

假设剪切行为和法向行为有着相同的扰动,DSC 模型中总的观测应力 τ^a 和 σ_n^a 为

$$\tau^a = (1-D)\tau^i + D\tau^c \tag{2.220(a)}$$

$$\sigma_n^a = (1-D)\sigma_n^i + D\sigma_n^c \tag{2.220(b)}$$

扰动参数如下:

$$D = \frac{A^c}{A} \tag{2.221}$$

式中,A^c 代表分布完全调整的部分,它是由于内部微观结构的自我调整导致微裂纹和劣化(粗糙)。也就是说,所观察到的应力由在界面区分布的 FA 部分的加权值表示。因此,粗糙面的变形导致面积影响的变化也包括在模型的描述之中。

　　增量方程(2.199)由于第二项和第三项的第一部分的存在,包含了 FA(或微裂纹)区变形特征的影响。值得注意的是,在连续损伤模型中受损部分造成的响应不包括在内。因此,DSC 模型能反映 RA 和 FA 部分的相互作用机制。此外,式(2.199)中的第三项代表相对应力,提供 RI 和 FA 部分交互式(相对)运动。

　　在对式(2.197)中 D 的描述中,参数 D_u、A 和 Z 可表示为(测试)界面材料的样品大小、粗糙度或平均颗粒大小的函数。此外,D_u 可由下式求出:

$$D = \frac{V^c}{V} \approx \frac{tA^c}{A} \tag{2.222}$$

　　式中,V^c 为给定界面区的临界体积,它可以是(初始)压力或粗糙度(颗粒大小)的函数。换句话说,D_u 可以考虑作为特征尺寸。因此,该模型可以通过特征尺寸 D_u 获得。

参 考 文 献

[1]Roscoe K H,Scofield A,Wroth C P. On yielding of soils[J]. Geotechnique,1958,8:22—53.

[2]Scofield A N,Wroth C P. Critical State Soil Mechanics[M]. London:McGraw-Hill,1968.

[3]Desai C S. Constitutive Modelling Using the Disturbed State as Microstructure Self-Adjustment Concept[M]. Chichester:John Wiley,1995.

[4]Desai C S, Toth J. Disturbed state constitutive modeling based on stress-strain and nondestructive behavior [J]. International Journal of Solids and Structures, 1996, 33(11): 1619—1650.

[5]Kachanov L M. Theory of Creep[M]. Boston:National Lending Library,1958.

[6]Kachanov L M. Introduction to Continuum Damage Mechanics[M]. Dordreoht:Martinus Nijhoft Publishers,1986.

[7]Muhlhaus H B, Aifantis E C. A variational principle for gradient plasticity[J]. International Journal of Solids and Structures,1991,28:845—858.

[8]Fung Y C. Foundations of Solid Mechanics[M]. Englewood Cliffs:Prentice-Hall,1965.

[9]Malvern L E. Continuum Mechanics[M]. New York:MacMillan Publishing,1966.

[10]Timoshenko S P, Goodier J N. Theory of Elasticity[M]. 3rd ed. New York:McGraw-Hill,1970.

[11]Desai C S, Sirewardane H J. Constitutive Laws for Engineering Materials[M]. Englewood Cliffs:Prentice-Hall,1984.

[12]Eringen A C. Nonlinear Theory of Continuous Media[M]. New York:McGraw-Hill,1962.

[13]Truesdell C. Continuum Mechanics—The Mechanical Foundations of Elasticity and Fluid Dynamic[M]. New York:Science Publishers,1967.

[14]Franklin J N. Matrix Theory[M]. Englewood Cliffs:Prentice-Hall,1968.

[15]Kachanov L M. Introduction to Continuum Damage Mechanics[M]. Dordrecht:Martinus Nijhoft Publishers,1986.

[16]Desai C S,Chia J,Kundu T,et al. Thermomechanical response of materials and interfaces in electronic packaging:Part I-unified constitutive model and calibration; Part II-unified constitutive models,validation and design[J]. Journal of Electronic Packaging, ASME,1997,119(4):294—309.

[17]Callister W D. Material Science and Engineering—an Introduction[M]. New York:John Wiley & Sons,1985.

[18]Desai C S. Mechanics of Material and Interfaces:The Disturbed State Concept[M]. Boca Raton:CRC Press,2001.

[19]王德玲,葛修润. 岩石的扰动状态本构模型研究[J]. 长江大学学报(自然版),2005,2(1):91—95.

[20]Perzyna P. Fundamental problems in viscoplasticity[J]. Advances in Applied Mechanics,1966,9:243—277.

[21]Cormeau I C. Viscoplasticity and plasticity in finite element method[D]. Swansea:Univ College at Swansea,1976.

[22]Zienkiewicz O C,Cormeau I C. Viscoplasticity-plasticity and creep in elastic solids—A unified numerical solution approach[J]. International Journal for Numerical Methods in Engineering,1974,8:821—845.

[23]Cristescu N D,Hunsche U. Time Effects in Rock Mechanics[M]. Chichester:John Wiley,1998.

[24]Samtani N C,Desai C S. Constitutive modeling and finite element analysis of slow moving landslides using a hierarchical viscoplastic material model[R]. Tucson:University of Arizona,1991.

[25]Dinis L M S,Owen D R J. Elastic-viscoplastic analysis of plates by the finite element method[J]. Computers and Structures,1978,8:207—215.

[26]Terzaghi K. The Shear resistance and saturated soils[C]//Proceeding of the 1st International conference of soil Mechanics and Foundations Engineering,Cambridge,1936.

[27]Terzaghi K. Theoretical Soil Mechanics[M]. New York:John Wiley,1943.

[28]Biot M A. General theory of three dimensional consolidation[J]. Journal of Applied Physics,1941,12:155—164.

[29]Biot M A. Theory of elasticity and consolidation for a porous anisotropic solid[J]. Journal of Applied Physics,1955,26:182—185.

[30]Bishop A W. The principle of effective stress[J]. Tecknisk Ukeblad,106(39):859—863.

[31]Maytyas E L, Rathakrishna H S. Volume change characteristics of partially saturated soils [J]. Geotechnique, 1968, 18(4):432—448.

[32] Fredlund D G. Appropriate concepts and technology for unsaturated soils[J]. Canadian Geotechnical Journal, 1979, 16:121—139.

[33]Lloret A, Alonso E E. Consolidation of unsaturated soil including swelling and collapse behavior[J]. Geotechnique, 1980, 30(4):449—477.

[34]Desai C S. Finite element residual schemes for unconfined flow[J]. International Journal for Numerical Methods in Engineering, 1976, 10:1415—1418.

[35]Li G C, Desai C S. Stress and seepage analysis of earth dams[J]. Journal of Geotechnical Engineering, 1983, 109(7):947—960.

[36]Desai C S, Baseghi B. Theory and verification of residual flow procedure for 3-D free surface seepage[J]. International Journal of Advances in Water Resources, 1988, 11:195—203.

[37]Bathe K J, Khoshgoftaar M R. Finite element free surface seepage analysis without mesh iteration[J]. International Journal for Numerical and Analytical Methods in Geomechanics, 1979, 3:13—22.

[38]Kim J M, Parizek R R. Three-dimensional finite element modeling for consolidation due to groundwater withdrawal in a desaturating anisotropic aquifer system[J]. International Journal for Numerical and Analytical Methods in Geomechanics, 1999, 23(6):549—571.

[39]Desai C S. A consistent finite element technique for work-softening behavior[C]//The Proceedings of International Conference on Computational Methods in Nonlinear Mechanics, Austin, 1974.

[40]Vaid Y P, Thomas J. Liquefaction and post liquefaction behavior of sand[J]. Journal of Geotechnical Engineering ASCE, 1995, 121(2):163—173.

[41]Kim Y R, Lee H J, Kim Y, et al. Mechanistic evaluation of fatigue damage growth and healing of asphalt concrete: Laboratory and field experiments[C]//Proceedings of the 8th International Conference on Asphalt Pavements, Seattle, 1987.

[42]Liu M D, Carter J P, Desai C S, et al. Analysis of the compression of structured soils using the disturbed state concept[J]. International Journal for Numerical and Analytical Methods in Geomechanics, 2000, 24(8):723—735.

[43]Liu M D, Carter J P. On the volumetric deformation of reconstituted soils[J]. International Journal for Numerical and Analytical Methods in Geomechanics, 2000, 24(2):101—133.

[44]Desai C S, Christian J T. Numerical Methods in Geotechnical Engineering[M]. New York: McGraw-Hill, 1977.

[45]Kikuchi N, Oden J T. Contact Problems in Elasticity[M]. Philadelphia: Siam, 1981.

[46]Madakson P B. The frictional behavior of materials[J]. Wear, 1983, 87:191—206.

[47]Amontons G. De La Resistance Causee les Machines[C]//Memories de l'Academie Royale, A. Chez Gerard Kuyper, Amsterdam,1699.

[48]Archard J I. Elastic deformation and the laws of friction[C]//Proceedings of the Royal Society of London,Series A,Mathematical and Physical Sciences,London,1959.

[49]Oden J T,Pires T B. Nonlocal and nonlinear friction laws and variational principles for contact problems in elasticity[J]. Journal of Applied Mechanics,1983,50:67—75.

[50]Schneider H J. The friction and deformation behavior of rock joint[J]. Rock Mechanics, 1976,8:169—184.

第3章 扰动状态概念在岩土力学中的应用

岩土材料属于天然地质材料,其物理力学性质通常比其他人工合成材料更为复杂。岩土材料的力学特性受多种因素影响,除了其本身特性包括颗粒组成、胶结程度、受构造面切割程度外,还与其赋存条件如应力场、温度、湿度、加载方式及其历史有关。岩土材料与其他材料的最大区别在于其软化行为。传统经典力学理论一般难以描述岩土材料的力学行为,从而扰动状态概念就在进行岩土本构模拟中呈现出优越性。扰动状态概念作为工程材料一种全新、统一的本构模拟方法,已在描述各种工程材料或其界面的力学行为中得到应用。

本章将分别介绍扰动状态概念在岩石力学和土力学中的应用以及扰动状态概念在岩土工程中的应用实例。

3.1 扰动状态概念在岩石力学中的应用

3.1.1 岩石的弹塑性扰动状态概念本构模型

工程材料的本构模型及其力学响应的相关测试是当前研究的热点。岩石作为一种天然的地质材料,是由固、液、气三相组成的混合物,在结构上具有多样性。岩石材料的上述特性决定了其力学行为的复杂性。要建立一个能描述岩石应力-应变性质的本构模型存在较多困难,尤其对岩石应变软化段的模拟,经典本构理论难以适用,这就导致实际工程中的许多岩石力学问题得不到很好的解决。

近年来,关于岩石材料 DSC 本构模型的研究也已得到开展,扰动状态概念理论已在多种材料的本构关系研究上得到应用[1~8]。作者基于 DSC 理论,对岩石弹塑性本构关系进行了初步探索,建立了岩石的弹塑性扰动状态本构模型[9]。

1. HISS 模型

HISS 模型为描述材料的力学行为提供了一种一般化公式。分级是分级单屈服面模型的一个重要特性,HISS 可分为 δ_0、δ_1、δ_2 及 δ_{vp} 等几个等级,分别用于描述材料不同复杂状态下的响应,如各向同性和各向异性的硬化以及关联或非关联的黏弹塑性等行为[10]。

HISS-δ_0 模型是最简单和最基本的类型，能够表示材料的各向同性硬化和关联塑性。其他各种模型如 Von-Mises 模型、Mohr-Coulomb 模型、Drucker-Prager 模型、损伤力学模型及临界状态模型等都可看做 HISS 对某一具体材料的特殊类型。这里选用 HISS-δ_0 模型，其屈服函数为

$$F = \frac{J_{2D}}{P_a^2} - \left[-\alpha \left(\frac{J_1 + 3R}{P_a} \right)^n + \gamma \left(\frac{J_1 + 3R}{P_a} \right)^2 \right] (1 - \beta S_r)^m = 0 \qquad (3.1)$$

或写成

$$F = \overline{J_{2D}} - \left(-\alpha \overline{J_1}^n + \gamma \overline{J_1}^2 \right) (1 - \beta S_r)^m = 0 \qquad (3.2)$$

或简写为

$$F = \frac{J_{2D}}{P_a^2} - F_b F_s = 0 \qquad (3.3)$$

式中

$$F_b = \left[-\alpha \left(\frac{J_1 + 3R}{P_a} \right)^n + \gamma \left(\frac{J_1 + 3R}{P_a} \right)^2 \right], \quad F_s = (1 - \beta S_r)^m$$

式中，J_1 是应力张量的第一不变量；J_{2D} 是应力偏量的第二不变量；$\overline{J_{2D}} = J_{2D}/P_a^2$，$\overline{J_1} = (J_1 + 3R)/P_a$，将 J_1、J_{2D} 无量纲化；P_a 是大气压常数；R 是黏结应力，在受压时反映材料的抗拉强度，在受拉时与材料的抗压强度有关；n 表示阶段改变参数，与体积由压缩转为膨胀或由膨胀转为压缩时的应力状态有关；对岩土材料 m 常取 -0.5[9]；γ 是与最终屈服面或极限状态包络线有关的参数；β 是 F 在主应力空间中与形状有关的参数；S_r 是应力比；α 为硬化函数，可表示为内部变化的函数，如塑性剪应变迹线或累积塑性应变，以及塑性功或耗散能量，α 的一个简单形式为

$$\alpha = \frac{\alpha_1}{\xi^{\eta_1}} \qquad (3.4)$$

式中，ξ 为塑性应变迹线，即累积塑性变形。α_1 和 η_1 是材料参数。

$$\xi = \int \left(d\varepsilon_{ij}^p d\varepsilon_{ij}^p \right)^{\frac{1}{2}} \qquad (3.5)$$

式中，$d\varepsilon_{ij}^p$ 是塑性应变增量。

应力比 S_r 的表达式为

$$S_r = \frac{\sqrt{27}}{2} \frac{J_{3D}}{J_{2D}^{3/2}} \qquad (3.6)$$

材料的弹塑性本构张量 C_{ijkl}^p 可表示为

$$C_{ijkl}^{ep} = C_{ijkl}^{e} - \cfrac{C_{ijkl}^{e} \dfrac{\partial Q}{\partial \sigma_{mn}} \dfrac{\partial F}{\partial \sigma_{uv}} C_{uvkl}^{e}}{\dfrac{\partial F}{\partial \sigma_{ij}} C_{ijkl}^{e} \dfrac{\partial F}{\partial \sigma_{kl}} - \dfrac{\partial F}{\partial \xi}\left(\dfrac{\partial F}{\partial \sigma_{kl}} \dfrac{\partial F}{\partial \sigma_{kl}}\right)^{\frac{1}{2}}} \tag{3.7}$$

式中，C_{ijkl}^{e} 为材料的弹性本构张量。

　　根据塑性增量理论

$$\mathrm{d}\varepsilon_{ij}^{p} = \lambda \frac{\partial Q}{\partial \sigma_{ij}} \tag{3.8}$$

式中，$\mathrm{d}\varepsilon_{ij}^{p}$ 为塑性应变增量；λ 为塑性流动因子；Q 是塑性势函数。如果采用关联流动法则，则 $Q = F$，F 为屈服函数。

　　由相容条件知

$$\mathrm{d}F = 0 \tag{3.9}$$

　　由此可得

$$\left(\frac{\partial F}{\partial \sigma_{ij}}\right)^{\mathrm{T}} \mathrm{d}\sigma_{ij} + \frac{\partial F}{\partial \xi}\mathrm{d}\xi = 0 \tag{3.10}$$

$\mathrm{d}\xi$ 由下式给出：

$$\mathrm{d}\xi = \left[(\mathrm{d}\varepsilon_{ij}^{p})^{\mathrm{T}} \mathrm{d}\varepsilon_{ij}^{p}\right]^{\frac{1}{2}} = \left[\lambda\left(\frac{\partial Q}{\partial \sigma_{ij}}\right)^{\mathrm{T}} \lambda\left(\frac{\partial Q}{\partial \sigma_{ij}}\right)\right]^{\frac{1}{2}} = \lambda\left[\left(\frac{\partial Q}{\partial \sigma_{ij}}\right)^{\mathrm{T}} \frac{\partial Q}{\partial \sigma_{ij}}\right]^{\frac{1}{2}} = \lambda\gamma_{F}$$

$$\gamma_{F} = \left[\left(\frac{\partial Q}{\partial \sigma_{ij}}\right)^{\mathrm{T}} \frac{\partial Q}{\partial \sigma_{ij}}\right]^{\frac{1}{2}}$$

　　因此，由式(3.9)推出

$$\left(\frac{\partial F}{\partial \sigma_{ij}}\right)^{\mathrm{T}} \mathrm{d}\sigma_{ij} + \frac{\partial F}{\partial \xi}\lambda\gamma_{F} = 0 \tag{3.11}$$

$$\left(\frac{\partial F}{\partial \sigma_{ij}}\right)^{\mathrm{T}} C_{ijkl}^{e} \mathrm{d}\varepsilon_{ij}^{e} + \frac{\partial F}{\partial \xi}\lambda\gamma_{F} = 0 \tag{3.12}$$

　　将 $\mathrm{d}\varepsilon_{ij}^{e} = \mathrm{d}\varepsilon_{ij} - \mathrm{d}\varepsilon_{ij}^{p}$ 代入式(3.12)，得

$$\left(\frac{\partial F}{\partial \sigma_{ij}}\right)^{\mathrm{T}} C_{ijkl}^{e}(\mathrm{d}\varepsilon_{ij} - \mathrm{d}\varepsilon_{ij}^{p}) + \frac{\partial F}{\partial \xi}\lambda\gamma = 0 \tag{3.13}$$

于是，将式(3.8)中的 $\mathrm{d}\varepsilon_{ij}^{p}$ 代入，得

$$\left(\frac{\partial F}{\partial \sigma_{ij}}\right)^{\mathrm{T}} C_{ijkl}^{e} \mathrm{d}\varepsilon_{ij} - \left(\frac{\partial F}{\partial \sigma_{ij}}\right)^{\mathrm{T}} C_{ijkl}^{e}\lambda \frac{\partial Q}{\partial \sigma_{ij}} + \frac{\partial F}{\partial \xi}\lambda\gamma_{F} = 0 \tag{3.14}$$

$$\left(\frac{\partial F}{\partial \sigma_{ij}}\right)^{\mathrm{T}} C_{ijkl}^{e} \mathrm{d}\varepsilon_{ij} - \lambda\left[\left(\frac{\partial F}{\partial \sigma_{ij}}\right)^{\mathrm{T}} C_{ijkl}^{e} \frac{\partial Q}{\partial \sigma_{ij}} - \frac{\partial F}{\partial \xi}\gamma_{F}\right] = 0 \tag{3.15}$$

$$\lambda = \frac{\left(\dfrac{\partial F}{\partial \sigma_{ij}}\right)^{\mathrm{T}} C_{ijkl}^{e} \mathrm{d}\varepsilon_{ij}}{\left(\dfrac{\partial F}{\partial \sigma_{ij}}\right)^{\mathrm{T}} C_{ijkl}^{e} \dfrac{\partial Q}{\partial \sigma_{ij}} - \dfrac{\partial F}{\partial \xi}\gamma_{F}} \tag{3.16}$$

则本构方程可表示为

$$\mathrm{d}\sigma_{ij} = C^e_{ijkl}(\mathrm{d}\varepsilon_{ij} - \mathrm{d}\varepsilon^p_{ij}) = \left[C^e_{ijkl} - \frac{C^e_{ijkl}\dfrac{\partial Q}{\partial \sigma_{ij}}\left(\dfrac{\partial F}{\partial \sigma_{ij}}\right)^{\mathrm{T}} C^e_{ijkl}}{\left(\dfrac{\partial F}{\partial \sigma_{ij}}\right)^{\mathrm{T}} C^e_{ijkl}\dfrac{\partial Q}{\partial \sigma_{ij}} - \dfrac{\partial F}{\partial \xi}\gamma_F} \right] \mathrm{d}\varepsilon_{ij}$$

$$= \left[C^e_{ijkl} - \frac{C^e_{ijkl}\dfrac{\partial Q}{\partial \sigma_{ij}}\left(\dfrac{\partial F}{\partial \sigma_{ij}}\right)^{\mathrm{T}} C^e_{ijkl}}{\left(\dfrac{\partial F}{\partial \sigma_{ij}}\right)^{\mathrm{T}} C^e_{ijkl}\dfrac{\partial Q}{\partial \sigma_{ij}} - \dfrac{\partial F}{\partial \xi}\left[\left(\dfrac{\partial Q}{\partial \sigma_{ij}}\right)^{\mathrm{T}}\left(\dfrac{\partial Q}{\partial \sigma_{ij}}\right)\right]^{\frac{1}{2}}} \right] \mathrm{d}\varepsilon_{ij} \tag{3.17}$$

对于关联屈服模型（HISS-δ_0），其本构方程可表示为

$$\mathrm{d}\sigma_{ij} = \left[C^e_{ijkl} - \frac{C^e_{ijkl}\dfrac{\partial F}{\partial \sigma_{mn}}\dfrac{\partial F}{\partial \sigma_{uv}}C^e_{uvkl}}{\dfrac{\partial F}{\partial \sigma_{ij}}C^e_{ijkl}\dfrac{\partial F}{\partial \sigma_{kl}} - \dfrac{\partial F}{\partial \xi}\left(\dfrac{\partial F}{\partial \sigma_{kl}}\dfrac{\partial F}{\partial \sigma_{kl}}\right)^{\frac{1}{2}}} \right] \mathrm{d}\varepsilon_{ij} \tag{3.18}$$

2. 模型参数的确定

根据不同围压下岩石常规三轴试验的峰值应力点，可给出 J_1-$\sqrt{J_{2D}}$ 空间中的屈服包络线，由屈服包络线的斜率和截距使用回归方法可以求得 γ、β。这里 m 取为 -0.5。

阶段转变参数 n，反映了体积未发生改变时的应力状态。图 3.1 所示为岩石单轴压缩试验的轴向应力-体应变关系图。

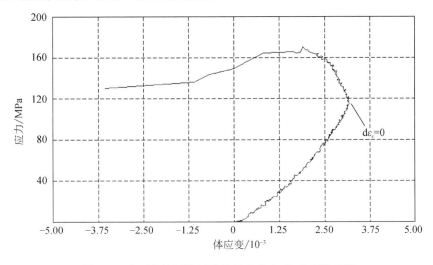

图 3.1   岩石单轴压缩试验的轴向应力-体应变关系图

体应变的变化率 $d\varepsilon_v = 0$，n 的计算表达式为

$$n = \dfrac{2}{1 - \left(\dfrac{J_{2D}}{J_1^2}\right)\dfrac{1}{F_S\gamma}}\Bigg|_{d\varepsilon_v = 0} \tag{3.19}$$

取峰值前的一些应力值，代入屈服函数可以求出 α，即

$$\alpha = \gamma \overline{J_1}^{2-n} - \dfrac{\overline{J_{2D}}}{(1 - \beta S_r)^m \overline{J_1}^n} \tag{3.20}$$

根据式(3.4)，可得 $\ln\alpha + \eta_1 \ln\xi = \ln\alpha_1$，经回归分析求得 α_1 和 η_1。由于 α 表示屈服函数的生长，则初始屈服点和峰值应力点分别由对应的 α_0 和 α_u 确定。

3. 岩石的弹塑性扰动状态本构方程

对于单轴应力状态，弹性本构张量 $C^e = E$（E 为弹性模量），$\sigma_2 = \sigma_3 = 0$，且有

$$\dfrac{\partial F}{\partial \sigma_2} = \dfrac{\partial F}{\partial \sigma_3} = 0, \quad \left\{\dfrac{\partial F}{\partial \sigma}\right\} = \begin{bmatrix} \dfrac{\partial F}{\partial \sigma_1} & 0 & 0 \\ 0 & 0 & 0 \\ 0 & 0 & 0 \end{bmatrix}$$

岩石单轴受压的弹塑性本构方程为

$$d\sigma_1 = \left\{ E - \dfrac{E^2 \dfrac{\partial F}{\partial \sigma_1}}{\dfrac{\partial F}{\partial \sigma_1} E - \dfrac{\partial F}{\partial \xi}} \right\} d\varepsilon_1 \tag{3.21}$$

对于单轴受压情况下有

$$J_1 = \sigma_1 \tag{3.22}$$

$$J_{2D} = \dfrac{1}{6}\left[(\sigma_1 - \sigma_2)^2 + (\sigma_2 - \sigma_3)^2 + (\sigma_3 - \sigma_1)^2\right] = \dfrac{1}{3}\sigma_1^2 \tag{3.23}$$

$$J_{3D} = J_3 - \dfrac{2}{3}J_1 J_2 + \dfrac{2}{27}J_1^3 = \dfrac{2}{27}\sigma_1^3 \tag{3.24}$$

$$S_r = \dfrac{\sqrt{27}}{2} \dfrac{\dfrac{2}{27}\sigma_1^3}{\dfrac{1}{\sqrt{27}}\sigma_1^3} = 1 \tag{3.25}$$

对于 HISS 模型：

$$F = \dfrac{\sigma_1^2}{3P_a^2} - \left[-\alpha\left(\dfrac{\sigma_1 + 3R}{P_a}\right)^n + \gamma\left(\dfrac{\sigma_1 + 3R}{P_a}\right)^2\right](1 - \beta)^{-\frac{1}{2}} \tag{3.26}$$

$$\dfrac{\partial F}{\partial \sigma_1} = \dfrac{2\sigma_1}{3P_a^2} - \left[-\dfrac{n\alpha_1}{\xi^{\eta_1}}\left(\dfrac{\sigma_1 + 3R}{P_a}\right)^{n-1}\dfrac{1}{P_a} + 2\gamma\dfrac{\sigma_1 + 3R}{P_a^2}\right](1 - \beta)^{-\frac{1}{2}} \tag{3.27}$$

$$\frac{\partial F}{\partial \xi} = -\frac{\alpha_1 \eta_1}{\xi^{\eta_1+1}} \left(\frac{\sigma_1 + 3R}{P_a} \right)^n (1-\beta)^{-\frac{1}{2}} \tag{3.28}$$

在此,假定岩石的相对完整状态(即应力峰值前的本构关系)符合 HISS 模型,则通过引入扰动函数叠加 HISS 本构关系即可模拟应力峰值后岩石的应变软化。假定单轴受压情况下岩石的完全调整状态为理想刚塑性状态,其能承受的压应力为 $\sigma^c = 20\text{MPa}$,则实际状态应力张量为

$$d\sigma_{ij}^a = (1-D)d\sigma_{ij}^i - dD(\sigma_{ij}^c - \sigma_{ij}^i) \tag{3.29}$$

式中,上标 a、i、c 分别代表观测状态、RI 状态和 FA 状态。

扰动函数 D 定义为

$$D = D_u[1 - \exp(-A\xi_D^Z)] \tag{3.30}$$

式中,D_u 为扰动的极限值,在此取为 1.0;ξ_D 是累积偏塑性应变;A、Z 是材料参数。

$$dD = AZ\exp(-A\xi_D^Z)\xi_D^{Z-1}d\xi_D \tag{3.31}$$

令岩石的 RI 和 FA 部分应变一致,即 $\varepsilon_{ij}^a = \varepsilon_{ij}^i = \varepsilon_{ij}^c$,$d\sigma_{ij}^i = C_{ijkl}^{ep} d\varepsilon_{kl}^i$,式中,$C_{ijkl}^{ep}$ 表示相对完整状态部分的本构张量。

将式(3.17)代入,得

$$d\sigma_{ij}^i = \left[[C^e] - \frac{[C^e]\left\{\frac{\partial Q}{\partial \sigma}\right\}\left\{\frac{\partial F}{\partial \sigma}\right\}^{\mathrm{T}}[C^e]}{\left\{\frac{\partial F}{\partial \sigma}\right\}[C^e]\left\{\frac{\partial Q}{\partial \sigma}\right\} - \frac{\partial F}{\partial \xi}\left(\left\{\frac{\partial Q}{\partial \sigma}\right\}^{\mathrm{T}}\left\{\frac{\partial Q}{\partial \sigma}\right\}\right)^{\frac{1}{2}}} \right] d\varepsilon_{ij}^i \tag{3.32}$$

叠加了扰动的 HISS 弹塑性本构方程可以表示为

$$\sigma_{ij}^a = (1-D)\left(C^e - \frac{[C^e]\left\{\frac{\partial F}{\partial \sigma}\right\}\left\{\frac{\partial F}{\partial \sigma}\right\}^{\mathrm{T}}[C^e]}{\left\{\frac{\partial F}{\partial \sigma}\right\}^{\mathrm{T}}[C^e]\left\{\frac{\partial F}{\partial \sigma}\right\} - \frac{\partial F}{\partial \xi}\left(\left\{\frac{\partial F}{\partial \sigma}\right\}^{\mathrm{T}}\left\{\frac{\partial F}{\partial \sigma}\right\}\right)^{\frac{1}{2}}} \right) d\varepsilon_{kl}^a - dD(\sigma_{ij}^c - \sigma_{ij}^i) \tag{3.33}$$

扰动状态概念单轴弹塑性本构方程最后可简化为

$$d\sigma_1^a = (1-D)\left(E - \frac{E^2 \frac{\partial F}{\partial \sigma_1}}{\frac{\partial F}{\partial \sigma_1}E - \frac{\partial F}{\partial \xi}} \right) d\varepsilon_1^a - dD(\sigma_1^c - \sigma_1^i) \tag{3.34}$$

式中,$\frac{\partial F}{\partial \xi} = -\frac{\alpha_1 \eta_1}{\xi^{\eta_1+1}} \left(\frac{\sigma_1 + 3R}{P_a} \right)^n (1-\beta)^{-\frac{1}{2}}$;$\frac{\partial F}{\partial \xi} = -\frac{\alpha_1 \eta_1}{\xi^{\eta_1+1}} \left(\frac{\sigma_1 + 3R}{P_a} \right)^n (1-\beta)^{-\frac{1}{2}}$;$1-D = \exp(-A\xi_D^Z)$;$dD = AZ\exp(-A\xi_D^Z)\xi_D^{Z-1}d\xi_D$。

4. 试验验证

1) 试验概况

试验所用岩样为采自河南焦作某矿区的砂岩。试验前,将其加工成 ϕ 50mm × 100mm 的圆柱体标准试样。单轴和三轴压缩试验均在 RMT-150B 岩石力学试验系统上进行,该系统是专为岩石或混凝土一类的工程材料进行力学性能试验而设计的。其操作方便、自动化程度高,试验可完全在计算机控制下进行。RMT-150B 试验系统如图 3.2 所示。

图 3.2　RMT-150B 岩石力学试验系统

试验采用轴向应变控制方式,各岩样的应变速率均为 $5.0 \times 10^{-6}/s$,所有岩样均在 RMT-150B 岩石力学试验系统下加压至破坏。

岩石单、三轴受压的全过程曲线通常可分为五个阶段,即压密段、线弹性段、弹塑性强化段、破坏后阶段和残余变形段。

2) 岩石单轴抗压试验的本构关系模拟

以岩石压密段的结束点作为本构模拟的起始点。在峰值应力前,岩石符合 HISS 模型;峰值应力后,岩石的响应由 HISS 模型叠加扰动来模拟。

根据砂岩在 5MPa 和 10MPa 围压下常规三轴试验的峰值强度,可给出 J_1-$\sqrt{J_{2D}}$ 空间极限包络线,根据包络线斜率和截距求出 γ、β;m 取为 -0.5;n 可由体积从压缩转为膨胀时的应力状态求出;由单轴抗压试验峰值应力前的一些点,代入屈服函数可以求出硬化函数 α;根据 $\ln\alpha$ 和 $\ln\xi$ 的线性关系,回归分析后可以求得硬化参数 α_1、η_1;材料参数 A、Z 由峰值应力后的点根据本构方程(3.34)回归后可得到。该回归分析为多元非线性情况,使用软件进行。

单轴下岩石的塑性应变迹线的计算式为

$$\xi = \int (\mathrm{d}\varepsilon^p_{ij} \mathrm{d}\varepsilon^p_{ij})^{\frac{1}{2}} = \int \left[(\mathrm{d}\varepsilon^p_1)^2 + 2(\mathrm{d}\varepsilon^p_2)^2\right]^{\frac{1}{2}} \tag{3.35}$$

$$\xi_D = \int (\mathrm{d}E^p_{ij} \mathrm{d}E^p_{ij})^{\frac{1}{2}} = \int \left[\left(\mathrm{d}\varepsilon^p_{ij} - \frac{1}{3}\mathrm{d}\varepsilon^p_{kk}\delta_{ij}\right)\left(\mathrm{d}\varepsilon^p_{ij} - \frac{1}{3}\mathrm{d}\varepsilon^p_{kk}\delta_{ij}\right)\right]^{\frac{1}{2}}$$

$$= \int \left[(\mathrm{d}\varepsilon^p_1 - \mathrm{d}\varepsilon^p_V)^2 + 2(\mathrm{d}\varepsilon^p_2 - \mathrm{d}\varepsilon^p_V)^2\right]^{\frac{1}{2}} \tag{3.36}$$

$$\mathrm{d}\varepsilon^p_1 = \mathrm{d}\varepsilon^a_1 - \mathrm{d}\varepsilon^e_1 = \mathrm{d}\varepsilon^a_1 - \frac{\mathrm{d}\sigma^a_1}{E} \tag{3.37}$$

$$\mathrm{d}\varepsilon^p_2 = \mathrm{d}\varepsilon^p_3 = \mathrm{d}\varepsilon^a_2 - \mathrm{d}\varepsilon^e_2 = d\varepsilon^a_2 - \mu\frac{\mathrm{d}\sigma^a_1}{E} \tag{3.38}$$

上面各式中各参变量意义如前所述，μ 为弹性阶段泊松比。

对焦作砂岩本构模型中的各参数进行回归分析及拟合，结果如表 3.1 所示。

表 3.1　HISS 模型中的参数值

γ	β	n	a_1	η_1	A	Z
0.0653	0.7447	2.6972	3.766×10^{-5}	0.1085	-5023	1.533

将上述参数代入屈服函数，给出 J_1-$\sqrt{J_{2D}}$ 空间中的屈服函数如图 3.3 所示。

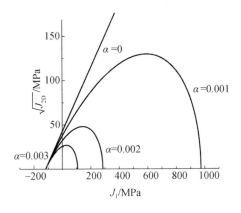

图 3.3　J_1-$\sqrt{J_{2D}}$ 空间中的屈服函数

由表 3.1 所示参数所对应的砂岩理论单轴应力-应变关系曲线如图 3.4 所示（弹性模量 $E = 20\mathrm{GPa}$）。

利用基于扰动状态概念的本构模型表达式(3.34)、表 3.1 中参数值，同时弹性模量采用各岩样试验实测值，可对岩石在单轴压缩下的应力-应变全过程进行模

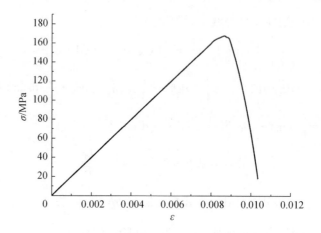

图 3.4　理论单轴应力-应变关系曲线

拟。通过计算,单轴下三个典型砂岩岩样的本构关系,其试验与理论的对比情况如图 3.5 所示。

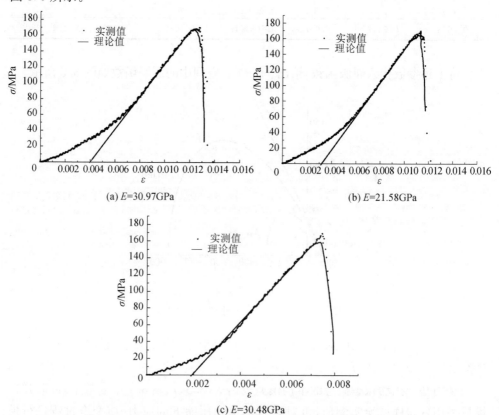

图 3.5　砂岩的试验与理论应力-应变关系曲线

由图 3.5 可以看出,理论模型曲线与试验结果符合较好。这表明,建立的弹塑性本构模型能模拟出单轴受压状态下岩石的应力-应变过程,特别是岩石峰后的应变软化行为。

但是,由于岩样个体间存在较大差异,同类岩石的试验结果在弹性参数、初始屈服点、峰值强度以及破坏后区的残余变形等均有所不同,用统一的本构方程描述其力学行为有较大难度。此外,由于缺乏更多应力路径(如拉伸、剪切等)的试验结果,对模型作了一定的简化和假设,从而使模型的效用性受到一定影响。

3.1.2　扰动状态概念应用于单轴压缩下岩石破坏后区的分析

岩石的应力-应变关系曲线主要表征其在荷载或环境作用下的力学响应,该曲线以峰值强度为界通常被划分为破坏前区和破坏后区。在破坏前区,岩石的力学性质一般较为稳定,其力学行为可用经典强度理论进行描述;而在破坏后区,岩石一般处于非稳定状态,其力学行为难以用经典强度理论来描述。由于诸多岩石工程问题,如地下巷道、矿柱的稳定性以及岩爆等与岩石破坏后区的力学特性紧密关联,因此,这方面的研究逐渐受到理论界和工程界的重视[11]。当前,开展岩石的应力-应变全过程曲线的研究,并据此寻求评价岩体工程稳定的新理论和新方法,已成为岩石力学研究的热点[12~16]。

1. 单轴条件下岩石的扰动状态概念本构模型

1)增量型本构模型[17,18]

基于观测、相对完整和完全调整状态下力的平衡,可推导出观测增量应力($\mathrm{d}\sigma_{ij}^{a}$)和增量应变($\mathrm{d}\varepsilon_{ij}^{a}$)的扰动状态概念增量型本构方程:

$$\mathrm{d}\sigma_{ij}^{a} = (1-D)\mathrm{d}\sigma_{ij}^{i} + D\mathrm{d}\sigma_{ij}^{c} + \mathrm{d}D(\sigma_{ij}^{c} - \sigma_{ij}^{i}) \tag{3.39}$$

式中,σ_{ij} 是应力张量;上标 a、i 和 c 分别表示观测、相对完整状态和完全调整状态;D 是扰动函数;d 表示增量。式(3.39)可进一步表示为

$$\mathrm{d}\sigma_{ij}^{a} = (1-D)C_{ijkl}^{i}\,\mathrm{d}\varepsilon_{kl}^{i} + DC_{ijkl}^{c}\,\mathrm{d}\varepsilon_{kl}^{c} + \mathrm{d}D(\sigma_{ij}^{c} - \sigma_{ij}^{i}) \tag{3.40}$$

式中,C_{ijkl} 是与本构响应有关的四阶张量;ε_{kl} 是应变张量。当岩石处于单轴应力状态下,且假设材料为各向同性的,则式(3.39)可写成

$$\mathrm{d}\sigma_{1}^{a} = (1-D)\mathrm{d}\sigma_{1}^{i} + D\mathrm{d}\sigma_{1}^{c} + \mathrm{d}D(\sigma_{1}^{c} - \sigma_{1}^{i}) \tag{3.41}$$

2)相对完整状态和完全调整状态

由扰动状态概念理论,材料的相对完整状态可用线弹性、弹塑性或其他合适的模型来表示,并假定其作为连续介质承受弹性或非弹性的应变以及相应的应力。

在此,假定岩石的相对完整状态具有非线性弹性形式,则可用如下的双曲线模型来表示:

$$\sigma_1^i = \frac{\varepsilon_1^i}{a + b\varepsilon_1^i} \tag{3.42}$$

式中,a 和 b 是与弹性模量 E_i 和渐进线应力 σ_1^f 有关的参量。它们的值可由下式求出:

$$a = \frac{1}{E_i} \tag{3.43}$$

$$b = \frac{1}{\sigma_1^f} \tag{3.44}$$

式中,E_i 为岩石在单轴压缩下的弹性模量;σ_1^f 为渐进线应力,可由试验数据拟合得到。

　　在扰动状态概念中,完全调整状态是材料变形破坏的最终状态。如果认为岩石在其完全调整状态下不能承受应力,则与实际情况不符。故假定岩石材料的完全调整状态依然能承受部分应力,即认为岩石材料的完全调整状态对应于岩石破坏的临界状态;式(3.41)中的 σ_1^c 为破坏的临界应力值。

　　3)扰动函数

　　在扰动状态概念理论中,扰动函数 D 通常表示依赖于方向的张量。但是,为实用方便起见,它常常被假定为一个标量。由岩石的相对完整状态和完全调整状态的假定以及试验测试情况,将扰动函数定义为

$$D = \frac{\sigma^i - \sigma^a}{\sigma^i - \sigma^c} \tag{3.45}$$

式中,σ_1^i 的值由式(4.42)确定;σ_1^c 为岩石破坏时的临界应力值,由试验确定;σ_1^a 的初始值为岩石处于相对完整状态时的试验观测值,σ_1^a 值可由式(3.41)通过迭代计算得到。

　　2. 五种岩石的单轴压缩试验

　　试验选取 5 种典型岩石,分别为湖北大悟的红花岗岩、四川雅安的大理岩、江西贵溪的红砂岩、河南焦作的砂岩和花岗岩。

　　各岩样均被加工成高 100mm,直径为 50mm 的圆柱体。岩样都较为均质,无宏观裂隙和气孔。试验前,各岩样均在 110℃ 的烘箱中烘 24h 以上。

　　试验在 RMT-150B 岩石力学试验系统上进行。采用轴向应变控制方式,各岩样的应变速率均为 $5.0 \times 10^{-6}/s$。通过对试验数据的分析处理,得到上述 5 种岩石

（共 14 个岩样）的应力-应变全过程曲线,如图 3.6 所示。

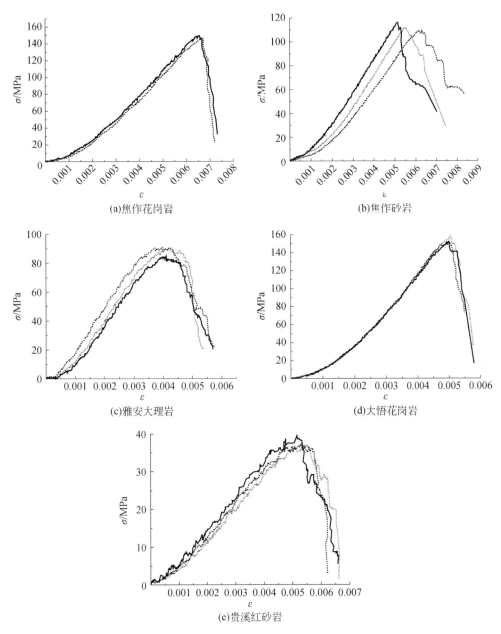

图 3.6　单轴压缩下 5 种岩石的轴向应力-应变关系

由图 3.6 中各岩样的应力-应变全过程曲线,可以归纳出如下特征。

(1)各类岩石的应力-应变全过程曲线形状大体相似,均符合岩石变形破坏的基本规律。全过程曲线大致可划分为四个阶段：即压密阶段、弹性变形阶段、稳定破裂发展阶段及非稳定破坏阶段。

（2）在达到峰值强度前（即破坏前区），绝大多数岩样的应力-应变关系曲线十分接近，呈现出较为稳定的力学性态；而在峰值强度后（即破坏后区），各类岩样的应力-应变关系曲线差异相对较大，呈现出非稳定的力学性态。因此，在已有的研究中，人们用经典的强度理论能较好地描述岩石破坏前区的力学响应；而对岩石破坏后区的力学描述则较为困难，尚未取得理想的研究成果。

（3）图 3.6 表明，在同一应变速率下，不同种类岩石的破坏后区性状也不相同。这主要体现在岩石破坏后区曲线的斜率上。其特点是，强度越高的岩石（如花岗岩），脆性越大，其破坏后区的曲线越陡直；而强度较低的岩石（如红砂岩、大理岩），延性更大，其破坏后区的曲线相对平缓。

图 3.6 中各岩样的应力-应变全过程曲线可依据扰动状态概念理论来进行解释。在加载前，岩样处于相对完整状态；随着荷载的增加，岩样逐步由相对完整状态向完全调整状态过渡。在单轴压缩试验的前期，岩样内部微结构中相对完整状态的成分占大多数，居主导地位，岩样所承受的荷载主要由这部分承担，且随应变的增大，岩样承受的应力也越大；随着试验的继续进行，岩样内部微结构中的相对完整状态成分不断向完全调整状态转变，岩样中越来越多的部分进入完全调整状态，直至全部进入完全调整状态，这就致使岩样的承载能力随变形而逐步降低，表现为应力-应变曲线中的跌落部分。

3. 分析与比较

基于建立的岩石扰动状态概念模型，对上述的试验结果进行了计算分析。其方法如下。

首先由式（3.41）计算应力增量 $d\sigma_1^a$ 的理论值，σ_1^a 由下式计算：

$$\sigma_1^a = \sum_{i=1}^{N} d\sigma_1^a \tag{3.46}$$

式中，N 为应变增量的数目。

在式（3.41）中，σ_1^a 为理论观测值，其初始值为岩石处于相对完整状态时的试验观测值，σ_1^i 的值由式（3.41）通过迭代计算得到；σ_1^c 由式（3.42）确定；扰动函数 D 由式（3.45）计算确定；其中 σ_1^c 的值可根据应力-应变曲线中岩样临近破坏时应变梯度变化较大点处的应力值来确定，经过对各试验曲线的分析，σ_1^c 值分别取为：焦作花岗岩为 50MPa，焦作砂岩为 45MPa，雅安大理岩为 30MPa，大悟花岗岩为 75MPa，贵溪红砂岩为 15MPa。

根据上述方法,计算出各种岩石的理论应力值。并将各岩样的理论应力值与实测应力值进行对比,如表 3.2～表 3.6 所示。

表 3.2 单轴压缩下焦作花岗岩的理论应力值与实测应力值

试件编号	应变	扰动函数 D	应力/MPa	
			理论值	实测值
J-S1	0.0050	0.0000	100.90	100.90
	0.0053	0.0413	105.69	109.47
	0.0055	0.1688	101.25	114.27
	0.0056	0.2617	96.56	110.77
	0.0057	0.3512	91.65	107.52
	0.0059	0.4560	86.20	101.29
	0.0061	0.5543	80.24	97.26
J-S2	0.0045	0.0000	100.51	100.51
	0.0048	0.0148	107.43	109.72
	0.0050	0.1210	104.57	114.41
	0.0052	0.2197	101.17	111.69
	0.0053	0.2888	97.59	102.91
	0.0054	0.3557	93.83	90.65
	0.0055	0.4205	89.90	87.68
	0.0056	0.4833	85.81	69.73
	0.0057	0.5443	81.55	64.18

表 3.3 单轴压缩下焦作砂岩的理论应力值与实测应力值表

试件编号	应变	扰动函数 D	应力/MPa	
			理论值	实测值
J-G1	0.0063	0.0000	139.31	139.31
	0.0065	0.0399	140.02	147.78
	0.0068	0.1724	131.21	132.30
	0.0069	0.2657	122.16	121.72
	0.0070	0.3569	112.88	115.37
	0.0071	0.4462	103.37	100.55
	0.0072	0.5337	93.63	77.53

续表

试件编号	应变	扰动函数 D	应力/MPa	
			理论值	实测值
	0.0055	0.0000	117.15	117.15
	0.0060	0.0239	127.40	132.45
	0.0063	0.1527	121.75	139.31
J-G2	0.0067	0.2892	114.71	146.44
	0.0068	0.3725	107.45	132.85
	0.0069	0.4539	100.00	105.54
	0.0070	0.5335	92.35	78.50

表 3.4 单轴压缩下大悟花岗岩的理论应力值与实测应力值

试件编号	应变	扰动函数 D	应力/MPa	
			理论值	实测值
	0.0048	0.0000	146.53	146.53
	0.0050	0.0487	150.34	153.45
D-G1	0.0052	0.1771	146.22	143.62
	0.0053	0.2625	141.77	132.62
	0.0054	0.3441	137.00	98.33
	0.0055	0.4223	131.92	89.00
	0.0048	0.0000	153.03	153.03
	0.0050	0.0774	153.62	160.05
D-G2	0.0051	0.1539	149.93	153.29
	0.0052	0.2272	145.95	151.60
	0.0053	0.2975	141.67	135.11
	0.0054	0.3651	137.12	98.73

表 3.5 单轴压缩下雅安大理岩的理论应力值与实测应力值

试件编号	应变	扰动函数 D	应力/MPa	
			理论值	实测值
	0.0030	0.0000	80.03	80.03
Y-M1	0.0038	0.0591	88.63	88.3
	0.0041	0.1561	88.14	91.27

续表

试件编号	应变	扰动函数 D	应力/MPa	
			理论值	实测值
Y-M1	0.0044	0.2433	86.94	90.24
	0.0046	0.3225	85.10	87.34
	0.0050	0.3788	82.96	79.43
Y-M2	0.0030	0.0000	72.08	72.08
	0.0035	0.0173	84.49	83.22
	0.0038	0.1299	84.80	87.07
	0.0042	0.2576	83.70	91.07
	0.0044	0.3242	82.24	87.84
	0.0047	0.4054	80.12	86.81
	0.0048	0.4482	77.89	82.16
	0.0049	0.4897	75.54	78.93
	0.0050	0.5300	73.09	59.42
Y-M3	0.0035	0.0000	77.90	77.90
	0.0038	0.0617	81.79	82.54
	0.0040	0.1538	80.55	85.38
	0.0043	0.2670	78.60	82.02
	0.0046	0.3660	75.87	78.93
	0.0047	0.4210	72.99	71.94
	0.0048	0.4742	69.98	65.52

表 3.6　单轴压缩下贵溪红砂岩的理论应力值与实测应力值

试件编号	应变	扰动函数 D	应力/MPa	
			理论值	实测值
G-R1	0.0040	0.0000	32.85	32.85
	0.0045	0.1598	32.92	35.64
	0.0049	0.2983	32.24	39.22
	0.0050	0.3458	31.52	37.18
	0.0054	0.4258	31.06	33.10
	0.0056	0.4712	30.52	29.54
	0.0060	0.5370	29.76	23.04

续表

试件编号	应变	扰动函数 D	应力/MPa	
			理论值	实测值
G-R2	0.0045	0.0000	33.25	33.25
	0.0050	0.1138	34.02	36.74
	0.0053	0.2336	32.75	37.78
	0.0056	0.3430	31.23	36.36
	0.0057	0.4150	29.66	33.38
	0.0059	0.4978	27.96	32.09
	0.0060	0.5666	26.22	28.46
	0.0063	0.6499	24.29	20.96

为了更直观地展现表 3.2～表 3.6 中的相互关系,现将上述各类岩石中典型岩样的理论计算值与实测值绘制出来,如图 3.7 所示。

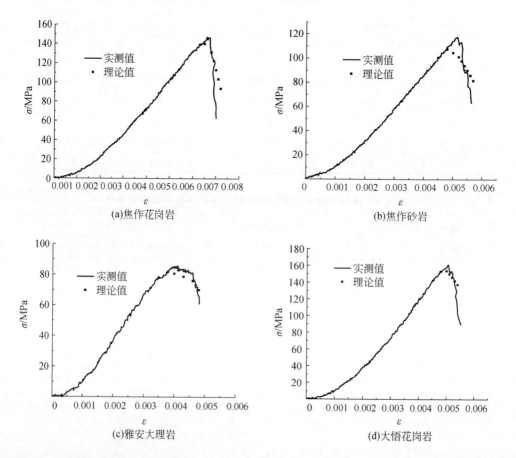

(a)焦作花岗岩　　(b)焦作砂岩

(c)雅安大理岩　　(d)大悟花岗岩

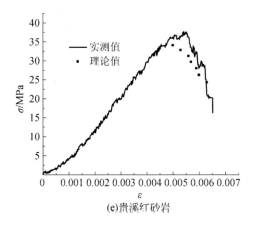

(e)贵溪红砂岩

图 3.7　单轴压缩下典型岩样的理论值与实测值比较

从表 3.2～表 3.6 以及图 3.7 可以看出:根据岩石的扰动状态本构模型所计算出的五种岩石的理论应力值与试验结果较为一致。

通过进一步的分析与比较,可知对于破坏后区中应力梯度变化较小的岩石(如红砂岩),其理论计算与试验结果更为接近,而对于破坏后区中应力梯度变化较大的岩石(如花岗岩),其相对误差较大。

4. 有待进一步研究的问题

关于岩石破坏后区的研究,如下问题有待进一步的探讨。

1)扰动状态概念模型的确定

将岩石的相对完整状态假定为双曲线形式,并不表明它能普适于各类岩石,对不同性质的岩石应采用更具特征性的函数形式;而将岩石的完全调整状态定义为岩石破坏时的临界值,由于岩石材料本身的特性(如非均匀性),该值的确定具有较大的随机性;上述两方面的问题对建立模型及计算结果显然有较大影响。因此,岩石的相对完整状态和完全调整状态除采用上述形式外,有必要使用与实际情况更相符的形式,如能量方法等。

2)岩石破坏后区应力-应变关系曲线的选用

实践证明:岩石应力-应变关系曲线的获得和试验系统(岩石材料内部的结构特征、试样的几何形态及试验条件)的力学特性密切相关[19]。岩石破坏后区由于处于非稳定的力学性态,其应力-应变关系曲线难以准确确定,且受变形控制方式(轴向应变控制与环向应变控制)的制约,究竟采用何种控制方式能更客观地反映岩石(尤其是破坏后区)的固有特性,目前还存在着争议[12,13,20]。

要获取真正反映工程实际的岩石破坏后区的应力-应变关系曲线,还有赖于试验测试技术及其理论的提高和发展。鉴于对上述问题的考虑,仅对各类岩石破坏后区的前期性态进行了分析研究。而从所得到的分析结果来看,我们建立的扰动状态概念模型更适宜于模拟采用轴向应变控制方式的试验成果。

3.1.3　岩体卸荷破坏的扰动状态概念分析

在岩石工程(无论地面还是地下工程)中,岩体的破坏或失稳主要是因为开挖卸荷以及环境(如水、温度等)的影响而引起的。由于工程开挖,岩体原有的平衡被打破,导致岩体内的应力发生重分布,促使岩体内部的裂隙即初始损伤不断累积和发展,进而使岩体产生宏观的时效断裂,并可能发生失稳破坏。由工程卸荷引发的灾害事故比比皆是,如隧道开挖引起围岩的底鼓、冒顶、掉块与坍塌,开挖或爆破导致岩体的滑坡、崩塌,高地应力区开挖产生的岩爆及岩心饼化现象。因此,研究岩体的卸荷破坏特性在理论与实际工程中均具有重要意义[2]。

开挖卸荷问题实际上是应力路径问题,而经典岩石力学理论都是在连续加载条件下建立起来的。由于卸荷与连续加载具有完全不同的应力路径,两者所引起的岩体的损伤和断裂,无论在力学机理还是在力学响应上都有很大差异,故此沿用连续加载强度理论来预测工程岩体在开挖卸荷作用下的力学特性及其稳定性,显然是不切实际的。目前,已有一些学者对岩体卸荷问题开展了研究,并取得了较多的研究成果[21~26]。

在此利用扰动状态概念理论,分析岩体卸荷破坏的特点,从而建立起一个反映岩体卸荷特性的本构模型。同时在真三轴应力状态下对红砂岩及岩体模型试样进行卸荷破坏试验,并检验建立的扰动状态本构模型。

1. 本构模型

1)相对完整状态

岩体工程的实践和有关试验研究表明,大多数类型的岩体在通常工程条件下的变形和强度特征,都属于脆性破坏。据此,假定岩体中有一部分处于相对完整、没有发生扰动的状态,并且这部分为各向同性的弹性介质。于是,将相对完整状态定义为线弹性模型,其本构方程为

$$\sigma_e^i = k\varepsilon_e^i \tag{3.47}$$

式中,ε_e^i 因变形协调的假定,即为应变强度 ε_e,可由试验测得的三个方向应变计算得出;σ_e^i 为相对完整状态下的应力强度值;k 为应力-应变曲线的斜率,即各岩体试

样的 3 倍剪切模量 $3G^i$，G^i 是常量，可由试验等方法确定。

所以，相对完整状态本构方程可进一步表达为

$$\sigma_e^i = 3G^i\varepsilon_e^i \tag{3.48}$$

由于所建立的扰动状态概念模型是针对真三轴应力状态下试样的卸荷破坏试验，如果在三个应力方向都进行分析将十分复杂，故利用应力强度 σ_e 和应变强度 ε_e 来进行简化分析。

$$\sigma_e = \frac{1}{\sqrt{2}}\sqrt{(\sigma_1-\sigma_2)^2+(\sigma_2-\sigma_3)^2+(\sigma_3-\sigma_1)^2} \tag{3.49}$$

$$\varepsilon_e = \frac{\sqrt{2}}{3}\sqrt{(\varepsilon_1-\varepsilon_2)^2+(\varepsilon_2-\varepsilon_3)^2+(\varepsilon_3-\varepsilon_1)^2} \tag{3.50}$$

2）完全调整状态

材料的完全调整状态可以用临界状态来定义。实际情况中，如果材料处在临界状态，它还能够承担一部分强度，但是这一部分强度的大小要小于实际所观测到的变形材料的强度。根据试验及数据处理的经验可以选择某一应力值作为材料临界状态的应力值来定义材料的完全调整状态。在确定了相对完整和完全调整两个基准状态后，则可通过扰动函数将两种状态联合起来表示变形材料实际的观测状态。

3）扰动函数

扰动函数的选择可依据试验中便于测量的量来定义。在此，扰动函数 D 被定义为

$$D = \frac{\sigma_e^i - \sigma_e^a}{\sigma_e^i - \sigma_e^c} \tag{3.51}$$

这样，所建立的扰动状态概念模型可通过图 3.8 表示。

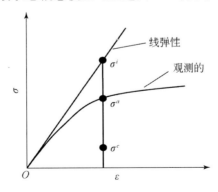

图 3.8　RI 状态为线弹性的扰动状态模型示意图

4)应力强度增量方程的推导

由扰动函数 D 的定义式(3.51),可得

$$\sigma_e^a = (1-D)\sigma_e^i + D\sigma_e^c \tag{3.52}$$

对上式微分,得

$$\mathrm{d}\sigma_e^a = (1-D)\mathrm{d}\sigma_e^i + D\mathrm{d}\sigma_e^c + \mathrm{d}D(\sigma_e^c - \sigma_e^i) \tag{3.53}$$

这样,应用增量方程(3.10)式就可以计算依据扰动状态概念的理论应力值。

2. 岩石及岩体模型的卸荷破坏试验

1)试样及试验设备

试样为红砂岩岩样和岩体模型试样。尺寸均为 100mm×100mm×200mm 的长方体。红砂岩岩样是取自四川峨眉地区白垩系地层的红砂岩,具有层理,但不发育。岩样新鲜、致密,无宏观裂隙和气孔并以 R 编号。

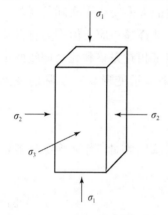

图 3.9　试样加载示意图

岩体模型试样为水泥砂浆试样,其成分为:标号 425 的水泥、成都产灰细砂及水。配比为 1∶2∶0.5。试样按裂隙的不同进行了如下分类:完整岩体模型试样,用 P 表示;单裂隙岩体模型试样,裂隙长均为 74mm,裂隙与横截面方向分别成 0°、30°、60°和 90°,分别以 A、B、C 及 D 表示;双裂隙岩体模型试样,裂隙长均为 60mm,裂隙与横截面方向成 60°(或 120°),分别平行、相交,以 E 及 F 表示。

试验前,各试样均在 110℃的烘箱中干燥 24h 以上。试样加载状况见图 3.9,试样具体状态详见表 3.7。

表 3.7　各类裂隙岩体模型试样及其单轴抗压强度

试样编号	试样剖面形态	试样中裂隙水平倾角/(°)	裂隙长度/mm	单轴抗压强度 σ_c/MPa
R	▯	—	—	42.40
P	▯	—	—	15.39
A	▭—	0	74	15.05

续表

试样编号	试样剖面形态	试样中裂隙水平倾角/(°)	裂隙长度/mm	单轴抗压强度 σ_c/MPa
B	/	30	74	13.4
C	/	60	74	11.2
D	|	90	74	15.15
E	//	60	60	11.7
F	X	60	60	11.4

试验设备主要由加载系统和量测系统组成。试样的轴压由试验机施加并控制,侧压由液压稳压器通过千斤顶施加及控制,由此可对试样施加三向不等应力,这与常规三轴试验中侧压相同相比,具有真正的三轴概念。轴向、横向及侧向位移由位移传感器量测,荷载、位移及声发射信号由两台双笔 x-y 函数记录仪分别绘出。图 3.10 为卸荷破坏试验的测试设备。

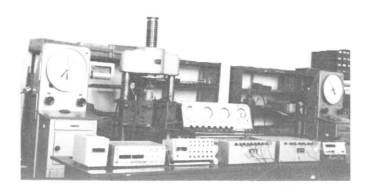

图 3.10 岩体卸荷破坏试验测试设备

2)试验结果分析

通过对试验数据的整理分析,得到卸荷状态下红砂岩和各种岩体模型试样典型的应力强度(σ_e)与应变强度(ε_e)关系曲线如图 3.11 所示。

在红砂岩和岩体模型卸荷试验中,依据扰动状态概念理论计算的应力强度(σ_e)的理论值和试验值与应变强度(ε_e)的关系见表 3.8 和图 3.12。

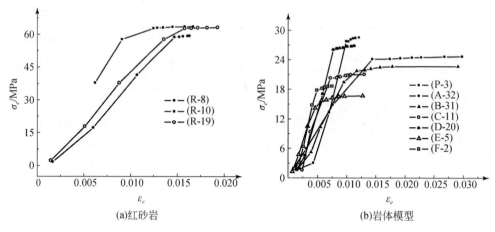

图 3.11   各种试样的典型 σ_e-ε_e 关系曲线

表 3.8   卸荷状态下典型试样应力强度的试验值和理论值及其扰动函数值

试样编号	ε_e /%	D	σ_e /MPa	
			试验值	理论值
R-10	1.25	0.3880	62.76	62.76
	1.29	0.4079	62.94	62.88
	1.35	0.4351	63.09	62.92
	1.45	0.4776	63.40	62.91
	1.58	0.5246	63.49	62.56
	1.67	0.5561	63.55	62.39
P-3	0.99	0.1852	27.78	27.78
	1.03	0.2201	27.77	27.73
	1.07	0.2407	28.13	28.06
	1.11	0.2661	28.37	28.26
	1.15	0.2935	28.45	28.31
	1.21	0.3281	28.55	28.34
A-32	1.44	0.4244	24.12	24.12
	1.74	0.5366	24.17	23.25
	1.92	0.5815	24.31	23.18
	2.12	0.6224	24.43	23.08
	2.28	0.6500	24.49	23.03
	2.68	0.7033	24.63	22.61
	2.98	0.7351	24.66	22.38

续表

| 试样编号 | $\varepsilon_e / \%$ | D | σ_e / MPa | |
			试验值	理论值
B-31	0.95	0.3702	19.46	19.46
	1.17	0.4285	21.77	21.40
	1.31	0.4954	21.89	21.25
	1.41	0.5292	22.2	21.45
	1.57	0.5764	22.48	21.50
	1.78	0.6281	22.61	21.32
C-11	0.72	0.3809	20.29	20.29
	0.83	0.4710	20.31	19.93
	0.89	0.5105	20.51	20.02
	0.98	0.5514	20.75	20.12
	1.02	0.5719	20.85	20.18
	1.07	0.5890	20.95	20.25
	1.30	0.6699	21.02	19.53
D-20	0.77	0.1500	26.12	26.12
	0.83	0.2091	26.34	26.22
	0.88	0.2596	26.43	26.20
	0.94	0.3123	26.5	26.16
	1.01	0.3582	26.79	26.32
	1.08	0.4046	26.82	26.23
	1.13	0.4342	26.89	26.23
E-5	0.46	0.2945	14.19	14.19
	0.57	0.3880	15.73	15.31
	0.65	0.4806	15.86	15.13
	0.75	0.5404	16.27	15.32
	0.86	0.6033	16.52	15.29
	0.96	0.6467	16.60	15.20
	1.27	0.7404	16.70	14.16
F-2	0.49	0.3956	17.80	17.80
	0.58	0.4983	18.16	17.64
	0.62	0.5211	18.40	17.84
	0.68	0.5688	18.54	17.82
	0.75	0.6131	18.61	17.72

　　由图 3.12 可以看出,理论和测试结果较为吻合,表明建立的基于扰动状态概念的岩体卸荷本构模型能够较好地描述岩体卸荷破坏过程的性态。

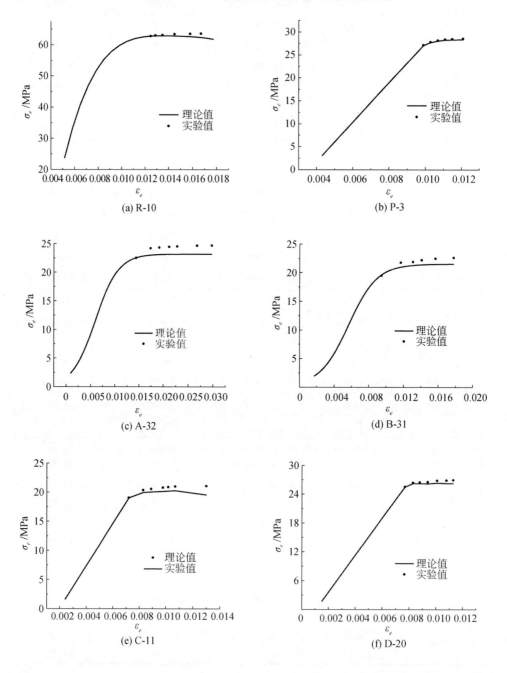

(a) R-10

(b) P-3

(c) A-32

(d) B-31

(e) C-11

(f) D-20

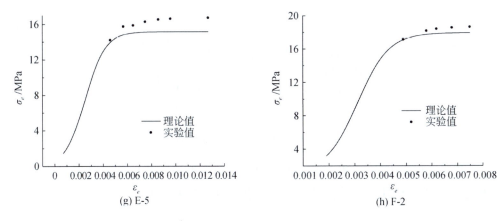

图 3.12 卸荷试验中典型试样应力强度理论值与试验值的对比

3.1.4 岩石疲劳的扰动状态概念本构模型

20 世纪 60 年代,低周应变疲劳性能的研究得到了发展。所谓低周疲劳是指疲劳应力接近或超过材料的屈服极限,有明显的塑性应变,其疲劳寿命比较短,一般低于 10^5 的循环。王德玲等[27]将扰动状态概念应用于岩石疲劳过程,并在岩石疲劳试验的基础上建立岩石疲劳扰动模型,由此推导出疲劳寿命预测方程。

1. 岩石疲劳的扰动状态模型

1)参考状态和疲劳扰动的测量

岩石疲劳试验中,不可逆变形表现出明显的 3 阶段发展规律:开始阶段变形发展较快,速率较大;经过一定的周期之后,疲劳变形增长速率较小,以等速率发展;临近破坏,速率又逐渐加大,变形快速发展。根据扰动状态概念,以第 1 次循环下反应的延伸部分作为相对完整状态,以疲劳破坏时的状态作为完全调整状态。疲劳扰动 D 表达为

$$D_p = \frac{\varepsilon^p - \varepsilon_0^p}{\varepsilon_F^p - \varepsilon_0^p} \tag{3.54}$$

式中,ε_0^p 表示疲劳开始时的累积塑性应变;ε_F^p 表示疲劳破坏时的累积塑性应变;ε^p 表示疲劳破坏过程中的累积塑性应变。

2)低周疲劳的塑性应变硬化

对所给的荷载和应力增量,可以定义两个屈服面 F_0 和 F_b(图 3.13)。F_0 是施加周期载荷前材料已存在与应力初始状态相应的原有屈服面,是最终的屈服面。

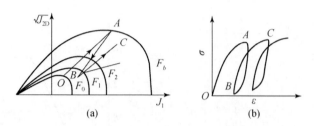

图 3.13   周期载荷下的屈服面

基于边界面方法,在循环荷载作用下,定义弹性极限的屈服面随循环次数扩展,这导致循环硬化。计算循环 i 末端的累积塑性应变 ξ_i 为

$$\xi_i = \xi_0 + \left(1 - \frac{1}{N^{h_c}}\right)(\xi_b - \xi_0) \tag{3.55}$$

式中, N 为循环次数; h_c 为循环硬化参数,它控制循环 i 的屈服面 F_i 的扩张。若 h_c = 0,则没有循环硬化发生。若初始状态的累积塑性应变 ξ_0 = 0,则

$$\xi_i = \left(1 - \frac{1}{N^{h_c}}\right)\xi_b \ 或 \frac{\xi}{\xi_b} = \frac{1}{N^{h_c}} \tag{3.56}$$

3)岩石的疲劳扰动演化方程

疲劳是一个扰动发展的过程,其失效可以被认为是扰动累积的结果。疲劳过程中,随着荷载进行,材料经过微结构的内部调整,逐渐从 RI 状态变化到 FA 状态。这些调整包含局部的不稳定或颗粒向 FA 状态的无序运动,如颗粒的转变、微裂纹的产生等,扰动逐渐累积。如何处理扰动的累积,是疲劳分析中的一个重要问题。

根据岩石的疲劳试验发现,扰动的累积是非线性的,扰动不仅依赖于 N/N_F (N_F 为疲劳寿命),而且与载荷参数(如应力上限、平均应力)相关。疲劳扰动的演化依赖于循环的最大载荷 σ_{max}、平均载荷 σ_{av}、当前的扰动 D、温度 T 等,即扰动随载荷的循环次数 N 的演化方程为

$$\frac{\mathrm{d}D}{\mathrm{d}N} = F(\sigma_{max}, \sigma_{av}, D, T, \cdots) \tag{3.57}$$

再者,低周疲劳伴随着塑性应变硬化。综合各因素,基于疲劳损伤曲线提出如下的扰动演化方程:

$$\mathrm{d}D = (1-D)^{a(\sigma_{max}, \sigma_{av})} \left[\frac{\sigma_{max} - \sigma_{av}}{b\sigma_{av}}\right]^{\beta} N^{-r} \mathrm{d}N \tag{3.58}$$

式中, N^{-r} 反映了累积塑性应变的影响; b、β 为材料参数;指数 α 与加载水平相关,如取为

$$\alpha = 1 - a \left\langle \frac{\sigma_{\max} - \sigma_R}{\sigma_u - \sigma_{\max}} \right\rangle \frac{\sigma_{av}}{\sigma_u} \tag{3.59}$$

式中,〈 〉为 Heaviside 符号；a 为独立常数；σ_R 为岩石疲劳门槛值。疲劳门槛值是指岩石发生疲劳破坏的应力阈值。当应力上限低于门槛值时,岩石的轴向、环向和体积变形随着循环次数的增加趋于稳定,这样无论循环多少次岩石都不会破坏。

由于指数 α 与加载参数有关,扰动演变曲线是一个与应力上限、平均应力耦合的扰动分数 N/N_F 的函数,这种关系将导致非线性扰动累积。

就条件 $D|_{N=0}=0$,$D|_{N=N_f}=1$,对式(3.58)积分,得

$$D - 1 - \left[1 - \left(\frac{N}{N_f} \right)^{1-r} \right]^{\frac{1}{1-\alpha}} \tag{3.60}$$

根据试验数据进行曲线拟合,可确定参数 r 和 α ,见表 3.9。

表 3.9　砂岩疲劳试验数据和拟合参数

试件	应力比	疲劳寿命	$1-r$	$1/(1-\alpha)$
RS-5-1	0.3～0.85	508	0.21566	0.19572
RS-3-1	0.3～0.90	114	0.21762	0.33837

则 RS-5-1 扰动演变曲线为

$$D = 1 - \left[1 - \left(\frac{N}{N_f} \right)^{0.21566} \right]^{0.19572} \tag{3.61}$$

RS-3-1 扰动演变曲线为

$$D = 1 - \left[1 - \left(\frac{N}{N_f} \right)^{0.21762} \right]^{0.33837} \tag{3.62}$$

图 3.14 和图 3.15 所示为扰动演变曲线与试验数据之间的比较。

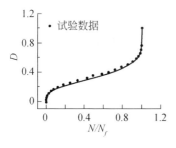

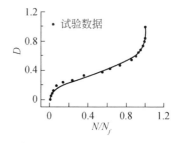

图 3.14　扰动演变曲线与试验数据　　　　图 3.15　扰动演变曲线与试验数据
　　　　（RS-5-1）　　　　　　　　　　　　　　　（RS-3-1）

2. 疲劳寿命预测岩石的疲劳扰动演化方程

设 $D|_{N=0}=D_0$，$D|_{N=N_f}=D_u$，对式(3.58)积分，得

$$\int_{D_0}^{D_u}(1-D)^{-\alpha}\mathrm{d}D=\left[\frac{\sigma_{\max}-\sigma_{av}}{b\sigma_{av}}\right]^{\beta}\int_0^{N_f}N^{-r}\mathrm{d}N \tag{3.63}$$

$$N_f^{1-r}=\frac{1-r}{1-\alpha\left[(1-D_0)^{1-\alpha}-(1-D_u)^{1-\alpha}\right]}\left[\frac{\sigma_{\max}-\sigma_{av}}{b\sigma_{av}}\right]^{-\beta} \tag{3.64}$$

若 $D|_{N=0}=0$，$D|_{N=N_f}=1$，则

$$N_f=\left[\frac{1-r}{1-\alpha}\left(\frac{\sigma_{\max}-\sigma_{av}}{b\sigma_{av}}\right)^{-\beta}\right]^{\frac{1}{1-r}}=\left[(1-r)\frac{\sigma_u-\sigma_{\max}}{a\langle\sigma_{\max}-\sigma_R\rangle}\frac{\sigma_u}{\sigma_{av}}\left(\frac{\sigma_{\max}-\sigma_{av}}{b\sigma_{av}}\right)^{-\beta}\right]^{\frac{1}{1-r}} \tag{3.65}$$

根据试验数据进行曲线拟合，可以确定材料参数 b、β。如根据表 3.9 中的数据，计算得 $b=1.2024$，$\beta=19.7429$。

应力比 0.3～0.85 的情况进行疲劳预测，预测疲劳寿命 $N_f=510$；对应力比 0.3～0.9 的情况进行疲劳预测，预测疲劳寿命 $N_f=114$。

3. 结论

(1)在经过应力峰值点后施加循环荷载，因 D_0 接近 D_u，由式(3.64)知疲劳寿命 N_f 值很小，明显比峰值前施加循环荷载时的疲劳寿命小，与试验结果相符合。

(2)若 $\sigma_{\max}<\sigma_u$，由式(3.59)得 $a=1$，从而 $N_f=\infty$。即当应力上限低于门槛值时，岩石的轴向、环向和体积变形随着循环次数的增加趋于稳定，这样无论循环多少次岩石都不会破坏。

(3)若 $\sigma_{\max}=\sigma_u$，由式(3.64)得 $N_f=0$，即应力上限等于应力峰值时，疲劳寿命非常小，接近于零，这是另一种极限情况。

(4)若应力上限 $\sigma_{\max}$ 增大，疲劳寿命 N_f 减小，与试验规律相符合。

(5)若平均应力增大，疲劳寿命 N_f 减小，与试验规律相符合。

综上所述，扰动状态概念可以模拟工程材料在周期荷载作用下的反应，基于扰动状态概念建立的岩石疲劳扰动模型能较好地反映疲劳扰动的非线性累积；由此推导的疲劳寿命方程与试验结果相符。

3.1.5　高温岩石的扰动状态概念分析模型

温度是影响岩石物理力学性能的重要因素，诸多岩石工程都涉及高温岩石问

题,如深部矿产资源的开采、煤炭的地下气化、高放射性核废料的深地层处置、地热资源的开发以及石油的三次开采等工程,都与高温下岩石的物理力学性质有关。因此,探究高温对岩石的作用机理,掌握高温下岩石的物理力学特性,就显得尤为迫切与必要。目前,高温下岩石物理力学特性的研究已成为岩石力学研究的重要方向[28]。

在此,基于扰动状态理论,建立了单轴压缩下高温岩石的扰动状态本构模型,并通过单轴压缩下花岗岩的高温试验检验该本构模型。

1. 单轴压缩下高温岩石的扰动状态本构模型

受温度作用时,岩石内部产生热应力,岩石内不可避免地会产生大量的细观裂纹,并随着温度的升高而逐渐扩展,致使弹性模量下降。由此表明温度对岩石造成了损伤,弹性模量是温度的函数,因此从弹性模量的变化现象出发,将其作为一个变量加入到扰动函数 D 的表达式中,来表征温度对岩石力学性能的影响是可行的。为描述岩石受温度作用下扰动函数的变化状况,假定岩石为连续介质且各向同性,则可将单轴下高温岩石的扰动函数定义为[29]

$$D = \frac{E(T)}{E_0} \frac{\sigma^i - \sigma^a}{\sigma^i - \sigma^c} \tag{3.66}$$

式中, D 是扰动函数; E_0 是常温下的弹性模量;应力张量的上标 a、i 和 c 分别表示观测、相对完整状态和完全调整状态; $E(T)$ 是与温度相关的弹性模量,其具体表现型式,可通过弹性模量 E 与温度 T 的关系拟合得到。

高温下岩石的扰动状态本构模型仍为式(3.41)的形式。

2. 高温下花岗岩弹性模量特性试验

1) 岩样及其制备

高温压缩试验所用花岗岩取自山东临沂,其成分主体是长石,有部分闪石、石英和少量其他矿物。花岗岩的平均密度为 2.92g/cm³。岩样加工严格按照国际岩石力学学会推荐试验标准,制作成 $\phi 20\text{mm} \times 45\text{mm}$ 的圆柱体,岩样致密、无宏观裂隙和气孔。

岩样按常温(20℃)、200℃、400℃、600℃和 800℃分为 5 个温度组,共 27 个岩样。

2) 试验设备

花岗岩高温试验使用美国 MTS 系统公司生产的 MTS 810 材料测试系统(图

3.16)。该机配有高温环境炉 MTS 653.04(图 3.17),其温度控制范围为 100~1400℃,精度±1℃,升温速度 100℃/min,达到最高温度时间<15min。

图 3.16　MTS 810 材料测试系统

图 3.17　高温环境炉 MTS 653.04

3)试验过程与方法

(1)首先按温度段分组并对所有岩样进行编号。每组岩样数目初步设定为3～5个,若某组试验数据过于离散则增加岩样的测试数量。

(2)当岩样升温至指定温度后,在该温度下保持恒温 15min,然后再进行单轴压缩破坏试验。

(3)对高温下花岗岩单轴压缩试验过程中的各相关参量进行记录与整理。

单轴压缩试验采用位移控制模式,其变形速率为 0.003 mm/s。

4)高温下花岗岩弹性模量的变化特征

通过试验数据整理,获得高温下花岗岩的弹性模量随温度的变化关系如图3.18 所示[30]。

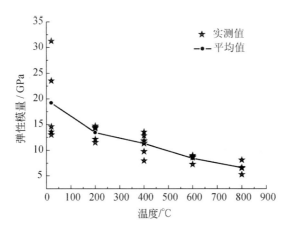

图 3.18　高温下花岗岩的弹性模量与温度的关系

从图 3.18 可以看出,花岗岩的弹性模量随温度的变化具有较强的规律性,即花岗岩的弹性模量总体随温度升高而下降。从常温至 800℃高温作用下花岗岩的平均弹性模量由最高点降为最低,即其平均弹性模量由常温的 19.184GPa 下降为6.639GPa,降幅达 65.39%。这表明高温作用下花岗岩的力学性能呈现出连续劣化的趋势。

3. 验证与对比分析

1)扰动函数 D 的表达式

为获取扰动函数 D 表达式,必须先确定 $E(T)$ 的具体表达式。为此,对试验中不同温度组下花岗岩弹性模量 E 与温度 T 的散点图进行拟合,并假定其为三次多项式形式,即

$$E(T) = a_0 T^3 + b_0 T^2 + c_0 T + d_0 \qquad (3.67)$$

式中,T 表示温度;a_0、b_0、c_0、d_0 均为材料常数。

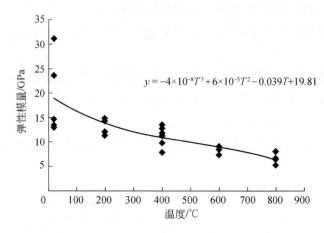

图 3.19　高温下花岗岩弹性模量与温度的拟合曲线

将图 3.19 中的拟合曲线作归一化处理,可得

$$a_0 = -4 \times 10^{-8}, \quad b_0 = 6 \times 10^{-5}, \quad c_0 = -0.039, \quad d_0 = 19.81$$

由此可得扰动函数表达式为

$$D = \left(\frac{-4 \times 10^{-8} T^3 + 6 \times 10^{-5} T^2 - 0.039 T + 19.81}{E_0} \right) \frac{\sigma^i - \sigma^a}{\sigma^i - \sigma^c} \qquad (3.68)$$

2)验证与对比

基于建立的高温岩石扰动状态概念模型,对不同高温花岗岩在单轴压缩下的应力-应变关系进行理论计算,并与试验结果进行了对比分析。

其计算方法同 3.1.2 小节。

在式(3.41)中,σ_1^i 为理论观测值,其初始值为岩石处于相对完整状态时的试验观测值,σ_1^a 的值由式(3.41)通过迭代计算得到;扰动函数 D 由式(3.68)计算确定;其中 σ_1^c 的值可根据应力-应变曲线中岩样临近破坏时应变梯度变化较大点处的应力值来确定,经过对各试验曲线的分析,山东临沂花岗岩在常温(20℃)下 σ_1^c 的值取为 50MPa,E_0 的值取为 19GPa。

通过计算出高温花岗岩的理论应力值,可将不同温度下花岗岩的应力-应变关系理论曲线与试验曲线绘于图 3.20 中。

图 3.20 表明,采用温度扰动因子所建立的增量型岩石扰动状态概念本构模型是合适的,在描述应力-应变关系方面,理论曲线与试验曲线相比较为接近,能够基本反映其力学性态。

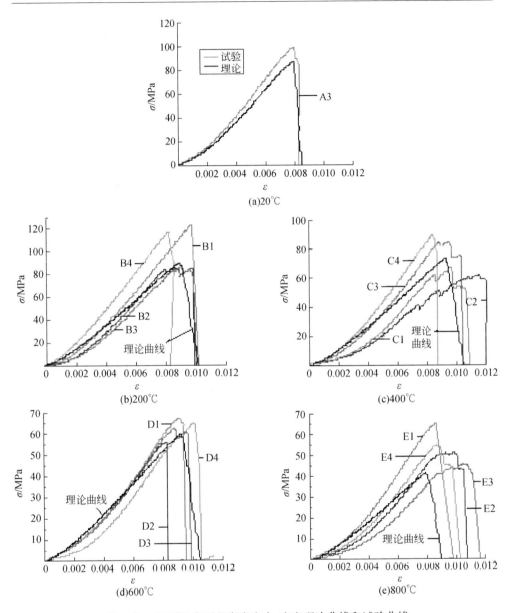

图 3.20　不同温度下花岗岩应力-应变理论曲线和试验曲线

从图 3.20 也可以看出,理论曲线与试验曲线还存在一定偏差,这既有理论模型本身的原因,也有试验误差方面的原因。因此,利用扰动状态概念建立更符合高温岩石实际的本构模型,还需要做更多的、深入的研究。

3.2 扰动状态概念在土力学中的应用

3.2.1 饱和软黏土的扰动状态本构模型

长期以来,关于土的本构关系的研究一直是土力学研究的一个中心问题,但至今仍未有很好的理论。Desai 提出的扰动状态概念为工程材料提供了一种统一的本构模拟方法。近年来,DSC 理论已较为系统化,并逐步应用和推广与各个领域。尤其在上海地区,大量的工程都建筑在软黏土地基上,研究软黏土的工程力学特性具有重要的理论意义和应用价值。作者等提出一个基于 DSC 理论的饱和软黏土本构模型,并通过试验进行了验证[31]。

1. 饱和黏土的 DSC 模型

1)饱和黏土的 RI 状态和 FA 状态

在 DSC 理论中,基准状态(RI 和 FA 状态)的确定是非常重要的。DSC 理论允许根据室内或现场试验的实际情况以及所研究问题的需要,采用适当的方式来定义两种基准状态[1]。为了简化问题并考虑到试验条件,假设:①饱和软黏土的 RI 状态为弹性状态;②饱和软黏土的 FA 状态为材料破坏的极限状态。根据以上假设,即可用传统的弹性理论和 DSC 理论对饱和软黏土的力学特性进行研究。

2)扰动函数

在 DSC 中,材料的观测响应可根据材料的两种基准状态响应通过扰动函数 D 来表达。D 取决于材料的塑性变形、初始条件、温度以及含水量等,可通过材料的相关参量来描述,如应力变关系、波速、孔隙水压力、有效应力、孔隙率等,因此 D 具有不同的函数形式。

对于饱和多孔介质,Desai 基于有效应力原理结合 DSC 理论将扰动函数定义为

$$D_p = \frac{p_w}{p^i} \tag{3.69}$$

式中,D_p 为以孔隙水压力表示的扰动函数;p_w 为实测孔隙水压力;p^i 为初始围压。

根据上述对饱和软黏土的 FA 状态的假定以及试验的终止条件,在式(3.69)基础上定义扰动函数为

$$D = \alpha \frac{p_w}{\sigma_3} \tag{3.70}$$

式中，α 为待定常数；σ_3 为土的固结压力。

3）本构模型

由前面对饱和软黏土的假设，在某一围压下，土的应力-应变关系可以表示为

$$\varepsilon = \frac{\sigma}{E^a} = \frac{\sigma}{E^i(1-D)} \tag{3.71}$$

式中，E^a 为土的观测弹性模量；E^i 为初始弹性模量，即土处于 RI 状态时的弹性模量。

则基于 DSC 的土本构关系可表示为

$$E^a = \frac{\sigma_1 - \sigma_3}{\varepsilon} = E^i(1-D) = E^i\left(1 - \alpha\frac{p_w}{\sigma_3}\right) \tag{3.72}$$

初始弹性模量与土样的围压有关，Duncan-Chang 模型等经典理论都曾给出推荐关系式，在此假定两者呈线性关系为

$$E^i = A\sigma_3 + Bp_a \tag{3.73}$$

式中，A、B 为待定常数，可通过试验确定；p^a 为大气压力。

由式（3.72）和式（3.73），可得

$$\frac{\sigma_1 - \sigma_3}{\varepsilon} = (A\sigma_3 + Bp_a)\left(1 - \alpha\frac{p_w}{\sigma_3}\right) \tag{3.74}$$

式（3.74）即为基于 DSC 理论的软土应力-应变关系式。

2. 上海地区黏土的试验研究

在上海地区，埋深为 8～24m 的淤泥质粉质黏土、淤泥质黏土和黏土层具有含水量高、压缩性高和强度低的特点，是浅基础产生沉降的主要压缩层。在此主要对淤泥质黏土和黏土的力学特性进行了分析。试验土样为原状饱和软黏土，取自上海浦东某工地，土样的基本物理力学指标如表 3.10 所示。

表 3.10　土样的基本物理指标

层号	名称	含水量/%	孔隙比	密度/(g/m³)	比重	液限/%	塑限/%	土样埋深/m
④	淤泥质黏土	52.43	1.73	1.41	2.74	44.04	23.27	13.5～15.0
⑤	黏土	39.51	1.79	1.13	2.73	39.46	22.27	19.0～21.0

为确定软黏土的 D 及相关参数，分别取不同周围压力进行固结不排水三轴剪切试验。试验所得的淤泥质黏土和黏土的应力-应变关系曲线以及孔隙水压力-应

变曲线如图 3.21 和图 3.22 所示。

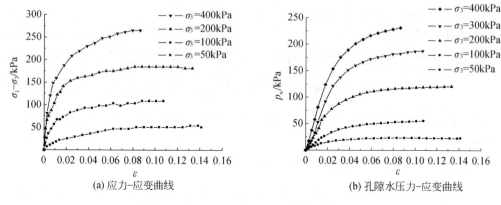

图 3.21　淤泥质黏土试验结果

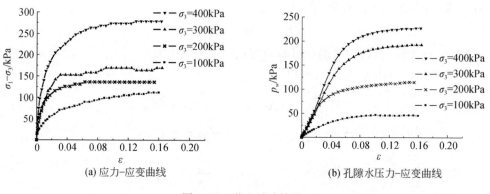

图 3.22　黏土试验结果

由图 3.21 和图 3.22 可见,饱和黏土的应力-应变呈双曲线关系,应变随应力的增大而增大,当应力超过一定值时,应变值增大较快,同时弹性模量随应变增大而不断减小。孔隙水压力的增长在加载初期较快,随着应变增大而开始变慢,最后逐渐趋于稳定。

3. 模型的验证

基于 DSC 理论,分析了淤泥质黏土和黏土的观测弹性模量 E^a 和孔隙水压力-围压的比值 p_w/σ_3 的关系,并对之进行线性拟合分析,从而得到式(3.71)中的 E^i 和 α 的值,如表 3.11 所示。

表 3.11　淤泥质黏土和黏土在不同围压下的 E^a 和 p_w/σ_3 的关系分析结果表

围压/kPa	淤泥质黏土				黏土			
	E^i/MPa	αE^i/MPa	α	R^2	E^i/MPa	αE^i/MPa	α	R^2
50	2.595	4.328	1.668	0.967	—	—	—	—
100	8.773	14.488	1.651	0.964	5.216	9.579	1.836	0.916
200	16.623	25.190	1.515	0.953	13.385	22.472	1.679	0.951
300	19.170	26.559	1.385	0.992	10.763	15.353	1.426	0.908
400	25.634	40.717	1.588	0.936	15.214	23.529	1.547	0.949

由表 3.11 可知，土的观测弹性模量 E^a 和 p_w/σ_3 的线性相关性较好，相关系数（R^2）基本能达到 0.9 以上，证明此部分所定义的与孔隙水压力线性相关的扰动函数能较好地描述软黏土的力学响应。

根据表 3.11 中的数据可以分析淤泥质黏土和黏土的初始弹性模量 E^i 和围压 σ_3 的关系如图 3.23 和图 3.24 所示，从而得到式（3.70）中的待定参数 A、B 的值。

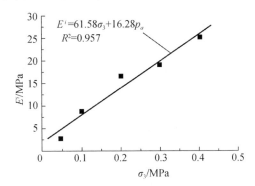

图 3.23　淤泥质黏土初始弹性模量分析

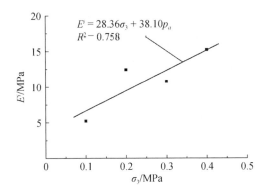

图 3.24　黏土初始弹性模量分析

由此可得,用 DSC 分析的上海地区软黏土的应力-应变关系,即式(3.74),其有关参数如下。淤黏土:$\alpha=1.39\sim1.67$,$A=61.58$,$B=16.28$;黏土:$\alpha=1.43\sim1.84$,$A=28.36$,$B=38.10$。

上述的检验分析表明,基于 DSC 的本构模型能较好地描述软黏土的力学响应。

由图 3.23 和图 3.24 可进一步看出:提出的 DSC 模型适用于分析较均质的淤泥质黏土;而对黏土,理论与试验结果误差相对较大。其原因在于黏土具有较明显的非线性特性,如采用 DSC 的非线性方法进行分析会更符合实际。

4. 结论

(1)在 DSC 理论的基础上,提出了一个关于饱和软黏土的本构模型,该模型的表达式简洁明了,便于应用。

(2)通过上海地区饱和软黏土的试验研究,检验了所提出的模型,并确定了淤泥质黏土和黏土的模型参数。结果表明提出的 DSC 本构模型能有效地描述软黏土的力学响应。

(3)理论分析和试验结果表明,孔隙水压力是反映饱和软黏土受扰动程度的一个重要参数。

(4)提出的本构模型能较好地反映淤泥质黏土的力学特性,但该模型对黏土的描述相对较差,还有待于进一步的研究。

3.2.2　结构性黏土的扰动状态本构模型

基于目前结构性黏土本构模型研究中存在诸多问题,所以有必要采用一种有效可行的本构模型来描述土体结构的扰动过程。王国欣等[32]引入由 Desai 创立的扰动状态概念,并在其基础上对其关键参数——扰动函数进行了补充,增加了体积应变的影响,使扰动函数更能符合土体的力学性质,由此建立了结构性黏土的本构模型,它能较好地描述结构性黏土的扰动变形过程,对土体的强化或损伤都能较好地进行表示。最后通过常规三轴剪切试验、单向压缩试验等试验手段说明了模型参数的确定方法,并用杭州海积软黏土为试验对象对模型进行了检验。

1. 结构性黏土扰动状态模型的建立

1)相对完整状态

对于相对完整状态下的结构性黏土,土的结构基本上没有发生扰动,并考虑参数获取的简易性,可近似的采用弹性模型。根据修正剑桥模型,土弹性增量矩阵形

式的本构关系式为

$$\begin{bmatrix} \mathrm{d}\varepsilon_v^i \\ \mathrm{d}\varepsilon_d^i \end{bmatrix} = \begin{bmatrix} \dfrac{1}{K} & 0 \\ 0 & \dfrac{1}{3G} \end{bmatrix} \begin{bmatrix} \mathrm{d}p' \\ \mathrm{d}q' \end{bmatrix} \tag{3.75}$$

式中,K 为体积模量;G 为剪切模量;分别可表示为

$$K = \frac{v^i p'}{K^i} \tag{3.76}$$

$$G = \frac{3(1-2v)K}{2(1+v)} = \frac{3(1-2v)v^i p'}{2(1+v)K^i} \tag{3.77}$$

$$v^i = 1 + e^i \tag{3.78}$$

$$e^i = e_0 - K^i \ln p' \tag{3.79}$$

式中,上标代表相对完整状态;K^i 为相对完整状态土在 e^i-$\ln p'$ 平面中的斜率,可由原状样在 e^i-$\ln p'$ 平面上初始弹性部分的斜率近似求得;v^i 为相对完整状态土的比容;e^i 为相对完整状态土的孔隙比;e_0 为土初始孔隙比;v 为泊松比;p' 为有效应力;q 为剪应力。

2)完全调整状态

但对于土体来说,作为一种特殊的有孔介质材料,不同于一般的固体材料,受力过程中具有明显的体积变化。因此,完全调整状态土体受力时除考虑剪切应变外,还应考虑体积应变。对于结构性黏土,完全调整状态的土力学性质可认为类似于重塑土。因此,建议采用修正的剑桥模型来描述完全调整状态的土。

修正剑桥模型的屈服面方程为

$$F = p'\left(1 + \frac{q^2}{M^2 p'^2}\right) - p_s' = 0 \tag{3.80}$$

式中,p_s' 隐含了硬化的意义。也可以写为

$$\frac{p'}{p_s'} = \frac{M^2}{M^2 + \eta^2} \tag{3.81}$$

式中,应力比 $\eta = \dfrac{q}{p'}$。对式(3.77)进行微分可得

$$\frac{\mathrm{d}p'}{q} + \frac{2\eta \mathrm{d}\eta}{M^2 + \eta^2} - \frac{\mathrm{d}p_s'}{p_s'} \tag{3.82}$$

即

$$\frac{M^2 - \eta^2}{M^2 + \eta^2}\frac{\mathrm{d}p'}{p'} + \left(\frac{2\eta}{M^2 + \eta^2}\right)\frac{\mathrm{d}q}{p'} - \frac{\mathrm{d}p_s'}{p_s'} \tag{3.83}$$

在剑桥模型中,假设土体是加工硬化材料,并服从相关联的流动规则,塑性势函数与屈服面函数相同,所以有

$$\frac{\mathrm{d}\varepsilon_d^p}{\mathrm{d}\varepsilon_v^p} = \frac{\partial F/\partial q}{\partial F/\partial p'} = \frac{2q}{M^2(2p'-p_s')} = \frac{2\eta}{M^2-\eta^2} \tag{3.84}$$

修正剑桥模型应力应变增量形式为体应变为

$$\mathrm{d}\varepsilon_v^c = \mathrm{d}\varepsilon_v^e + \mathrm{d}\varepsilon_v^p = \kappa\frac{\mathrm{d}p'}{v^c p'} + (\lambda-\kappa)\frac{\mathrm{d}p_s'}{v^c p_s'} \tag{3.85}$$

偏应变为

$$\mathrm{d}\varepsilon_d^c = \mathrm{d}\varepsilon_d^e + \mathrm{d}\varepsilon_d^p = \frac{2(1+v)}{9(1-2v)}\kappa\frac{\mathrm{d}q}{v^c p'} + \left(\frac{2\eta}{M^2+\eta^2}\right)(\lambda-\kappa)\frac{\mathrm{d}p_s'}{v^c p_s'} \tag{3.86}$$

$$v^c = 1 + e^c \tag{3.87}$$

$$e^c = e_0 - (\lambda-\kappa)\ln p_s' - \kappa\ln p' \tag{3.88}$$

式中,上标 c 代表完全调整状态;λ、κ 分别为完全调整状态土的压缩指数、回弹指数;e_0 为土的初始孔隙比(假定相对完整状态土和完全调整状态土具有相同的初始孔隙比)。

把式(3.83)代入式(3.85)、式(3.86)可得剑桥模型的弹塑性应力应变增量矩阵方程为

$$\begin{bmatrix} \mathrm{d}\varepsilon_v^c \\ \mathrm{d}\varepsilon_d^c \end{bmatrix} = \frac{1}{v^c(M^2+\eta^2)p'} \begin{bmatrix} \lambda M^2+(2\kappa-\lambda)\eta^2 & 2(\lambda-\kappa)\eta \\ 2(\lambda-\kappa)\eta & \frac{2(1+v)\kappa}{9(1-2v)}(M^2+\eta^2)+(\lambda-\kappa)\left(\frac{4\eta^2}{M^2-\eta^2}\right) \end{bmatrix} \begin{bmatrix} \mathrm{d}p' \\ \mathrm{d}q \end{bmatrix}$$

$$= \frac{2(\lambda-\kappa)\eta}{v^c(M^2+\eta^2)p'} \begin{bmatrix} \dfrac{\lambda M^2+(2\kappa-\lambda)\eta^2}{2(\lambda-\kappa)\eta} & 1 \\ 1 & \dfrac{2(1+v)\kappa}{9(1-2v)}\left(\dfrac{M^2+\eta^2}{2(\lambda-\kappa)\eta}\right)+\left(\dfrac{2\eta}{M^2-\eta^2}\right) \end{bmatrix} \begin{bmatrix} \mathrm{d}p' \\ \mathrm{d}q \end{bmatrix}$$

$$= K_f \begin{bmatrix} K_k & 1 \\ 1 & K_g \end{bmatrix} \begin{bmatrix} \mathrm{d}p' \\ \mathrm{d}q \end{bmatrix} \tag{3.89}$$

式中,$K_f = \dfrac{2(\lambda-\kappa)\eta}{v^c(M^2+\eta^2)p'}$;$K_g = \dfrac{2(1+v)\kappa}{9(1-2v)}\left[\dfrac{M^2+\eta^2}{2(\lambda-\kappa)\eta}\right]+\left(\dfrac{2\eta}{M^2-\eta^2}\right)$;

$K_k = \dfrac{\lambda M^2+(2\kappa-\lambda)\eta^2}{2(\lambda-\kappa)\eta}$。

3)扰动函数

扰动函数是描述材料从相对完整状态变为完全调整状态这个动态过程,对于

结构性黏土反映其结构逐渐破坏的过程,是建立结构性黏土扰动状态本构模型的关键所在。扰动函数一般表达如下:

$$D = \frac{M^c}{M^T} \tag{3.90}$$

式中,M^c 为达到完全调整状态(临界状态)材料的质量;M^T 为材料的总质量。式(3.90)定义 D 满足下列条件,当材料在相对完整状态时,$M^c = 0$,此时 $D = 0$;当材料完全调整状时,$M^c = M^T$,此时 $D = 1$,也就是说 D 满足 $0 \leqslant D \leqslant 1$ 这个条件。

土体的扰动不同于一般固体材料,它的扰动除包括偏应变扰动外,还应考虑体积应变扰动,假设土体体积应变的扰动只与体积应变相关,而土体偏应变的扰动只与偏应变相关。并引用 Desai 所建立的扰动函数的一般表达式,则有体积应变的扰动函数为

$$D_v = 1 - \exp(-A_v \varepsilon_v^{Z_v}) \tag{3.91}$$

偏应变的扰动函数为

$$D_d = 1 - \exp(-A_d \varepsilon_d^{Z_v}) \tag{3.92}$$

式中,A_v、Z_v、A_d 为材料参数。

4)扰动状态本构方程

因为土体的总变形为两种状态土体(相对完整状态和完全调整状态)的变形的叠加,所以有如下表达式

$$\varepsilon_{ij} = (1 - D_\varepsilon)\varepsilon_{ij}^i + D_\varepsilon \varepsilon_{ij}^c \tag{3.93}$$

对上式进行微分得扰动状态概念 DSC 增量方程为

$$\mathrm{d}\varepsilon_{ij} = (1 - D_\varepsilon)\mathrm{d}\varepsilon_{ij}^i + D_\varepsilon \mathrm{d}\varepsilon_{ij}^c + \mathrm{d}D_\varepsilon(\varepsilon_{ij}^c - \varepsilon_{ij}^i) \tag{3.94}$$

式中,ε_{ij} 为应变张量;D_ε 为扰动函数。

所以,基于扰动状态概念的结构性黏土应变增量方程如下。

体应变:

$$\mathrm{d}\varepsilon_v = (1 - D_v)\mathrm{d}\varepsilon_v^i + D_v \mathrm{d}\varepsilon_v^c + \mathrm{d}D_v(\varepsilon_v^c - \varepsilon_v^i) \tag{3.95}$$

偏应变:

$$\mathrm{d}\varepsilon_d = (1 - D_d)\mathrm{d}\varepsilon_d^i + D_d \mathrm{d}\varepsilon_d^c + \mathrm{d}D_d(\varepsilon_d^c - \varepsilon_d^i) \tag{3.96}$$

将式(3.75)、式(3.89)分别代入式(3.95)、式(3.96),可得基于扰动状态概念结构性黏土弹塑性本构关系式:

$$
\begin{bmatrix} \mathrm{d}\varepsilon_v \\ \mathrm{d}\varepsilon_d \end{bmatrix} = \begin{bmatrix} \dfrac{1-D_v}{K} + D_v K_f K_k & D_v K_f \\ D_d K_f & \dfrac{1-D_d}{3G} + D_d K_f K_g \end{bmatrix} \begin{bmatrix} \mathrm{d}p' \\ \mathrm{d}q \end{bmatrix} + \begin{bmatrix} \varepsilon_v^c - \varepsilon_v^i & 0 \\ 0 & \varepsilon_d^c - \varepsilon_d^i \end{bmatrix} \begin{bmatrix} \mathrm{d}D_v \\ \mathrm{d}D_d \end{bmatrix}
$$

$$\tag{3.97}$$

2. 扰动状态模型参数的确定

模型中共有 10 个参数,如表 3.12 所示,虽然参数较多,但所有的参数均易的通过单向压缩试验、常规三轴剪切试验获得。因为随着数值计算的发展,参数的多少已经成为制约模型应用的主要因素,而参数获取的简易性反而越来越受到重视,已成为能否成功推广一个模型实际应用的关键。

表 3.12   扰动状态模型中的材料参数

相对完整状态参数	完全调整状态参数	扰动状态参数
e_0、ν、κ^i	λ、κ、M	A_v、Z_v、A_d、Z_d

下面分别阐述一下各参数的确定方法。

1)相对完整状态参数的确定

初始孔隙比 e_0,通常可以认为是土的天然孔隙比,通过如下公式可求得:

$$e_0 = \frac{G_s(1+0.01w)}{\gamma} - 1 \qquad (3.98)$$

式中,G_s 为土颗粒比重;ω 为天然含水量;γ 为天然容重。

泊松比 ν 可通过三轴剪切试验确定。

κ^i 为相对完整状态土在 e^i-$\ln p'$ 平面中的斜率,可由原状样在 e-$\ln p'$ 平面上初始弹性部分的斜率近似求得。

2)完全调整状态参数的确定

M、λ、κ 分别为基于重塑土的修正剑桥模型的三个主要参数,各参数的求取如下。

对于参数 M,它相当于土体破坏时的 $\eta = \eta = \dfrac{q}{p}$。对于正常固结黏土,考虑到 $\dfrac{\sigma_1}{\sigma_3} = \dfrac{1+\sin\phi}{1-\sin\phi}$,通过三轴剪切试验,可由下式求得:

$$M = \frac{6\sin\phi}{3-\sin\phi} \qquad (3.99)$$

式中,φ 为土的内摩擦角。

对于参数 λ、κ,一般是通过三轴等向压缩和回弹试验确定的,不过考虑到试验的简便性,也可以通过单向压缩试验确定,求取公式如下:

$$\lambda = \frac{C_e}{2.303}, \quad \kappa = \frac{C_s}{2.303} \qquad (3.100)$$

式中, C_e、C_s 分别为重塑土在 $e\text{-}\ln p'$ 平面中压缩指数和回弹指数。

3)扰动函数参数的确定

参数 A_v、Z_v、A_d、Z_d 求取的方法如下。

体积应变扰动函数 D_v 和偏应变扰动函数 D_d 可由下面两式计算:

$$D_v = \frac{e^i - e^a}{e^i - e^c} \tag{3.101}$$

$$D_d = \frac{q^i - q^a}{q^i - q^c} \tag{3.102}$$

这样就可以得出在某一压力下,相对完整状态土、实际原状土、完全调整状态土分别对应的孔隙比,其中实际原状土的孔隙比可由单向压缩试验确定。

由此就可以得出在某一偏应变下,相对完整状态土、实际原状土、完全调整状态土分别对应的偏应力。

式(3.91)、式(3.92)可分别化为

$$\ln[-\ln(1-D_v)] = \ln A_v + Z_v \ln \varepsilon_v \tag{3.103}$$

$$\ln[-\ln(1-D_d)] = \ln A_d + Z_d \ln \varepsilon_d \tag{3.104}$$

这样就可以确定出参数 A_v、Z_v、A_d、Z_d。

3. 扰动状态模型检验

为了检验模型的合理性,下面以杭州海积软土为试验对象对模型加以检验。此模型虽然参数多达 10 个,但参数容易通过常规三轴剪切试验、单向压缩试验等获取。在以上试验的基础上得到杭州海积软土的试验参数如表 3.13 所示。

表 3.13　杭州海积软土的试验参数

参数	e_0	V	κ^i	λ	κ	M	A_v	Z_v	A_d	Z_d
值	1.13	0.432	0.01	0.13	0.08	1.31	1.57	1.10	1.27	0.51

模型采用常规三轴不排水剪切试验进行验证,试验可直接得到土的应力应变关系。然后分别对三种不同土的模型进行理论计算,即相对完整状态土模型、完全调整状态土模型、扰动状态土模型进行理论计算,获得它们的应力应变关系。下面具体说明一下各模型的计算过程。

在三轴不排水剪切试验条件下,剪切过程中体积没有发生变化,体应变增量 $\mathrm{d}\varepsilon_v = 0$,即体积应变扰动函数 $D_v = 0$,所以只需考虑偏应变引起的变形。

1)相对完整状态土模型计算

由式(3.75),得

$$d\varepsilon_d^i = \frac{1}{3G}dq = \frac{2(1+v)\kappa^i}{9(1-2v)v^i p'}dq = \frac{0.0234}{(2.13-0.011\ln p')p'}dq \quad (3.105)$$

积分并考虑初始条件可得

$$\varepsilon_d^i = \frac{1}{3G}q = \frac{0.0234q}{(2.13-0.011\ln p')p'} \quad (3.106)$$

2)完全调整状态土模型计算

由式(3.89),得

$$
\begin{aligned}
d\varepsilon_d^c &= \frac{2(\lambda-\kappa)\eta}{v^c(M^2+\eta^2)p'}dp' + \frac{2(\lambda-\kappa)\eta}{v^c(M^2+\eta^2)p'}K_g\left(\frac{\eta}{p'}dp'+d\eta\right) \\
&= \frac{2(\lambda-\kappa)\eta}{v^c(M^2+\eta^2)p'}\left(\frac{1+K_g\eta}{p'}dp'+K_g d\eta\right) \\
&= \frac{0.2\eta}{(2.13-0.13\ln p')(1.7161+\eta^2)}\left(\frac{1+K_g\eta}{p'}dp'+K_g d\eta\right) \quad (3.107)
\end{aligned}
$$

式中

$$K_g = \frac{2(1+v)\kappa}{9(1-2v)}\left[\frac{M^2+\eta^2}{2(\lambda-\kappa)\eta}\right]+\left(\frac{2\eta}{M^2-\eta^2}\right) = 0.07\frac{1.7161+\eta^2}{0.2\eta}+\frac{2\eta}{1.7161-\eta^2}$$

积分并考虑初始条件可得

$$
\begin{aligned}
\varepsilon_d^c &= \frac{1.538\eta}{1.7161+\eta^2}(1+K_g\eta)\ln(2.13-0.13\ln p') + \frac{0.07\eta}{2.13-0.13\ln p'} \\
&\quad + \frac{0.076}{2.13-0.13\ln p'}\left[\ln\left(\frac{1.31+\eta}{1.31-\eta}\right)-2\arctan\left(\frac{\eta}{1.31}\right)\right] \quad (3.108)
\end{aligned}
$$

3)扰动函数

由式(3.91),得

$$D_d = 1 - \exp(-A_d\varepsilon_d^{Z_d}) = 1 - \exp(-1.27\varepsilon_d^{0.51}) \quad (3.109)$$

4)扰动状态土模型计算

由式(3.93),得

$$
\begin{aligned}
\varepsilon_d &= (1-D_d)\varepsilon_d^i + D_d\varepsilon_d^c = \exp(-1.27\varepsilon_d^{0.51})\frac{0.0234}{(2.13-0.011\ln p')p'} \\
&\quad + [1-\exp(-1.27\varepsilon_d^{0.51})]\left\{\frac{1.538\eta}{1.7161+\eta^2}(1+K_g\eta)\ln(2.13-0.13\ln p')\right.
\end{aligned}
$$

$$+\frac{0.07\eta}{2.13-0.13\ln p'}+\frac{0.076}{2.13-0.13\ln p'}\left[\ln\left(\frac{1.31+\eta}{1.31-\eta}\right)-2\arctan\left(\frac{\eta}{1.31}\right)\right]\Big\}$$

$$(3.110)$$

根据以上计算所得的结果,分别画出三种不同土模型的应力应变曲线,如图 3.25 所示。

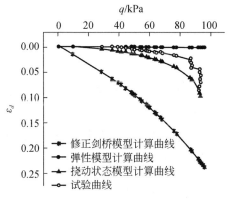

图 3.25　三种模型计算值与试验比较

从图 3.25 可以看出,扰动状态模型计算值与试验值最为吻合,而其他两个模型计算值均与试验值相差较大,说明扰动状态模型比其他两个模型在模拟结构性黏土的应力应变上更具优势。

4. 结论

通过引入扰动状态概念,并结合结构性黏土的性质,建立了一个可以考虑土结构性影响的本构模型,并对模型加以试验验证,可得出以下几点结论。

(1)土相对完整状态和完全调整状态分别用土弹性模型和修正剑桥模型表达,能够很好地描述土的力学行为,具有模型简单、参数容易求取等特点。

(2)在 Desai 的扰动函数表达式(只考虑了材料的偏应变)的基础上,增加了考虑土体体积应变对土体扰动的影响,这样从理论上更符合土体的力学性质。

(3)模型的主要参数可以简单地通过单向压缩试验和常规三轴剪切试验加以求取,有利于推广模型在实际工程中的应用。

(4)模型计算所得的结果在同一剪应力下比试验所得的结果偏大,总的来说计算所得的结果能满足工程实际的要求,但可能偏于保守。

3.2.3　结构性土的次塑性扰动状态模型

绝大多数天然土体都具有一定的结构性,这种结构性对土体的工程性质有着很大的影响,因而近几年来,人们开始加强对结构性模型的研究。周成等[33]在次塑性模型和扰动状态概念的基础上建立了一个描述结构性土动力变形特性的次塑性扰动状态模型。

1. 次塑性扰动状态模型

1) η 的定义

一个合理的模型应该既能反映单调荷载下的应力应变性状,也能反映复杂荷载下的变形特点,并且模型的参数应能通过常规试验确定。在此,首先在单调荷载条件下研究重塑土的应力应变性状,然后利用次塑性理论推广到复杂荷载,并同时结合扰动状态思想,从而建立次塑性扰动状态模型。需要说明的是,这里的应力指的是有效应力。通过定义偏应力比张量 $\gamma_{ij} = \dfrac{s_{ij}}{p}$,$\gamma_{ij} = \dfrac{s_{ij}}{p}$,把应力增量 $d\sigma_{ij}$ 分解成 $p d\gamma_{ij}$ 和 $\dfrac{\sigma_{ij} dp}{p}$ 两部分,以考虑应力应变特性在球应力分量和偏应力分量之间存在的交叉影响。首先定义 $\eta = \gamma_{ij}\alpha_{ij}$,$\alpha_{ij}$ 为与偏应力比增量矢量 $d\gamma_{ij}$ 同方向的矢量。在单调荷载下,$\eta = \dfrac{\gamma_{ij}\gamma_{ij}}{2} = \dfrac{2}{3}\dfrac{q}{p}$。

2) 单调荷载下的应力应变关系

把应变分成四部分:压缩引起的体积应变 ε_{vc}、剪切引起的体积应变 ε_{vs}、压缩引起偏应变 ε_{sc} 和剪切引起的偏应变 ε_{ss}。在一维或等向压缩试验中有

$$\begin{cases} d\varepsilon_{ve} = \dfrac{0.434 C_c}{1+e_0}\dfrac{dp}{p} = \dfrac{dp}{K_c}, & \text{加荷} \\[3mm] d\varepsilon_{vc}^e = \dfrac{0.434 C_s}{1+e_0}\dfrac{dp}{p} = \dfrac{dp}{K_s}, & \text{卸荷} \end{cases} \tag{3.111}$$

可通过 $\Delta\varepsilon_2 = \Delta\varepsilon_3 = 0$,$\Delta\varepsilon_v = \Delta\varepsilon_s = \Delta\varepsilon_1$,得到由压缩引起的偏应变为

$$\begin{cases} d\varepsilon_{sc} = \dfrac{\eta}{\eta_0}\dfrac{dp}{K_c}, & \text{加荷} \\[3mm] d\varepsilon_{sc}^e = \dfrac{\eta}{\eta_0}\dfrac{dp}{K_s}, & \text{卸荷} \end{cases} \tag{3.112}$$

式中，η_0 为静止侧压力系数。在等球应力剪切中，可以认为

$$\varepsilon_{ss} = \frac{a\eta}{\eta_f - \eta} \qquad (3.113)$$

式中，a 为初始剪切模量的倒数。η_f 为破坏偏应力比，可认为 η_f 随剪切过程中的孔隙挤密而线性增大，即

$$d\eta_f = c_f d\varepsilon_{vs} \qquad (3.114)$$

式中，c_f 为 η_f 的增长系数。式(3.109)的增量形式为

$$d\varepsilon_{ss} - \frac{a}{\eta_f - \eta^3}(\Delta\eta_f - c_f\eta dc_{vs}) \qquad (3.115)$$

通过引入线性剪胀率：

$$\frac{d\dot{\varepsilon}_{vs}}{d\varepsilon_{ss}} = \frac{1}{\lambda}(\eta_d - \eta) \qquad (3.116)$$

式中，λ 和 η_d 为剪胀参数。可以把式(3.111)整理为

$$d\varepsilon_{ss} = \frac{a}{g}d\eta \qquad (3.117)$$

从而有

$$d\varepsilon_{vs} = \frac{a}{g}\frac{(\eta_d - \eta)}{\lambda}d\eta \qquad (3.118)$$

式中，$g = \frac{(\eta_f - \eta)^2}{\eta_f^2} + \frac{ac_f\eta}{\eta_f^2}\frac{\eta_d - \eta}{\lambda}$。至此，单调荷载下重塑土的应力应变关系可以写为

$$d\varepsilon_v = \frac{dp}{K_c} + \frac{a}{g}\frac{\eta_d - \eta}{\lambda}d\eta \qquad [3.119(a)]$$

$$d\varepsilon_s = \frac{dp}{K_c}\frac{\eta}{\eta_0} + \frac{a}{g}d\eta \qquad [3.119(b)]$$

在上述情况下，考虑到压缩参数 C_c 和剪切参数 a 均应随孔隙比的减小而减小，因而建议：$C_c = C_{co}\exp(-b_2\varepsilon_s^p)$，$a = a_0\exp(-c_2\varepsilon_s^p)$，共有 a、K_c、K_s、λ、c_f、η_0、η_d、η_f 八个参数。

3)复杂荷载下的应力应变关系

为了把上述单调荷载下的应力应变关系推广到复杂荷载，需定义 α_{ij} 的显式。$\eta = \gamma_{ij}\alpha_{ij} = \|\gamma_{ij}\|\cos\alpha$，$\alpha$ 为当前偏应力比矢量 γ_{ij} 与偏应力比增量矢量 $d\gamma_{ij}$ 之间的夹角(应力偏转角)：

$$\cos\alpha = \frac{\sum\left[(\gamma_{ij}^n - \gamma_{ij0})\mathrm{d}\gamma_{ij}^n\right]}{\left[\sum(\gamma_{ij}^n - \gamma_{ij0})\sum(\mathrm{d}\gamma_{ij}^n)^2\right]^{0.5}}, \quad i \leqslant j \tag{3.120}$$

式中,γ_{ij0} 为初始偏应力比。为了保证复杂荷载下 η 为正,取 α_{ij} 的每一个元素都等于 $\cos\left(\dfrac{\alpha}{3}\right)$,故 $\eta = \|\gamma_{ij}\|\cos\left(\dfrac{\alpha}{3}\right)$ 恒大于 0。可以看出,应力偏转角 α 是用 n 时刻的偏应力比及偏应力比增量定义的。$\alpha=0°$:单调比例加载;$90°<\alpha<180°$:卸载;$\alpha=180°$:完全卸载;$\alpha=90°$:中性变载;$0°<\alpha<90°$:应力路经偏转。对 $\eta=\gamma_{ij}\alpha_{ij}$ 两边求导,得 $\mathrm{d}\eta = \alpha_{ij}\mathrm{d}\gamma_{ij} + \gamma_{ij}\mathrm{d}\alpha_{ij}$。在某一偏应力比 γ_{ij} 及其增量 $\mathrm{d}\gamma_{ij}$ 对应的第 n 时刻只发生了一次应力偏转,可认为在 n 时刻 $\mathrm{d}\alpha_{ij}=0$,从而 $\mathrm{d}\eta = \alpha_{ij}\mathrm{d}\gamma_{ij}$。至于 γ_{ij0} 暂不考虑其运动硬化,从而避免了引入次塑性模型的复杂化。

先把单调荷载下的应力应变划分为似弹性及塑性两部分。认为前者源于颗粒的滚动或转动,方向与应力增量的方向一致。后者不仅取决于颗粒的滑移变形,还与颗粒的滚动或转动变形相关。于是复杂荷载下结构性土的应力应变关系可写成

$$\mathrm{d}\varepsilon_v^e = A'\mathrm{d}p + \frac{Cw}{(1-w)p\alpha_{ij}\mathrm{d}\gamma_{ij}} \qquad [3.121(a)]$$

$$\mathrm{d}\varepsilon_{ij}^e = B'\mathrm{d}pn_{1ij} + \frac{Dw}{(1-w)pn_{1ij}\alpha_{kl}\mathrm{d}\gamma_{kl}} \qquad [3.121(b)]$$

$$\mathrm{d}\varepsilon_v^p = AD_c p\mathrm{d}p + CD_c p\alpha_{ij}\mathrm{d}\gamma_{ij} \qquad [3.121(c)]$$

$$\mathrm{d}\varepsilon_{ij}^p = BD_s p\mathrm{d}pn_{2ij} + DD_s pn_{ij}\alpha_{kl}\mathrm{d}\gamma_{kl} \qquad [3.121(d)]$$

式中

$$A = \frac{1}{pK_c'}, \quad B = \frac{\eta}{p\eta_0 K_c'}, \quad A' = \frac{1}{K_s}, \quad B' = \eta(\eta_0 K_s)$$

$$K_c' = \frac{K_c K_s}{K_s - K_c}, \quad C = \frac{\alpha\beta_2(1-w)(\eta_d - \eta)}{gp\lambda}, \quad D = a(1-w)(gp)$$

$$n_{1ij} = \frac{\mathrm{d}\gamma_{ij}}{(\mathrm{d}\gamma_{ij}\mathrm{d}\gamma_{ij})^{0.5}}, \quad n_{2ij} = \frac{\gamma_{ij}}{(\gamma_{ij}\gamma_{ij})^{0.5}}, \quad n_{ij} = \frac{n_{2ij}}{3} + \frac{2n_{1ij}}{3}$$

$$g = \frac{\eta_f - \eta}{gp\lambda} + \frac{ac_f\eta(\eta_d - \eta)}{\eta_f^2\lambda}$$

式中,β_2 的引入是为了模拟土体的卸荷剪缩,β_2 的取值为 $\alpha_{ij}\mathrm{d}\lambda_{ij}\geqslant0$ 时,$\beta_2=1$;$\alpha_{ij}\mathrm{d}\gamma_{ij}<0$ 且 $\eta\!<\!\eta_d$ 时,$\beta_2=-1$。w 为似弹性应变所占的比例,类似散粒体模型,取 $w=\dfrac{g}{2}$。

4)孔隙水压力模型

在上述的次塑性扰动状态模型的推导过程中,并没有像以前次塑性模型那样

定义 Macauley 符号⟨ ⟩。主要是考虑到在低于历史上最大应力值的球应力作用下，土体由于结构性的存在仍然会有体应变或孔压的发生。另外一点则主要是因为以前的次塑性模型受到既有应变孔压模型 $\Delta u = E_{ur}\Delta\varepsilon_v$ 采用回弹模量的影响。为了调和这种矛盾，将应变孔压模型写成 $\Delta u = (E_{ur}/b)\Delta\varepsilon_{vl}$ 。在不排水条件下，$\mathrm{d}\varepsilon_v = \mathrm{d}\varepsilon_v^e + \mathrm{d}\varepsilon_v^p = 0, \mathrm{d}u = -\mathrm{d}p$ ，因而有

$$\mathrm{d}u = K_c \frac{\beta(\eta_d - \eta)}{\lambda}\frac{a}{g}\alpha_{ij}\mathrm{d}\gamma_{ij} \qquad (3.122)$$

5)弹塑性损伤矩阵

式[3.121(a)]、式[3.121(b)]可以简写为

$$\mathrm{d}e_v - \frac{1}{3K}\mathrm{d}p \qquad [3.123(\mathrm{a})]$$

$$\mathrm{d}e_{ij}^e = \frac{1}{3G}\mathrm{d}s_{ij} \qquad [3.123(\mathrm{b})]$$

弹性矩阵为

$$D_{ijkl}^e = K\delta_{ij}\delta_{kl} + G\left(\delta_{ik}\delta_{jl} + \delta_{il}\delta_{jk} - \frac{2}{3}\delta_{ij}\delta_{kl}\right) \qquad (3.124)$$

利用 $\mathrm{d}\varepsilon_{ij}^p = \frac{1}{3}\mathrm{d}\varepsilon_v^p\delta_{ij} + \mathrm{d}e_{ij}^p$ ，得

$$\mathrm{d}\varepsilon_{ij}^p = \frac{1}{3}\frac{\mathrm{d}pD}{K_c'}\delta_{ij} + \frac{1}{3}\frac{aD_c(1-w)}{g}\frac{\beta_2(\eta_d-\eta)}{\lambda}\mathrm{d}\eta\delta_{ij}$$

$$\frac{\mathrm{d}pD_s}{K_c'}\frac{\eta}{\eta_0}n_{2ij} + \frac{aD_s(1-w)}{g}n_{ij}\mathrm{d}\eta \qquad (3.125)$$

再利用 $\mathrm{d}\varepsilon_{ij}^p = C_{ijkl}^p\mathrm{d}\sigma_{kl}$ ，从而给出塑性柔度矩阵 C_{ijkl}^p 的显式为

$$C_{ijkl}^p = \frac{D_c}{3K_c'}\delta_{ij}\frac{\partial p}{\partial\sigma_{kl}} + \frac{1}{3}\frac{aD_c(1-w)}{g}\frac{\beta_2(\eta_d-\eta)}{\lambda}\delta_{ij}\frac{\partial\eta}{\partial_{kl}}$$

$$\frac{D_s}{K_c'}\frac{\eta}{\eta_0}n_{2ij}\frac{\partial p}{\partial_{kl}} + \frac{aD_s(1-w)}{g}n_{ij}\frac{\partial\eta}{\partial_{kl}} = \left(\frac{D_c}{9}\delta_{ij} + \frac{\eta D_s}{3\eta_0}n_{2ij}\right)\frac{\delta_{kl}}{K_c'} \qquad (3.126)$$

$$+ \left[\frac{D_c\beta_2(\eta_d-\eta)}{3\lambda}\delta_{ij} + D_sn_{ij}\right]\frac{a(1-w)}{g}n_{ij}\frac{\partial\eta}{\partial_{kl}}$$

利用 $\mathrm{d}\varepsilon_{ij}^e = D_{ijkl}^{e-1}\mathrm{d}\sigma_{kl}$ ，$\mathrm{d}\varepsilon_{ij}^p = C_{ijkl}^p\mathrm{d}\sigma_{kl}$ ，$\mathrm{d}\varepsilon_{ij} = D_{ijkl}^{ep-1}\mathrm{d}\sigma_{kl}$ ，$\mathrm{d}\varepsilon_{ij}^e = \mathrm{d}\varepsilon_{ij} - \mathrm{d}\varepsilon_{ij}^p$ ，得

$$\mathrm{d}\sigma_{ij} = (I_{ijmn} + D_{ijkl}^eC_{klmn}^p)^{-1}D_{mnkl}^e\mathrm{d}\varepsilon_{kl} \qquad (3.127)$$

从而，弹塑性矩阵 D_{ijkl}^{ep} 可表示为

$$D_{ijkl}^{ep} = (I_{ijmn} + D_{ijkl}^{e}C_{klmn}^{p})^{-1}D_{mnkl}^{e1} \tag{3.128}$$

式中，I_{ijmn} 为四阶单位阵。也可以给出 D_{ijkl}^{ep} 的另一种张量表示形式：

$$D_{ijkl}^{ep} = D_{ijkl}^{e} - \frac{M_{ijkl}}{H} \tag{3.129}$$

$$H = \left(\frac{1}{2G} + Dn_{ij}\alpha_{ij}\right)\left(\frac{1}{K} + A\right) - C\left(\frac{1}{2G} + B\right)n_{2ij}\alpha_{ij} \tag{3.130}$$

$$
\begin{aligned}
M_{ijkl} = {} & 2GD\left[\left(\frac{1}{K} + A\right)n_{ij}\alpha_{kl} - \left(\frac{1}{2G} + B\right)n_{2ij}\alpha_{ij}n_{ij}\delta_{kl}\right] \\
& + GK\left[\left(\frac{1}{K} + A\right)\delta_{ij}\alpha_{kl} - \left(\frac{1}{2G} + B\right)n_{2ij}\alpha_{ij}\delta_{ij}\delta_{kl}\right] \\
& - 2GB\left[Cn_{2ij}\alpha_{kl} - \left(\frac{1}{2G} + Dn_{ij}\alpha_{ij}\right)n_{2ij}\delta_{kl}\right] \\
& - AK\left[C\delta_{ij}\alpha_{kl} - \left(\frac{1}{2G} + Dn_{ij}\alpha_{ij}\right)\delta_{ij}\delta_{kl}\right]
\end{aligned}
\tag{3.131}
$$

式中，$A = \dfrac{D_c}{pK_c'}$；$\quad B = \dfrac{\eta D_s}{p\eta_0 K_c'}$；$\quad C = \dfrac{aD_c(1-w)}{gp}\dfrac{\beta_2(\eta_d - \eta)}{\lambda}$；$\quad D = \dfrac{aD_c(1-w)}{gp}$。

2. 模型的验证

图 3.26 所示为次塑性扰动状态模型对结构性土在 100kPa 固结压力下的排水及不排水三轴剪切的算例模拟。所选用的参数为：$C_{c0} = 0.15, a_0 = 0.043, b_2 = 2$，$c_2 = 1.5, c_f = 1.5, \lambda = 0.6, \eta_d = 0.68, \eta_f = 0.98, b_1 = 40, c_1 = 60$。

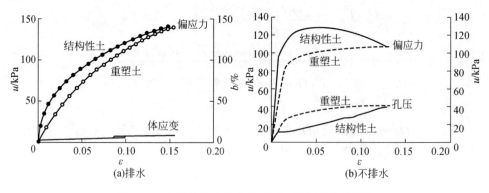

图 3.26　次塑性扰动状态模型对三轴压缩曲线模拟

从图 3.26 中可以看出，在单调荷载作用下，结构性土在初始阶段比重塑土具有更高的抗剪强度，随着结构的渐近破坏，结构性土逐渐趋向于重塑土的应力应变特性。

图 3.27 所示为对次塑性扰动状态模型关于结构性土在 100kPa 的常围压下卸

荷剪缩特性的数值模拟结果。所选用的参数为:$C_{c0} = 0.12, a_0 = 0.033, b_2 = 1.5,$ $c_2 = 2, c_f = 1.5, \lambda = 0.8, \eta_d = 0.78, \eta_f = 0.78, \eta = 0.65, b_1 = 30, c_1 = 20$。

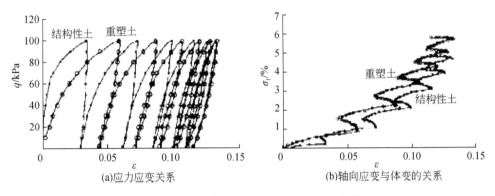

图 3.27　次塑性扰动状态模型对卸荷剪缩的模拟

从图 3.27 中可以看出,在加荷-卸荷-再加荷的循环过程中,结构性土的初始强度和变形模量都比重塑土高,卸荷剪缩的幅值也要小得多。但随着循环次数的增加与结构性的破坏,结构性土与重塑土的强度和变形差异越来越小,结构性土逐渐趋向于重塑土的变形特征。

图 3.28 为次塑性扰动状态模型对结构性土和重塑土关于不排水单向剪切和旋

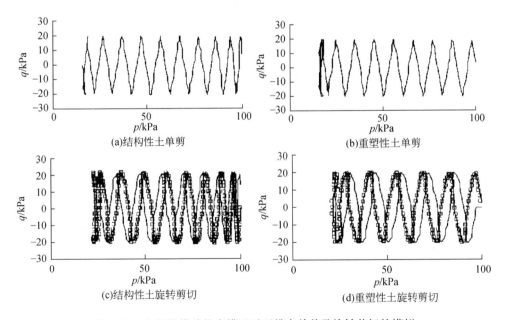

图 3.28　次塑性扰动状态模型对不排水单剪及旋转剪切的模拟

转剪切情况的模拟结果。旋转单剪是指在两个水平方向同时施加相位相差 90°的正弦剪应力。调整两个剪切分量的大小，可以得到圆形或椭圆形的加载路径。值得注意的是，在各向同性正应力条件下，圆形剪切路径是典型的旋转剪切。为此设置相位相差 90°的双向峰值等于 20kPa 的正弦剪应力及一个单向峰值等于 20kPa 的正弦剪应力来研究加载路径对 100kPa 固结压力作用下结构性土和重塑土应力应变特性的影响。所选取的参数为：$C_{c0} = 0.15, a_0 = 0.033, b_2 = 1.5, c_2 = 2, c_f = 1.5, \lambda = 1.2, \eta_d = 0.94, \eta_f = 1.34, \eta = 0.5, b_1 = 40, c_1 = 50$。

从图 3.28 中可以看出，在趋近剪胀线之前，孔隙压力在旋转剪切条件下发展的速率明显高于单向剪切条件下发展的速率。无论旋转剪切，还是单向剪切，结构性土的孔隙压力发展速率明显低于重塑土的发展速率。

3. 结论

通过引入扰动状态概念并基于次塑性理论建立了次塑性扰动状态弹塑性损伤模型，用来描述单调及复杂荷载作用下结构性土的强度和变形特性。通过对模型的分析可以看出，它可以退化为重塑土的边界面次塑性模型。该模型能很好地反映单调及循环荷载作用下结构性土的强度和变形特性。在次塑性扰动状态弹塑性损伤模型中定义与应力偏转角 α 相关的归一化应力比 η，不仅给出了次生各向异性的塑性模量场，而且得到了加卸荷矢量函数。这样，在把模型从单调荷载推广到复杂荷载时只需规定塑性应变的方向。加卸荷矢量函数的引入，使得按照由特殊（单调加载）到一般（复杂荷载）的思路建立的本构模型，无论从数学推导，还是模型本身的物理意义的诠释，都有着很大的参考价值。

参 考 文 献

[1] Desai C S. Mechanics of Materials and Interfaces—The Disturbed State Concept[M]. Boca Raton：CRC Press，2001.

[2] Wu G，Zhang L. Studying unloading failure characteristics of a rock mass using the disturbed state concept[J]. International Journal of Rock Mechanics and Mining Sciences，2004，41(2A 18)：1—7.

[3] Wu G，Zhang L. Disturbed state model for analysis of the constitutive relationship of sandstone under different strain rates[J]. Key Engineering Materials，2004，274-276：265—270.

[4] 王德玲，葛修润. 关于分级单屈服面模型的几个问题的探讨[J]. 岩土力学，2004，25(7)：1059—1062.

[5] 王德玲，葛修润. 岩石的扰动状态本构模型研究[J]. 长江大学学报(自然版)，2005，2(1)：

91—95.

[6]郑建业,葛修润,蒋宇,等.扰动状态概念方法的参数标定及应用初探[J].上海交通大学学报,2004,38(6):972—975.

[7]Varadarajan A,Sharma K G,Venkatachalam K,et al. Testing and modeling two rockfill materials[J]. Journal of Geotechnical and Geoenvironemental Engineering, 2003, 129(3): 206—218.

[8]何国梁.岩石的弹塑性扰动状态概念模型及岩石高温、循环冻融试验研究[D].上海:上海交通大学,2006.

[9]吴刚,何国梁.岩石的弹塑性扰动状态本构模型[J].河海大学学报(自然科学版),2008,36(5):663—669.

[10]Desai C S,Somasundaram S,Frantziskonis G. A hierarchical approach for constitutive modeling of geologic materials[J]. International Journal for Numerical and Analytical Methods in Geomechanics,1986,(10):225—257.

[11]吴刚,张磊.单轴压缩下岩石破坏后区的扰动状态概念分析[J].岩石力学与工程学报,2004,23(10):1628—1634.

[12]吴玉山,林卓英.单轴压缩下岩石破坏后力学特性的验研究[J].岩土工程学报,1987,9(1):23—31.

[13]肖中平.岩石全 σ-ε 曲线试验的新型加载途径[J].西南交通大学学报,1996,31(6):620—625.

[14]Joseph T G. Estimation of the post-failure stiffness of rock[D]. Edmonton:University of Alberta,2000.

[15]唐礼忠,王文星.一种新的岩爆倾向性指标[J].岩石力学与工程学报,2002,21(6):874—878.

[16]靖洪文.峰后岩石剪胀性能试验研究[J].岩土力学,2002,24(1):93—96,102.

[17]吴刚.工程材料的扰动状态本构模型(Ⅰ)—扰动状态概念及其理论基础[J].岩石力学与工程学报,2002,21(6):759—765.

[18]Desai C S,Toth J. Disturbed state constitutive modeling based on stress-strain and nondestructive behavior[J]. International Journal of Solids and Structures, 1996, 33(11): 1619—1650.

[19]卢应发,邱一平,吴玉山.岩石类材料试验系统的一些力学特性[J].岩石力学与工程学报,1995,14(1):59—67.

[20]尤明庆.岩样单轴压缩的失稳破坏和试验机加载性能[J].岩土力学,1998,19(3):43—49.

[21]陈颙,姚孝新,耿乃光.应力路径、岩石的强度和体积膨胀[J].中国科学,1979,22(11):1093—1100.

[22]Hudson J A,Harrison J P. Principles of the stress path and its visualization for rock mechan-

ics and rock engineering[C]//The Proceedings of the 2nd International Conference,Shenyang,2002.

[23]李天斌,王兰生.卸荷应力状态下玄武岩变形破坏特征的试验研究[J].岩石力学与工程学报,1993,12(4):321—327.

[24]吴刚,孙钧.卸荷应力状态下裂隙岩体的变形和强度特性[J].岩石力学与工程学报,1998,17(6):615—621.

[25]许东俊,耿乃光.岩体变形和破坏的各种应力途径[J].岩土力学,1986,7(2):17—25.

[26]尹光志,李贺,鲜学福,等.工程应力变化对岩石强度特性影响的试验研究[J].岩土工程学报,1987,9(2):20—27.

[27]王德玲,沈疆海,葛修润.岩石疲劳扰动模型的研究[J].水利与建筑工程学报,2006,4(2):32—34.

[28]翟松韬.高温下岩石的宏细观特性试验研究[D].上海:上海交通大学,2014.

[29]谢和平,陈忠辉.岩石力学[M].北京:科学出版社,2004.

[30]Zhai S,Wu G,Pan J,et al.Mechanical characteristics of granite under high temperature[C]//The Proceedings of the 4th International Conference,Shenyang,2012.

[31]陈锦剑,吴刚,王建华,等.基于扰动状态概念模型的饱和软黏土力学特性[J].上海交通大学学报,2004,38(6):952—955.

[32]王国欣,肖树芳,黄宏伟,等.基于扰动状态概念的结构性黏土本构模型研究[J].固体力学学报,2004,25(2):191—197.

[33]周成,沈珠江,陈生水,等.结构性土的次塑性扰动状态模型[J].岩土工程学报,2004,26(4):435—439.

第4章 扰动状态概念在岩土工程中的应用

目前,扰动状态概念已在岩土工程中得到初步应用,并取得了较多的研究成果。本章将分别介绍扰动状态概念在砂土液化、大坝稳定性分析以及桩基工程中的应用实例。

4.1 扰动状态概念应用于砂土液化

饱和砂土液化是地震运动中地基失稳的主要形式之一。无论砂土部分液化或完全液化,都可能使建筑物产生严重破坏。国内外的大量实例表明地震液化对人类的生命和财产造成了巨大的损害。因此,研究砂土液化问题的重要性和必要性显得尤为迫切。

预报饱和砂土在地震作用下是否液化已成为建筑物地基抗震设计的重要内容,现在已有许多的砂土液化判别方法。传统的判别方法有[1]:Seed-Idriss 简化法、规范法、液化势指数判别法、基于能量概念的判别法、基于临界剪切应变概念的判别法,剪应力比液化判别法和平面应变状态下液化的判别法。这些方法虽然在判别砂土液化方面起到了巨大的作用,但其中大多数都是通过实际样本统计或试验样本统计得出的经验或半经验方法,缺乏理论性。在实际判别中,上述方法对强震条件下的砂土液化判别效果往往不太理想。随着研究的逐步深入,人们认识到考虑液化的基本机制能改进对砂土液化特性的描述,从而提高对液化的判别。近年来,已提出一些具有理论分析性的液化判别方法[2~5]。

在此,介绍由 Desai 等提出的一种通用、简便并考虑液化机理的砂土液化判别方法[6]。这种方法主要是对现有的基于经验和能量方法的改进,它有助于揭示砂土液化机理,并可对饱和砂土液化现象进行快捷有效的判别。通过对日本神户港岛地震后的现场数据分析,证实了该方法的可靠性和有效性[7]。

4.1.1 基于扰动状态概念的砂土液化判据

由于扰动函数是以材料内部变化来进行描述的,而材料内部变化(包括描述初始转变阶段的失稳)是一种间接描述微观结构的手段。因此,扰动函数可以被用于判定失稳状态。

由试验和现场数据得出的扰动函数变化曲线如图 4.1 所示。

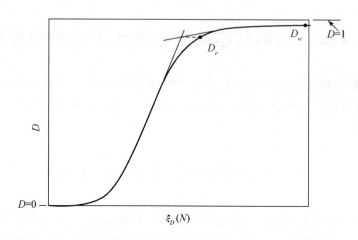

图 4.1　扰动函数与 $\varepsilon_D(N)$ 的关系及图解法求 D_c 示意图

扰动函数随塑性变形 ξ_D 或循环次数 N 的增大而非线性增大。当扰动函数值达到 D_c 时,扰动的函数值的增长速度有明显的下降,并且材料的微观结构开始失稳导致液化及循环疲劳破坏的发生。因此,D_c 被认为是液化的临界值。当得到的扰动函数 D 值大于或等于 D_c 时,可认为砂土开始液化。反之,砂土则尚未出现液化现象。

1. 扰动函数 D 的表达式

实验室或现场得到观测量能间接地确定扰动函数 D。在此,扰动函数 D 定义为

$$D_V = \frac{\overline{V}^i - \overline{V}^a}{\overline{V}^i - \overline{V}^c} \tag{4.1}$$

式中,D_V 为由 P 波或剪切波波速定义的扰动函数;$\overline{V}$ 为 P 波或剪切波波速,其上标 i,a 和 c 分别对应 RI 状态、观测状态和 FA 状态(或临界状态)。

2. 基于 DSC 的砂土液化判别方法

由于在实验室或现场得到的实际观测数据能间接确定扰动函数 D,如式(4.1)所示。因此,判别砂土是否液化,可以通过实际观测数据计算得到的扰动函数 D,并与相应试验确定的临界扰动函数 D_c 的比较得出。DSC 液化判别法的主

要步骤如下。

1)扰动函数的建立

建立扰动函数的关键在于根据不同的土体特性采用相应的模型来表示其在 RI 状态和 FA 状态的响应。根据土体的初始条件及相应的模型参数确定扰动函数方程并绘制土体 RI 状态和 FA 状态的响应曲线(图 4.2 和图 4.3)。

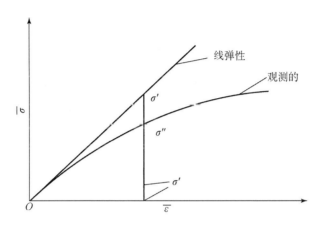

图 4.2　RI 状态下的弹性行为

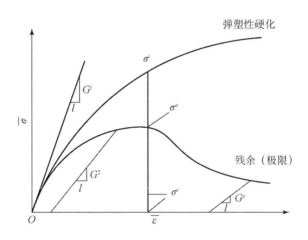

图 4.3　FA 状态下的弹塑性行为

2)临界扰动函数值的确定

观测曲线采用循环荷载作用下的动三轴压缩试验。按上述方法建立不同循环次数 N 下的扰动函数方程,并绘制相应循环次数的扰动函数曲线。临界扰动函数值 D_c 可以通过此曲线方程的一阶、二阶导数得到;还可以通过作曲线的初期和末期切线,用切线交点相对应的曲线上的点来大致定出该临界点,见图 4.1。

3)判别砂土液化

求得临界扰动函数值 D_c 后,就可以通过下式判别砂土是否液化。如果

$$D > D_c \tag{4.2}$$

则砂土发生液化,否则不发生液化。

4.1.2　应用实例

1995 年 1 月 17 日在日本发生了阪神大地震,为了证明基于扰动状态概念的砂土液化判别法的有效性,下面分别采用该方法以及基于能量的判别法对日本神户港岛地震后土体的现场数据进行分析,并对这两种方法进行比较。

1. 基于能量的砂土液化判别方法

Davis 等[8]提出运用插值模型来计算地下洞室中的位移、剪应力及剪应变,并通过对应力和应变的积分求得能量耗散的数值。剪应变 $\bar{\gamma}$ 在任意深度 h、时间 t 以及土层 m 中可表示为

$$\bar{\gamma}(h,t,m) = \frac{\partial u(x,t,m)}{\partial x}\bigg|_{x=h} \tag{4.3}$$

式中,x 为垂向坐标;u 表示由加速度测量而计算得到的内插值位移。剪应力 τ 可以表示为

$$\tau(h,t,m) = \int_0^{h_1} \rho_1 \ddot{u}(x,t,1)\mathrm{d}x + \int_0^{h_1} \rho_2 \ddot{u}(x,t,2)\mathrm{d}x + \cdots + \int_0^{h_1} \rho_m \ddot{u}(x,t,m)\mathrm{d}x \tag{4.4}$$

式中,ρ 表示土的密度;$\ddot{u}$ 表示加速度。方程中的每一个积分显然都与土层厚度 h_i 有关。耗散能量密度(即单位体积能量)ω 对应于上述的剪应力和剪应变,可用下面的方程来计算,并将南北和东西方向的分量进行叠加。

$$\omega(t) = \int_0^t \tau \mathrm{d}\gamma \tag{4.5}$$

图 4.4(a)为对初始有效应力进行标准化处理后的不同深度的耗散能与时间的关系曲线。其中,初始有效应力是根据统一的 0.8t/m³ 浸没密度计算所得到的。耗散能则是通过对不同深度和时间的应力-应变曲线下方面积按式(4.5)积分而得到的。图中 A、B、C 标识的区域分别表示各时段(13.5~14.35s,14.4~16.2s,17.8~20.3s)所算得的应力-应变曲线。图 4.4(b)和(c)为神户港岛土深与耗散能量和时间的关系曲线。它表明:当临界能量 $\omega_c \approx 0.016$ 时,液化首先出现在土深为

12m 处,耗时为 12～15s,主要能量耗散发生在 15～17s;另一能量耗散阶段发生在 18～22s。随后,液化区域扩散到土深为 8～16m 处。由于水面处于土深 4m 处,因此在 4 以及 4m 以上的范围内不会发生液化。

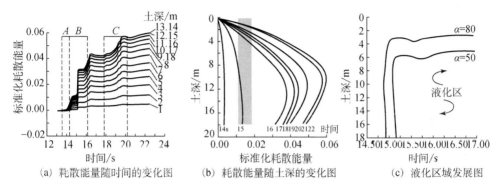

| (a) 耗散能量随时间的变化图 | (b) 耗散能量随土深的变化图 | (c) 液化区域发展图 |

图 4.4　不同土深的耗散能量和液化发展示意图

2. DSC 砂土液化判别方法

图 4.5 为港岛现场土的剖面图及埋置在不同深度的强移动装置示意图。其加速度记录包括南北和东西两个方向。

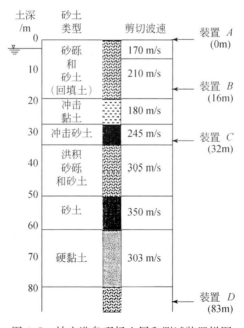

图 4.5　神户港岛现场土层和测试装置样图

图 4.6(a)和(b)分别为在南北和东西方向用 A、B、C、D 四个仪器(图 4.5)所测得的剪切位移时程以及表面剪切波速。由图可见,含有小石块和砂土的第一层土随时间变化经历了一个明显剪切波速下降的阶段,并且观测表明液化就发生在该层中。

在最高土层的南北和东西方向,早期的平均初始速度大约为 250m/s。也就是说,材料处于 RI 状态时,速度 $\overline{V}^i$ 可认为接近于 250m/s。随着地震而产生的变形和微观结构的改变,速度最终将降低为 25m/s。因此可以认为材料处于 FA 状态时,速度大约为 25m/s(实际上也可采用 $\overline{V}^c = 0$)。

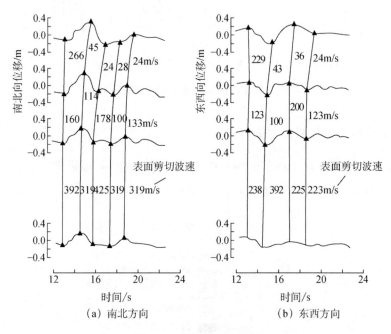

(a) 南北方向   (b) 东西方向

图 4.6　实测剪切波速图

图 4.7 表示土深为 1m、4m、8m、12m 和 16m 处的实测速度与时间的关系图。该图表明:在时间约为 14.6s 时,土深为 12m 的波速的降低趋向极值,此时临界速度 V^c 约为 42m/s。代入式(4.1)得到相应的扰动函数值为 $0.905 = [(250-42)/(250-20)]$(图 4.8)。图 4.8 所示为不同深度下扰动函数随时间变化的情况。

从图 4.7 和图 4.8 中可以看出,在土深为 1m 和 4m 处的曲线上,任意一点都没有达到临界速度 V^c 和临界扰动值 D_c。因此可以得知在这两个深度之间的砂土是不可能发生液化的。

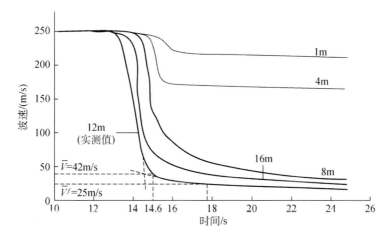

图 4.7 不同土深处的剪切波速图(12m 处为实测值,1m、4m、8m、16m 处为内插值)

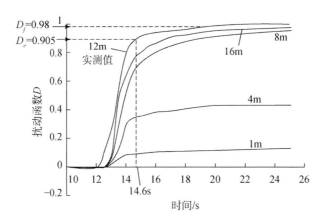

图 4.8 不同土深的扰动函数值

3. 两种砂土液化判别方法的比较

从上述两种方法所得出的各种液化的数据可以看出,在阪神大地震期间神户港岛的沉积土初始液化发生在土深 12m 处;时间在 14～15s。随着地震的持续,砂土的液化区域逐渐扩大至 8m 和 16m 处。由于地下水位于地下土深 4m 处,因此4m 以上的土层没有发生液化。两种方法得出的液化数据惊人的一致,这不仅说明了上述两种方法对液化判定有一定的可靠性,而且表明了基于扰动状态概念的砂土液化判别方法对液化判别的有效性。

4.1.3 结论

(1)利用扰动状态概念,可分析判定工程材料的破坏情况,尤其对砂土液化的判别显得更为简便和有效。

(2)扰动函数能精确地确定不同时期材料的状态(包括处于临界状态的初始液化状态)。因此,由临界扰动函数值 D_c 可确定饱和砂土的初始液化。

(3)由于扰动状态概念考虑了材料微观结构的变化,具有一个统一的模型框架,并可采用多种材料响应来表示材料的状态。因此,基于 DSC 的砂土液化判别方法是一种考虑液化机理的方法,它较其他砂土液化判别方法更为通用、简便和理论化。

(4)基于扰动状态概念的砂土液化方法已成功应用于日本神户港岛地震的现场数据分析研究中。试验结果十分稳定,通过与基于能量的砂土液化方法所得结果的对比,证实了该方法对砂土液化判别的实效性。

4.2 扰动状态概念在大坝稳定性分析中的应用

王德玲等[9]采用扰动状态概念模型分析了三峡大坝 $3^{\#}$ 坝段的稳定性。

三峡大坝左厂 $1^{\#} \sim 5^{\#}$ 坝段位于左岸山体及临江斜坡部位,$1^{\#} \sim 5^{\#}$ 坝段坝基稳定关系到长江三峡工程的成败,其深层抗稳定问题是三峡工程最重大的工程技术问题之一。$2^{\#}$ 坝段和 $3^{\#}$ 坝段之间被 f_{10} 断层分开,该断层可以作为 $3^{\#}$ 坝段稳定分析的左边界,右边界划到 $3^{\#} \sim 4^{\#}$ 坝段的横缝处,则 $3^{\#}$ 坝段可单独计算。其基本材料参数见表 4.1。考虑到岩体结构面的连通率为 11.5%,岩桥的基本材料参数取表 4.1 中微风化岩体基本材料参数的 88.5%。

表 4.1 基本材料参数

材料	变形模量 /GPa	容重 /(kN/m³)	泊松比 μ	抗剪强度		残余抗剪强度	
				摩擦系数	黏聚力	残余摩擦系数	残余黏聚力
坝体混凝土	26	24.5	0.167	1.1	3.0	—	—
微风化岩体	35	27.0	0.22	1.7	2.0	1.3	0.7
断层	1	26.0	0.28	0.9	0.8	0.8	0.6

4.2.1 扰动状态概念模型

1. 相对完整状态

处于相对完整状态的材料的反应排除了引起扰动的因素,可以基于没有经历扰动的弹塑性硬化反应来定义,如用分等级单屈服面塑性模型中基于关联法则、各向同性硬化塑性的 δ_0 模型[10]来模拟:

$$F = \bar{J}_{2D} - (\alpha \bar{J}_1^n + \gamma \bar{J}_1^2)(1 - \beta S_r)^m = 0 \tag{4.6}$$

式中,α 为硬化系数,其简单形式为 $\alpha = \alpha_1 / \xi^{\eta_1}$,η_1 指硬化率;α_1 相当于 α 的极限值。参数的确定可通过单向压缩试验和常规三轴压缩试验等获得。

2. 完全调整状态

在外部荷载作用下,RI 状态的材料部分连续转变为 FA 状态。在 FA 状态下,材料处于能量耗散达到一个不变的水准,可以用以下临界状态模型来定义:

$$\sqrt{J_{2D}^c} = \bar{m} J_1^c + q' \tag{4.7}$$

假设残余强度的 Mohr-Columb 破坏线就是临界状态线,可根据残余黏聚力和残余摩擦角[11]计算参数 $\bar{m}$ 和 q'。

3. 扰动函数

扰动函数的简化形式为 $D = D_u[1 - \exp(-A\xi^z)]$。取两次对数,可得

$$Z\ln(\xi) + \ln(A) = \ln\left[-\ln\left(\frac{D_u - D}{D_u}\right)\right] \tag{4.8}$$

通过试验数据在 $\ln(\xi) \sim \ln\left[-\ln\left(\frac{D_u - D}{D_u}\right)\right]$ 空间中得到的分布点,绘出其平均直线,则直线的斜率为 Z,$\ln A$ 是 $\ln\xi$ 时沿坐标轴的截距;也可采用最小二乘法或优化方法进行求解。其中,D_u 对应于残余应力状态或临界状态的扰动。

4.2.2　参数的反演

断层的扰动状态概念材料参数 α_1、η_1、n、β、A、Z 可利用位移反分析法进行反演。用位移反分析来优化参数,实质上是把一个具体的力学问题归结为对计算值与实测值之间的误差函数(即目标函数),采用最优化方法使目标函数趋于最小化的过程。在此采用改进的遗传算法进行优化计算。由于条件限制,把弹塑性计算出的位移值作为已知的实测位移。因岩体绝大部分处于弹性阶段,只有断层进入塑性,故假设岩体、混凝土大坝处于弹性阶段,在此基础上采用遗传算法优化断层的 DSC 模型材料参数。

1. 编码方案

DSC 模型的材料参数的变化范围大多较大。实数编码适合于表示范围较大的

数,便于较大空间的遗传搜索;且采用实数编码方式,编码长度等于反演参数的个数,不存在数据转换误差和码串太长的问题,大大提高整个计算的效率和精度。

对于数量级很小的参数 α_1 和数量级较大的参数 A,取对数作为优化变量。反演变量的范围见表4.2。

表 4.2　反演变量的范围

范围	n	η_1	β_1	$\ln\alpha_1$	Z	$\ln A$
上限	8	20	0.76	-10	20	25
下限	2	0.4	0	-80	1	1

2. 适应度函数

适应度函数的选取相当关键,在此确定适应度函数为

$$f(\theta_j) = \frac{N}{\theta_j} \tag{4.9}$$

式中,θ_j 为第 j 次进化代数的反演结果的计算误差;N 为计算样点的个数。误差则取计算样点的位移与实测位移的最大相对误差与平均相对误差之和,这样是为了防止出现平均误差较小而个别样本误差太大的情况,即

$$\theta = \max_i(e_i) + \frac{\sum_i^N e_i}{N}, \quad e_i = \frac{\parallel u_i - \bar{u}_i \parallel_2}{\parallel \bar{u}_i \parallel_2} \tag{4.10}$$

式中,u_i 为第 i 个计算样点的反演位移;$\bar{u}_i$ 为第 i 个计算样点的实测位移;e_i 为计算样点 i 的相对误差。

3. 选择算子

选择算子采用比例选择与最优保存策略相结合的模式。利用比例选择说明了个体被遗传到下一代的概率与其适应度成正比,同时使用最优保存策略来进行优胜劣汰操作,把适应度较好的个体尽可能地保留到下一代群体中,这样可以保证迄今为止所得到的较好个体不会被交叉、变异等操作所破坏。选取最优保存率为10%,具体操作过程如下:①找出当前群体中适应度排在前10%的个体作为精英集合;②把精英集合直接复制到下一代群体中。

4. 交叉和变异算子

采用算术交叉对2个个体线性组合产生2个新的个体。假设进行交叉运算的

2 个父代为 X_A^t、X_B^t，在它们之间进行算术交叉后产生的新个体为

$$\begin{cases} X_A^{t+1} = \alpha X_B^t + (1-\alpha)X_A^t \\ X_B^{t+1} = \alpha X_A^t + (1-\alpha)X_B^t \end{cases} \tag{4.11}$$

原算子中参数 α 是一个常数，现在把它改为一个分布在区间 $[0,1]$ 上的随机数。改变后的交叉算子使得算法具有更好的稳定性（每次运行算法所得结果的方差很小）。

为了提高遗传算法的局部搜索能力，可以使用非一致变异算子。这种变异算子可以取得良好的局部微调效果。

对于变异操作 $X_C^t = (a_1,\cdots,a_n)$，a_i 被选出作变异操作。若参数 a_i 的变化范围为 $(\mathrm{LD},\mathrm{UD})$，则变异结果为

$$X_C^{t+1} = (a_1,\cdots,a_i',\cdots,a_n)$$

$$a_i' = \begin{cases} a_i + \Delta(t,\mathrm{UD}-a_i), & \text{如果随机数为 } 0 \\ a_i - \Delta(t,a_i-\mathrm{LD}), & \text{如果随机数为 } 1 \end{cases} \tag{4.12}$$

式中，$\Delta(t,y)=y[1-r^{[1-\frac{t}{T}]^b}]$，$r$ 为 $[0,1]$ 之间符合均匀概率分布的一个随机数，T 为最大进化数，b 是一个系统参数，它决定了随机扰动对进化代数 t 的依赖程度，一般取为 2；LD 为 a_i 的下限；UD 为 a_i 的上限。

由上所述可知，非均匀变异可使遗传算法在其初始运行阶段（t 较小时）进行均匀随机搜索，而在后期运行阶段（t 较接近 T 时）进行局部搜索，所以它产生的新基因值比均匀变异产生的基因值更接近原有基因值。故随着遗传算法的运行，非均匀变异使得最优解的搜索过程更加集中在某一最有希望的重点区域中。

5. 约束条件的处理

在构造遗传算法时，处理约束条件的常用方法主要有 3 种：搜索空间限定法、可行解变换法和罚函数法。根据该研究的反演问题的具体情况，这里的约束条件主要是一些比较简单的边界约束条件，故采用搜索空间限定法。搜索空间限定法的基本思想是对遗传算法的搜索空间的大小加以限制，使得搜索空间中表示一个个体的点与解空间中表示一个可行解的点有一一对应的关系。

实数编码时，采用在反演参数的范围内产生随机数的方法来产生个体染色体；变异操作时，非均匀变异能控制基因值在其取值范围内；交叉运算时采用算术交叉，产生的新染色体的基因值也处于其范围内。这样就能达到这种搜索空间与解空间之间一一对应的要求。

4.2.3 三峡大坝 3# 坝段的稳定性分析

采用 VC++ 与 MATLAB 混合编程的方法编制了三维有限元程序进行数值计算,并利用大型有限元软件 ANSYS 的前处理功能建立三维实体模型和有限元模型。

1. 计算模型

三峡大坝 3# 坝段左侧地基、右侧地基及计算模型在上游和下游分界处均按滑移支座模拟;计算模型底面按固定支座模拟。

三维计算时的荷载组合:自重、正常蓄水位时的上、下游水压力以及泥沙压力。

由于实际的厂房结构有尾水管等构筑物的存在,以往已经进行的平面有限元和三维有限元分析都是将厂房用一实体混凝土块来模拟,这与实际不符,显然会不恰当地夸大 1#~5# 坝段的抗滑稳定系数。通过对厂房和尾水管的结构进行较符合实际的合理简化,采用中间挖空的混凝土块来模拟厂房和尾水管的作用,提高了计算结果的可靠性。

网格剖分结果见图 4.9。总单元数为 2895,总节点数为 1459。对于断层按实体单元划分。

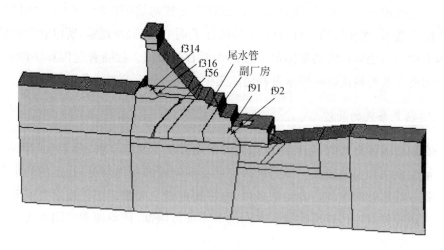

图 4.9　三维有限元网格

2. 计算方法和内容

目前,用有限元法确定坝基抗滑稳定安全系数时采用的主要计算方法有超载法和强度储备法。采用降低坝基力学参数(强度储备法)进行追踪计算,即抗剪强度指标(表 4.1)同步降低。这里用 K 表示强度折减系数,当 $K=1$ 时按正常情况下的材料参数进行计算。当 $K=2$ 时,将除了混凝土外的其他材料的抗剪强度指标进行同步折减(该材料的其他参数如弹模等不变),即取其原值的 50% 进行有限元计算。当 $K=3,4,\cdots$ 时的算法依次类推。

研究控制点位移出现拐点的物理机制,把控制点位移出现拐点时的抗滑安全系数确定为坝段的抗滑安全系数。拐点具有明确的物理含义,它反映了坝体位移方面的总体特征,并且该点具有确定性。

3. 计算结果

从控制点-中剖面坝踵处的位移与 K 的关系曲线(图 4.10 和图 4.11)可以看出,在 $K=3.5$ 之后,随着 K 的增加,坝踵处的竖向位移和沿流向位移加速发展。因此,可以认为 3# 坝段的安全系数为 3.5。可见,扰动状态概念模型能较好地反映岩石、断层等工程材料的力学性能。

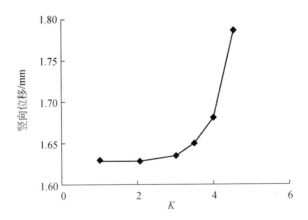

图 4.10　中剖面坝踵处沿流向位移与 K 的关系曲线

4.2.4　结论

扰动状态概念是一种统一的建模方法,它在一个简单的框架内建立起工程材料和界面的本构模型,模型参数也不多,可较方便地通过实验室常规试验获得。在采用位移反分析法反演扰动状态概念模型的参数中,遗传算法经过改进更为可靠。将扰动状态概念应用于三峡大坝 3# 坝段的稳定性分析,得到的结果安全合理。

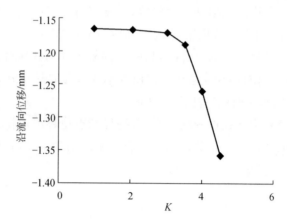

图 4.11　中剖面坝踵处竖向位移与 K 的关系曲线

4.3　扰动状态概念在桩基工程中的应用

在桩基设计计算理论中,荷载传递法因概念明确、计算简单而应用广泛。荷载传递法的核心是用荷载传递函数来模拟桩土之间的受力变形特性,所以,如何选取荷载函数是荷载传递法成功与否的关键。已有的试验表明,桩土荷载传递函数呈非线性关系,且与法向压力大小有关,达到最大应力所需的位移随法向压力的增加而增大,不同围压时曲线形状分别存在软化与硬化现象。已有的荷载传递函数大都根据经验和现场实测数据,通过某种函数来拟合。由于缺乏足够的理论基础,得到的荷载传递函数势必难以全面反映桩土之间的荷载传递特性。所以,找寻一种具有理论基础的荷载传递函数,并应用于荷载传递法分析,具有明显的理论意义和工程实用价值。

在此,利用岩土材料的扰动状态概念来描述桩土荷载传递机理,并以此为基础,得到能反映实际的荷载传递函数形式;最后,利用某工程静载荷试验桩的实测结果,对建立的模型进行对比分析[12]。

4.3.1　扰动状态土力学的基本原理

扰动状态土力学(disturbed state soil mechanics,DSSM)是在损伤力学的基础上发展起来的,有别于传统岩土力学(塑性力学、断裂力学和损伤力学)。该理论基于复合材料均匀化理论,认为受荷时岩土材料单元的状态有两种完整状态和临界状态,材料中处于这两种状态的单元服从随机分布,荷载由它们共同承担。受荷

后,岩土材料的性状由其中处于完整状态和临界状态的单元表现,具体由所谓的扰动参数反映。岩土扰动状态理论基本表达式为

$$\sigma = (1 - D)\sigma_i + D\sigma_c \tag{4.13}$$

式中,σ 为总应力;σ_i 为材料完整状态单元所承受的应力;σ_c 为材料临界状态单元所承受的应力;D 为扰动参数。

4.3.2 基于 DSC 的荷载传递函数

荷载传递函数法基本思想是将桩划分为若干段,每个段与土之间以弹簧联系,以此模拟桩土之间的受力性状。荷载传递函数实际反映的是桩土界面的剪切(或压缩)变形特性,即桩侧(底)反力-桩侧(底)和土相对位移的关系。假定在变形过程中,弹簧的受力由两部分单元承担,即处于完整状态和临界状态的单元。

1. 模型的应力分担公式

结合式(4.13)所示的 DSC 理论,可得桩土荷载传递函数的数学表达式为

$$\tau = (1 - D)\tau_i + D\tau_c \tag{4.14}$$

式中,τ 为桩侧(底)的侧向(底部)反力;τ_i 为处于完整状态单元承担的应力;τ_c 为处于临界状态单元承担的应力。

2. 完整状态模型

根据 DSC,完整状态时桩土界面抗剪强度可按非线性弹性理论计算。借用非线性弹性理论中的 Duncan-Chang 模型。其表达式如下:

$$\tau_i = k_i S = k_1 P_a \left(\frac{\sigma_v}{P_a} \right)^n S \tag{4.15}$$

式中,k_i 为劲度系数;S 为桩的竖向位移;k_1 为初始劲度系数;P_a 为大气压力;n 为拟合参数;σ_v 为深度 z 处作用于桩身的围压,按下式计算:

$$\sigma_v = K_0 \gamma z \tag{4.16}$$

其中,K_0 为土的侧压力系数;γ 为土的重度。

3. 临界状态模型

临界状态时,桩土界面荷载与完整状态完全不同,其承担的应力可看做残余强度。现假定其符合理想塑性模型。临界状态时的桩土界面荷载计算公式可采用传统的 Mohr-Columb 强度理论计算:

$$\tau_c = k_2 \sigma_v = \frac{2\sin\varphi}{1-\sin\varphi}\sigma_v \qquad (4.17)$$

式中,k_2 为计算系数;φ 为桩土界面的内摩擦角。由式(4.17)可知,τ_c 与围压成正比。在实际工程中,因临界状态时桩土界面的内摩擦角难以测定,故可以根据桩基静载荷试验实测结果直接拟合求取 τ_c。

4. 扰动参数

由式(4.15)可知,扰动参数反映了处于完整状态和临界状态单元的荷载分担情况。扰动参数越大,则结构的扰动程度越大。扰动参数的范围为 0~1,当其等于 0 时,无扰动,为初始完整状态,应力全部为 τ_i;当其等于 1 时,全部扰动,为最终临界状态,应力全部为 τ_c,即残余强度。

可以认为,扰动参数与桩土间的塑性剪切位移相关,出现塑性位移时,扰动出现。现定义扰动参数为桩土间已经破损的微元数目 N_t 与总微元数目 N 之比为

$$D = \frac{N_t}{N} \qquad (4.18)$$

由于桩土界面内部构造极不均匀,可能存在强度不同的许多薄弱环节,各微元所具有的强度不尽相同。考虑到受荷后桩土界面的损伤是一个连续过程,结合不均匀化材料的均匀化理论,可假设各微元的强度服从概率统计规律。为理论推导方便,设各微元强度服从 Weibull 分布,其分布密度函数 $f(x)$ 为

$$f(x) = \frac{\eta}{\xi}\left(\frac{x}{\xi}\right)^{\eta-1}\exp\left[-\left(\frac{x}{\xi}\right)^{\eta}\right] \qquad (4.19)$$

式中,ξ、η 为反映桩土界面材料力学特性的 Weibull 分布参数。当桩土界面上的塑性剪切位移达到 S_p 时,桩土界面上已经破损的微元数目 $N_t(S_p)$ 为

$$N_t(S_p) = \int_0^{S_p} Vf(x)\mathrm{d}x \qquad (4.20)$$

将式(4.19)、式(4.20)代入式(4.18),得扰动参数为

$$D = \frac{N_t(S_p)}{N} = \frac{N\left\{1-\exp\left[-\left(\frac{S_p}{\xi}\right)^n\right]\right\}}{N} = 1-\exp\left[-\left(\frac{S_p}{\xi}\right)^n\right] \qquad (4.21)$$

塑性剪切位移 S_p 按下式计算:

$$S_p = S - S_e = S - \frac{\tau}{k_1} \qquad (4.22)$$

式中,S_e 为桩的弹性位移。

5. 一般表达式

将式(4.15)、式(4.17)和式(4.21)代入式(4.14),得到基于岩土 DSC 的桩土荷载传递函数为

$$\tau = k_1 P_a \left(\frac{\sigma_v}{P_a}\right)^n S \exp\left[-\left(\frac{S_p}{\xi}\right)^n\right] + k_2 \sigma_v \left\{1 - \exp\left[-\left(\frac{S_p}{\xi}\right)^n\right]\right\} \quad (4.23)$$

实际工程中,若只测得某层土的一组 τ-S 关系,即无法考虑围压的影响时,式(4.23)可以写成

$$\tau = k_1 S \exp\left[-\left(\frac{S_p}{\xi}\right)^n\right] + \tau_c \left\{1 - \exp\left[-\left(\frac{S_p}{\xi}\right)^n\right]\right\} \quad (4.24)$$

由式(4.24)可以得出分布参数 ξ 和 η 不同时,桩基荷载传递函数曲线 τ-S 关系,如图 4.12 和图 4.13 所示。当参数 k_1,τ_c 和 η 固定时,τ-S 曲线的形状不发生改变,但是曲线的峰值点随 ξ 的增加而逐渐增大。可见,参数 ξ 反映了桩土界面宏观强度的大小,ξ 越大,则界面强度越高(图 4.12)。当参数 k_1、τ_c 和 ξ 固定时,τ-S 曲线的形状发生改变,随着 η 的增加,曲线由硬化逐步软化,峰值点的强度越来越小。参数 η 反映了桩土界面微元强度分布的集中程度(图 4.13)。由这两个图也可以看出,通过选用合适的参数,模型能反映不同条件下桩基荷载传递函数的特征,如硬化与软化特性等。

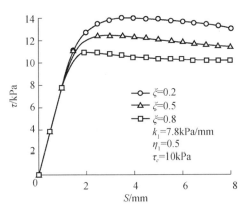

图 4.12　参数 ξ 对 τ-S 曲线的影响

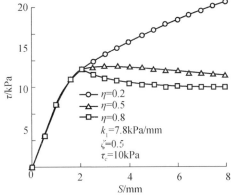

图 4.13　参数 η 对 τ-S 曲线的影响

6. 模型参数的确定

在式(4.24)中,有 4 个参数:k_1、τ_c、ξ 和 η。其中,k_1 与 τ_c 可以由 τ-S 实测曲线

得到,k_1 为 τ-S 曲线初始劲度系数,而 τ-S 的残余强度即为 τ_c。在 τ-S 实测曲线上很容易得到这 2 个参数。

参数 ξ 和 η,仍由 τ-S 实测数据得到。将式(4.24)变形如下式:

$$Y = AX + B \tag{4.25}$$

式中

$$\begin{cases} Y = \ln\left[-\ln\left(\dfrac{\tau - k_1 S}{\tau_c - k_1 S}\right)\right] \\ X = \ln\left(S - \dfrac{\tau}{k_1}\right) \\ A = \eta \\ B = -\eta\ln\xi \end{cases} \tag{4.26}$$

将 τ-S 实测数据代入式(4.26),可以得到一直线方程,由此直线方程的斜率和截距即可求得 ξ 和 η。

4.3.3　模型验证

为验证所建立模型的正确性,以 3# 现场静载荷实测桩作为计算对象。根据该文献提供的数据,3# 试桩的尺寸为 400mm×400mm×35m,桩身混凝土 450#。选取该试桩第二和第三层土处桩段的荷载传递函数实测值与模型曲线对比分析。由模型参数的确定方法,得到采用的桩侧荷载传递函数各参数如表 4.3 所示。

表 4.3　试桩计算参数

土类	厚度/m	k_l/(kPa/mm)	τ/kPa	η	ξ/mm
杂填土	1.0	0	0	0	
淤泥	10.5	7.847	15.00	0.6884	0.8327
淤泥质土夹中细砂	13.0	20.985	48.00	0.4684	0.2956
中细砂夹淤泥质土	13.300	—	—	—	—
桩端	—	8376.000	—	—	—

图 4.14(a)和(b)分别给出了第二、三层土桩侧荷载传递函数的实测结果与模型曲线。可见,模型曲线能反映桩土荷载传递曲线的全过程,尤其是软化过程。与实测结果的对比表明,二者吻合良好。

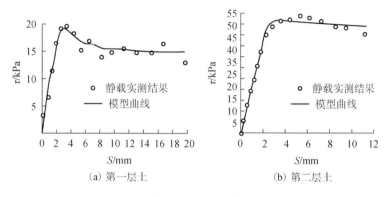

图 4.14　τ-S 曲线

4.3.4　工程应用

通过以上的验证,可知模型能较好地模拟实际的桩基荷载传递函数,可应用于桩基竖向承载力和位移分析。分析时,基于按桩顶沉降量确定桩的承载力与位移的思想,先设定某桩顶沉降量,以划分好的各段桩的压缩量为迭代变量,采用位移协调法求解。该方法能直接由桩顶沉降量算出桩顶荷载、桩身轴力以及桩身与桩底的位移。现仍以上述实例作为计算对象,各层土中的荷载传递函数参数见表 4.3。对第四层土(中细砂夹淤泥质土)和桩端部分,因为试验没有做全,荷载传递函数曲线始终处于弹性状态,故采用线弹性理论拟合。图 4.15 和图 4.16 分别给出了桩顶荷载与桩顶沉降量 P_0-S_0 及桩底位移与桩顶沉降量 S_b-S_0 的计算值与实测结果。对比分析表明,建立的模型能用于工程桩基承载力和位移分析,且效果良好。

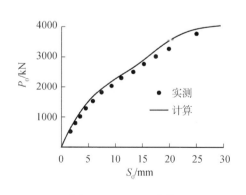

图 4.15　P_0-S_0 曲线

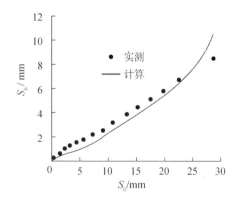

图 4.16　S_b-S_0 曲线

4.3.5　结论

(1)基于扰动状态概念,认为桩土界面单元的状态有两种——完整状态和临界状态。受力后,界面中处于这两种状态的单元服从随机分布,荷载由它们共同承担,具体由所谓的扰动参数反映,并据此建立了相应的桩基荷载传递函数模型。

(2)结合 DSC 和概率统计方法,提出了模型中扰动参数的计算原理与方法,认为扰动参数与桩的塑性剪切密切相关,出现塑性位移时,扰动出现。

(3)完整状态时,桩土界面抗剪强度可按非线性弹性理论计算。采用非线性弹性理论中的 Duncan-Chang 模型,能反映围压对桩土荷载传递的影响;临界状态时,桩土界面承担的应力可看做残余强度,可采用传统的 Mohr-Columb 强度理论计算,其大小与围压(或上覆压力)成正比。

(4)建立的模型能模拟不同受力条件下桩基荷载传递函数的性质,如硬化与软化以及围压的影响,模型能同时适用于桩侧与桩端荷载传递函数。

(5)建立的模型参数较少且确定简单,能反映桩土荷载复杂的传递特性,具有一定的理论依据。工程实测结果与模型的对比分析表明,模型能用于工程实际。

参 考 文 献

[1]谢定义. 土动力学[M]. 西安:西安交通大学出版社,1988.

[2]阳吉宝. 浅议多元统计分析判别法[J]. 华北地震科学,1994,12(4):34—41.

[3]沈珠江. 砂土液化分析的散粒体模型[J]. 岩土工程学报,1999,21(6):742—748.

[4]刘进韬,金晓媚,武强. 地震液化饱和砂土层内部超静孔压理论分析[J]. 工程勘查,2000,(5):6—8.

[5]钟贻军,牟崇元. 砂土振动液化分析的概率方法[J]. 岩石力学与工程学报,2001,20(1):87—89.

[6]吴刚,郭强,孙红. 利用扰动状态概念研究砂土液化机制[C]//第六届全国土动力学学术会议,2002.

[7]Desai C S,Park I,Shao C M. Fundamental yet simplified model for liquefaction instability[J]. International Journal for Numerical and Analytical Methods in Geomechanics,1998,22(9):721—748.

[8]Davis R O,Berrill J B. Rational approximation of shear stress and strain based on downhole acceleration measurements[J]. International Journal for Numerical and Analytical Methods in Geomechanics,1997,22(8):603—619.

[9]王德玲,葛修润. 扰动状态概念模型在三峡大坝3#坝段稳定性分析中的应用[J]. 长江大学

学报(自然科学版),2005,2(10):369—372.

[10]Desai C S. Mechanics of Materials and Interfaces—The Disturbed State Concept[M]. Baca Raton:CRC Press,2001.

[11]王德玲,葛修润. 岩石的扰动状态本构模型研究[J]. 长江大学学报(自然科学版),2005,2 (1):91—93.

[12]刘齐建,杨林德. 桩基荷载传递函数扰动状态模型及应用[J]. 同济大学学报(自然科学版),2006,34(2):165—169.

第5章　扰动状态概念在其他工程领域的应用

目前,扰动状态概念已应用于不同工程领域并取得了大量成果,对诸多工程材料本构理论的基本问题给予了很好的解决。本章将分别介绍扰动状态概念在电子封装材料、热疲劳作用下材料寿命预测及路面材料数值模拟方面的工程应用。

5.1　扰动状态概念在电子封装材料中的应用

材料界面或节理的形变行为在电子封装材料如芯片基板系统的经济性设计中有着至关重要的作用。虽然这方面的试验成果很多,理论分析和数值计算的研究也一直有文献报道,但始终缺乏一个统一、基本的模型,其可以很容易地实现对数值方法的改进和经济的分析、设计以及可靠性。

为了对现有模型和计算机分析方法进行研讨,针对电子封装所作的研究主要包括以下几点[1]。

(1)基于扰动状态概念,提出一个统一的本构模型来表征材料如芯片或基板的界面/节理的力学行为。

(2)基于实验室试验对现有模型的参数进行校准,尤其是对铅-锡焊料材料。

(3)将可用的测试数据和开发新的实验室测试设备用于增强数据库的材料参数。

(4)利用实验室测试数据验证提出的模型。

(5)使用有限元数值模型验证芯片基板的电子封装问题。

在这里重点研究第 4 个方面,对电子封装中两种典型问题(破坏和可靠性)进行热力学分析。

5.1.1　电子封装材料的本构模型

扰动函数是表示材料内部变量如黏塑性应变轨迹、温度和循环加载的一种函数,其一般能通过试验获得,基本表达式如下:

$$D = D_u(1 - e^{-A\xi_D^Z})\tag{5.1}$$

式中,D_u、A、Z、ξ_D 为随温度(θ)变化的材料参数;ξ_D 由下式给出:

$$\xi_D = \int (\mathrm{d}\varepsilon_{ij}^{vp\theta} \mathrm{d}\varepsilon_{ij}^{vp\theta})^{\frac{1}{2}} \tag{5.2}$$

式中，$\varepsilon_{ij}^{vp\theta}$ 为热黏塑性偏应变张量；ξ_D 是它们的轨迹；d 表示增量；参数 D_u、A、Z 可从实验室应力-应变、体积和无损响应测试中得到。相应地，D 可以表示为

$$D_\sigma = \frac{\sqrt{J_{2D}^i} - \sqrt{J_{2D}^a}}{\sqrt{J_{2D}^i} - \sqrt{J_{2D}^c}} \tag{5.3}$$

$$D_v = \frac{v^i - v^a}{v^i - v^a} \tag{5.4}$$

$$D_n = \frac{V^i - V^a}{V^i - V^a} \tag{5.5}$$

式中，J_{2D} 为偏应力 S_{ij} 的第二不变量，和剪应力 τ 成正比；v 为体积常数；V 为超声波的波速；a、i、c 分别表示观测状态、RI 和 FA 状态。

同时，基于力的平衡方程，分别在 RI 和 FA 状态下观察材料单元，可获得增量本构方程：

$$\mathrm{d}\sigma_{ij}^a = (1 - D)C_{ijkl}^i \mathrm{d}\varepsilon_{kl}^i + DC_{ijkl}^c \mathrm{d}\varepsilon_{kl}^i + \mathrm{d}D(\sigma_{ij}^c - \sigma_{ij}^i) \tag{5.6}$$

式中，σ_{ij} 为应力张量；C_{ijkl}^i、C_{ijkl}^c 分别用来描述 RI 和 FA 状态下的本构张量；$\mathrm{d}D$ 是 D 的递增率。

如前所述，RI 状态下的力学行为可以通过适当的连续体理论如弹性、弹塑性和黏塑性来描述。FA 状态下的力学行为可以通过临界状态概念或假设该材料的一部分不能承受剪应力，但能承受静水压力来描述。后者主要用于连接材料，如合金焊料。这意味着 FA 状态下的材料部分被 RI 状态下的材料部分所包围，就好像一种具有限制性的液体，类似于在理想塑性状态下屈服后的一种塑性状态。在这种情况下，C_{ijkl} 就涉及与张量体积行为有关的参数。

5.1.2　材料参数

如前所述，使用者根据具体需要可以选择一个模型。材料参数通过试验测试得出。在 DSC 模型中的参数（表 5.1）具有物理意义且与材料变形行为中的状态有关。

式(5.7)定义了表 5.1 中所示的与温度有关的参数。

$$p = p_{300} \left(\frac{\theta}{300}\right)^\lambda \tag{5.7}$$

式中，p 是一个参数；p_{300} 为 p 在温度为 300K 时的值；θ 表示温度；λ 为指数。式中的 p_{300} 和 λ 必须通过试验确定。

表 5.1　不同 DSC 模型中的各参数

模型	参数		蠕变	扰动参数	热力学影响(θ)
	弹性	塑性			
弹性模型(E)	E,ν				E(θ)
弹塑性古典模型(EP/C)	E,ν	σ_y			EP/C(θ)
弹塑性硬化模型(EP/H)	E,ν	$\gamma,\beta,n,a_1,\eta_1$			EP/H
受扰动函数影响的弹塑性硬化模型	E,ν	$\gamma,\beta,n,a_1,\eta_1$		A,Z,D_u	受扰动函数影响的 EP/H(θ)
黏弹塑性模型(EVP)	E,ν	$\gamma,\beta,n,a_1,\eta_1$	Γ,N		EVP(θ)
受扰动函数影响的黏弹塑性模型	E,ν	$\gamma,\beta,n,a_1,\eta_1$	Γ,N	A,Z,D_u	受扰动函数影响的 EVP(θ)

这里,需要求出应变率($\dot\varepsilon$)来表征材料的特性。若进行的多个试验结果都可靠,则使用应变率的平均值。式(5.7)用以预测各种不同焊料的力学行为并与实验室测试数据比较。

下面定义表 5.1 中的各个参数。

弹性参数:杨氏模量 E、泊松比 ν、剪切模量 G 和体积弹性模量 K(通过应力-应变曲线的卸载路径或初始斜率获得)。

塑性参数:HISS 塑性方法中的屈服函数由下式获得:

$$F = J_{2D} - (-\alpha \bar{J}_1^n + \gamma \bar{J}_1^2)(1 - \beta S_r)^{-0.5} = 0 \tag{5.8}$$

式中,γ、β 与温度无关且与 $\sqrt{J_{2D}} - J_1$ 应力空间中的破坏函数有关;n 为相变参数,表示体积变化为零时的状态;$S_r = \dfrac{\sqrt{27}}{2} J_{2D} \; ; J_1^{-0.5}$ 和 J_1 为应力张量 σ_{ij} 的第一不变量,J_{2D} 和 J_{3D} 为 S_{ij} 的第二和第三不变量;$\bar{J}_1$ 由下式获得:

$$\bar{J}_1 = J_1 + 3R \tag{5.9}$$

式中,R 为黏结应力。图 5.1 给出了屈服函数 F 和黏结应力的关系示意图。

硬化或生长函数 α 由下式给出:

$$\alpha(\theta) = \frac{a_1(\theta)}{\xi_v^{\eta_1(\theta)}} \tag{5.10}$$

式中,a_1、η_1 为与温度有关的硬化参数。

蠕变参数:黏塑性应变率 $\dot\varepsilon_{ij}^{vp\theta}$ 定义如下:

$$\dot\varepsilon_{ij}^{vp\theta} = \Gamma(\theta)\langle \psi(F) \rangle \frac{\partial F}{\partial \sigma_{ij}} \tag{5.11}$$

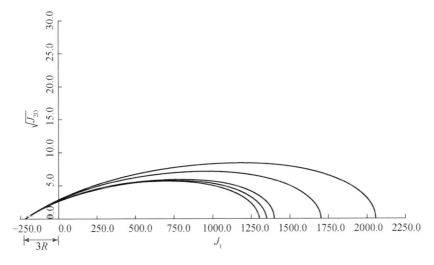

图 5.1　黏结应力和屈服函数的关系示意图

流动函数 $\psi(F)$ 可由下式表示：

$$\psi\left(\frac{F}{F_0}\right) = \begin{cases} 0, & F \leqslant 0 \\ \left(\dfrac{F}{F_0}\right)^{N(\theta)}, & F > 0 \end{cases} \tag{5.12}$$

式中，流动参数 Γ 和指数 N 与温度有关；F 是屈服函数；F_0 是 F 的归一化函数。

扰动参数：与温度有关的扰动参数 A、Z、D_u 已在式 (5.1) 中定义。其中，DSC 模型已由焊料、硅和陶瓷复合材料等的实验室测试数据验证。

5.1.3　有限元方法

将 DSC 模型应用于非线性有限元程序，能够表征弹性、弹塑性、热黏弹塑性以及扰动的影响。具有扰动的一般热黏塑性模型的有限元方程如式 (5.10)～式 (5.12) 所示，对于表 5.1 中的各种选项这些方程将被简化。

$$\sum_m \int_V [B]^{\mathrm{T}} ((1-D)[{}^iC^{evp\theta}] + D(1+\alpha^*)[{}^cC^{evp\theta}])[B](\Delta q^i)\mathrm{d}V$$

$$= (Q) - \sum_m \int_V [B]^{\mathrm{T}}\{\sigma^a\}\mathrm{d}V - \sum_m \int_V [B]^{\mathrm{T}}\{\sigma_n^c - \sigma_n^i\}\mathrm{d}D\mathrm{d}V \tag{5.13}$$

式中，$[B]$ 为应变-位移变换矩阵；α^* 为方程 $\mathrm{d}\varepsilon^c = (1+\alpha^*)\mathrm{d}\varepsilon^i$ 中的相对应变参数；(Δq) 为增量位移向量；m 为单元的数量；上标 $evp\theta$ 表示热黏弹塑性。对于黏塑性分析，可对式 (5.13) 进行时间积分求解；而对于表 5.1 中的其他参数，采用增量选代求解方法。

5.1.4 应用实例

1. 设计

在这里,建立一个受不同振幅和温度循环剪应变作用的典型芯片基板系统。结果由扰动的增长、峰值剪应力以及与 N 有关的加载因子获得。基于疲劳破坏准则(如 $D=50\%,65\%,95\%$),那么就有可能定义破坏时所对应的周期数。全面的参数研究涉及各种参数的变化,可得到疲劳寿命评估的无量纲设计图[2]。

2. 电子封装实例

在此主要介绍通过电子封装材料的各种试验结果来验证基于 DSC 模型的有限元方法,以及利用 DSC 模型的有限元法解决电子封装中的两个典型问题。

第一个实例为利用共晶焊料(60%锡,40%铅)在 84I/O 和 0.64mm 间距的无引线陶瓷芯片载体(LCCC)上进行印刷电路板(FR4,环氧聚酰胺玻璃)的安装试验[3],如图 5.2(a)所示(其中,α 为热膨胀系数;H 为焊点的厚度;L 为焊点一侧至另一侧的距离)。表 5.2 给出了所涉及的各材料参数。

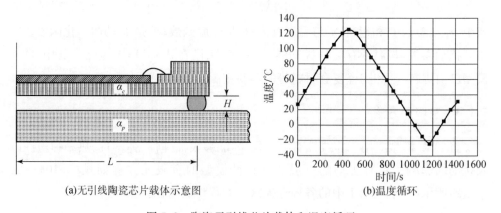

(a)无引线陶瓷芯片载体示意图　　　　　　(b)温度循环

图 5.2　陶瓷无引线芯片载体和温度循环

第二个实例为试验设计涉及的锡球的连接封装问题,其中包括陶瓷球栅阵列(CBGA),这些阵列由包绕受控可折叠连接的(C-4)硅芯片以及氧化铝或氮化铝(ALN)组成。图 5.3 为 CBGA 的实验室模拟测试示意图。不同模型的各种材料参数见表 5.2 和表 5.3。

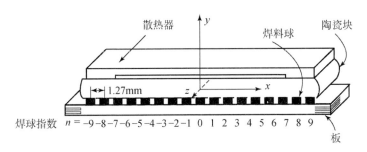

图 5.3　CBGA 实验室模拟测试

表 5.2　实例中的材料参数

参数		例 1：无引线陶瓷芯片载体(LCCC)		例 2：焊球连接(SBC)封装			
		60%Sn-40%Pb		(63%Sn-37%Pb)		(90%Pb-10%Sn)	
		P_{300}	λ	P_{300}	λ	P_{300}	λ
弹性	E	23.0GPa	−0.30	15.7GPa	−4.1	9.29GPa	−1.92
	γ	0.40	0.14	0.40	0.000	0.40	0.0
塑性	γ	0.00082	−0.034	0.00081	−0.158	0.000822	−0.16
	a_1	2.4×10^{-5}	−2.58	0.78×10^{-5}	0.00	1.1×10^{-5}	−0.61
	η_1	0.394	0.00	0.46	0.23	0.44	0.24
	n	2.10	0.0	2.10	0.00	2.10	0.00
	R	217.0MPa	−2.95	208.0MPa	−5.34	122MPa	−1.67
蠕变	Γ	1.80/s	6.20				
	N	2.67	0.00				
扰动	A	0.102	1.55	0.102	1.55	4.97	0.00
	Z	0.676	0.00	0.676	0.0	1.95	0.00
	D_u	1.00	—	0.90	0.00	0.90	0.00

表 5.3　芯片及 PWB：弹性

芯片	E	255.0GPa	陶瓷块	E	318.0GPa
	ν	0.30		ν	0.23
	α_t	$5.4 \times 10^{-6}/℃$		α_t	$5.4 \times 10^{-6}/℃$
PWB	E	12.0GPa	PWB(FR-4)	E	11.0GPa
	ν	0.36		ν	0.28
	α_t	$8.9 \times 10^{-6}/℃$		α_t	$5.4 \times 10^{-6}/℃$

3. DSC 模型的应用

利用各种 DSC 模型的有限元方法可对上述电子封装问题的实验室结果进行验证。

1)黏弹塑性模型

通过等温单轴拉伸试验所得到的数据[4]来验证 DSC 模型。在室温(27℃)下对 Pb37/Sn63 散装焊料(2mm×2mm×1mm)进行位移控制的等温单轴拉伸试验。其有限元网格划分如图 5.4 所示,节点 1、2、3、4、5 在 x 和 y 方向分别固定,分析中使用的材料参数如下:

$$E=23.45\text{GPa}, \quad \nu=0.4, \quad \gamma=8.2\times10^{-4}, \quad \beta=0, \quad n=2.1, \quad a_1=0.24$$
$$\eta_1=0.394, \quad R=217.47\text{MPa}, \quad \Gamma=1.8, \quad N=2.67$$

在所有与时间变化有关系的黏塑性计算分析中,初始时间步长为 0.00001s 且步长之间的变量不同。有限元分析中,图中 y 方向指定位移处加载,共有 15 个载荷步,每个载荷步的增量为 0.0004mm。

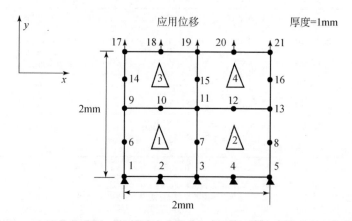

图 5.4　对受单轴拉伸的 Pb37/Sn63 焊锡块进行黏弹塑性分析的有限元网格划分

图 5.5 为试验获得的应力-应变数据与有限元分析结果的对比示意图。由图可知试验数据和有限元预测之间具有良好的相关性。

2)热黏弹塑性模型

通过对尺寸为 2mm×2mm×1mm 的 Pb37/Sn63 焊料(图 5.6)进行纯剪切试验结果[5]所进行的有限元分析预测。

有限元模拟所用的材料参数有

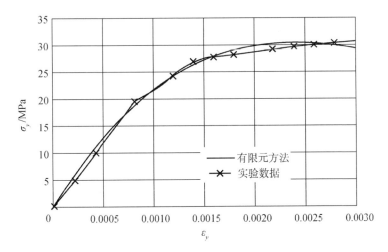

图 5.5　Pb37/Sn63 合金焊料等温单轴拉伸测试数据与黏弹塑性有限元分析结果的对比

$$E = 23.45 \left(\frac{\theta}{300}\right)^{-2.95}, \quad \nu = 0.4 \left(\frac{\theta}{300}\right)^{0.14}, \quad r = 0.00082 \left(\frac{\theta}{300}\right)^{-0.072}$$

$$\beta = 0, \quad a_1 = 0.000024 \left(\frac{\theta}{300}\right)^{-2.578}, \quad \eta_1 = 0.394, \quad \alpha_T = 3 \times 10^{-6} \left(\frac{\theta}{300}\right)^{0.24}$$

$$1/{}^0 K, \quad R = 217.47 \left(\frac{\theta}{300}\right)^{-2.95}, \quad \Gamma = 1.8 \left(\frac{\theta}{300}\right)^{6.185}, \quad N = 2.67$$

在有限元分析中,节点 1、2、3、4 和 5 分别在 x 和 y 方向固定,如图 5.6 所示。x 方向上的位移增量为 0.002mm 并适用于节点 17、18、19、20 和 21。温度从 27℃ 上升至 100℃,增量为 4.87℃。

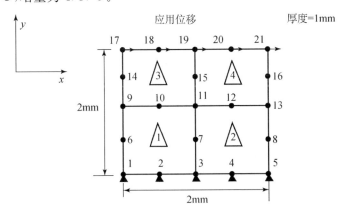

图 5.6　对受到剪应变作用的 Pb40/Sn60 合金焊料进行热黏弹塑性分析的有限元网格划分

　　图 5.7 为利用 DSC 模型分析预测与有限元分析结果的对比示意图。平均剪应力为节点 9、10、11、12 和 13 上剪应力的平均值。对峰值应力水平的有限元预测和分析结果之间的差异可能是由于使用了与实际材料不同的材料特性参数。实际材料为 Pb37/Sn63,但在分析中使用的是 Pb40/Sn60 的材料常数。

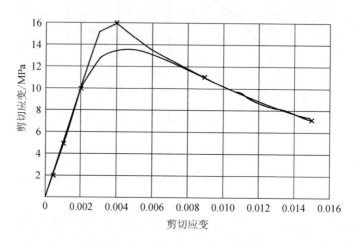

图 5.7　Pb37/Sn63 合金焊料受纯剪作用试验数据与黏弹塑性有限元分析结果的对比

3)受扰动影响的黏弹塑性模型

　　使用 DSC 模型来验证 Pb36.37/Sn63.2/Sb0.31 合金焊料的等温疲劳试验结果[6]。图 5.8 为该焊料在单轴拉伸试验中总机械应变随时间的变化关系。在单轴应变控制下进行等温疲劳试验,其总应变上限为 1%。有限元模型所采用的材料参数与前面相同,扰动参数分别为 $D=1.0, A=0.102, Z=0.676$。

　　图 5.8 中,试验中材料的初始应变为 0.14%,该应变为热应变($=L\Delta\theta\alpha$),其中 L 对应试样的长度为 12mm;$\Delta\theta$ 为从室温至材料总应变为零时的温度的温差;α_T 为热膨胀系数。总应变从 0.14% 开始最终上升至 1.0%,时间跨度为 120s。后达到 1.0% 的总应变下降到 0,然后又升至 0.14%,这是测试开始后的应变变化。

　　如图 5.9 所示,在有限元网格划分中,节点 1~5 同时在 x 和 y 方向上固定,而所有其他节点都是自由的,拉伸位移如上所述并在等温条件下进行试验。因此,分析中用到的材料参数也为等温条件下的材料参数。这一分析的弹性模量由测试数据的卸载部分获得。在这里,当温度为 25℃时,弹性模量 $E=15$GPa;当温度为 80℃时,$E=9$GPa。

　　图 5.10(a)、(b)分别为 25℃ 及 80℃ 单轴拉伸下的测试数据与平均轴向应力和轴向应变有限元分析结果之间的比较。有限元分析中的平均轴向应力主要通过试

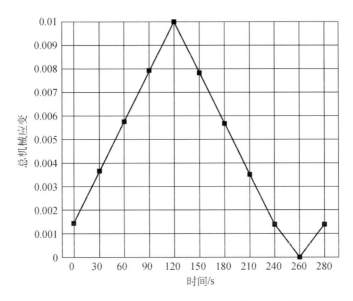

图 5.8　Pb36.37/Sn63.2/Sb0.31 合金焊料在单轴拉伸
试验中总机械应变随时间的变化关系

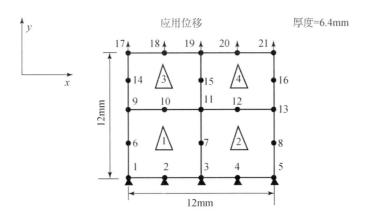

图 5.9　对单轴拉伸下 Pb36.37/Sn63.2/Sb0.31 合金焊料进行
(热)弹黏塑性扰动分析的有限元网格划分

样中间结点的平均轴向应力得到。结果表明,材料的等温单轴拉伸行为得到了很
好的预测,其在个别点上的差异可以归结为以下几个原因。分析中使用的常量适
用于 Pb40/Sn60,而这里测试的材料是 Pb36.37/Sn63.7/Sb0.31。此外,将 Sb 加
入到合金焊料中改变了材料的黏性特征。这个试验的一个重要特点是,它显示了

黏性对 Pb/Sn 合金焊料的重要影响。此材料特性不仅适用于拉伸试验,同时也适用于压缩试验[图 5.10(a)和(b)]。这种行为可以归结为显著的黏性影响,即由于总机械应变受控,材料经历了应力松弛的缘故。

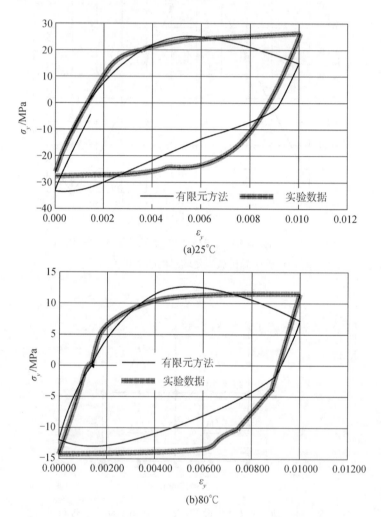

(a)25℃

(b)80℃

图 5.10　Pb36.37/Sn63.2/Sb0.31 合金焊料在等温单轴拉伸下的
试验与 DSC 黏弹塑性有限元分析结果的对比

4)热黏弹塑性扰动状态模型

为了验证这一扰动状态模型,需要用到 Guo 等的试验数据[6]。测试材料为 Pb36.37/Sn63.2/Sb0.31 合金焊料。

从 25℃至 80℃对材料进行热机械疲劳试验,测试得到的总应变由两部分组成:机械应变和热应变。热疲劳试验中,初始热应变为 0.14%,因此总机械应变范围内应该减去 0.14%。总机械应变随温度的变化,如图 5.11 所示。同时可得温度增量和位移增量:时间增量为 1.0s,位移增量为 1/120。

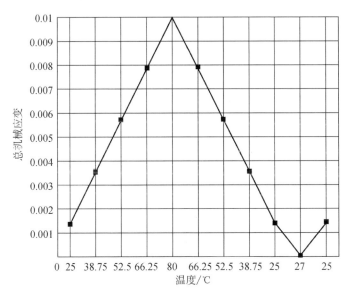

图 5.11　Pb36.37/Sn63.2/Sb0.31 合金焊料的
单轴拉伸试验中总机械应变随温度的变化关系

有限元网格划分和边界条件如图 5.9 所示。随着温度变化,弹性模量 E 的变化范围为 15.2~65.5GPa。图 5.12 为热力学循环疲劳作用下试验数据和有限元分析结果之间的比较。平均轴向应力由试样中间节点的平均轴向应力计算得到。

有限元计算结果无法充分模拟应变接近零时材料的峰值行为。可以推测:出现峰值可能是由于试验误差所致;Guo 等认为峰值应变接近零可能是由于焊接材料流动应力的应变率效应。另一个原因是材料特性受到温度影响从而导致误差的出现,而这其中杨氏模量又是一个影响较大的材料常数。

4. 无引线陶瓷芯片的封装

对于由 84I/O 组成的 0.64mm 间距的无引线陶瓷芯片载体安装在由 Pb40/Sn60 组成的印刷电路板(FR-4 的聚酰亚胺、环氧玻璃)上的试验,其测试组装图如图 5.2(a)所示。由于结构是对称的,因此,在有限元分析中只考虑整个系统的一半。

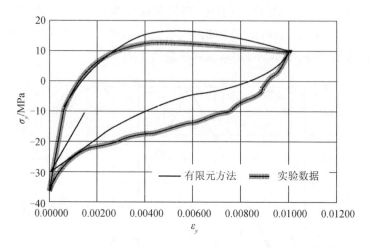

图 5.12　Pb36.37/Sn63.2/Sb0.31 合金焊料块在热力学循环疲劳作用下的
试验数据与受扰动作用的黏弹塑性有限元分析结果比较

　　图 5.13 是陶瓷无引线芯片载体的有限元网格图,焊料的网格划分见图 5.14。芯片基板系统受热荷载循环影响,如图 5.2(b)所示。有限元分析包括 2000 次热循环周期,并分两个阶段进行。第一阶段进行整体的网格划分,在一个热循环的影响下,由于热膨胀错位导致出现不同的应变,从而焊料中出现了相对位移,接着相对位移出现在焊料顶部。第二阶段即对其进行 2000 次热循环。

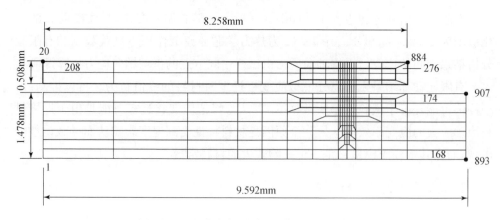

图 5.13　无引线陶瓷芯片载体的有限元离散

　　每一次热循环后都计算出相应的位移、应力、应变和扰动函数值。图 5.15(a)～(c)为循环次数 N 分别等于 100、300 和 400 时扰动的分布情况。值得注意的是,这里的扰动函数包含着累积塑性应变的影响。由此可以看出,扰动函数随着 N

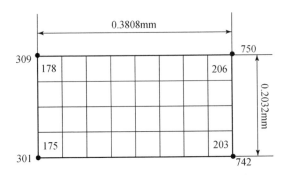

图 5.14　LCCC 中焊料的有限元网格划分

的增加而增加,这种趋势与实验室观察到的类似[3]。但当一个特定的临界扰动函数值 D_c(0.8~0.9)涵盖了大多数(约 90% 区域)的焊料,即可将其视为破坏。此类破坏约发生在 350 次[图 5.15(b)、(c)]。

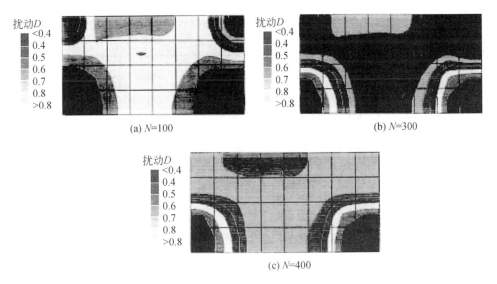

图 5.15　不同热循环下的扰动分布图

通过临界扰动 D_c 定义材料破坏,对于设计和可靠性分析具有潜在的优势。在有限元方法中跟踪是很简单的,这是因为它是本构模型的一部分,它的计算与非线性循环分析是有限元计算的一个组成部分。图 5.16 给出了扰动函数和能量密度/循环周期数的关系示意图,从图中可以看出,在大约 400 个周期中,扰动函数 D 以及导致其稳定性和饱和度的能量变化率出现了一个显著变化,这相当于几乎完全破坏[图 5.15(c)]。

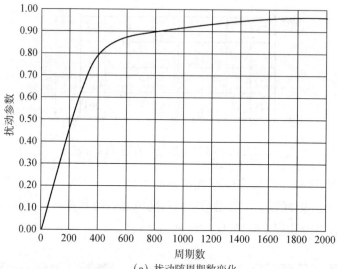

（a）扰动随周期数变化

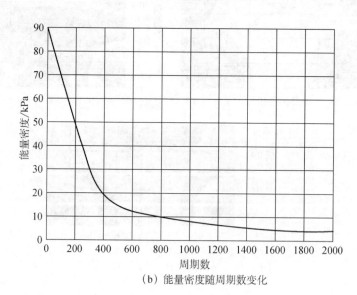

（b）能量密度随周期数变化

图 5.16　计算出的每周期循环次数的扰动和能量密度的变化关系

5. 锡球连接(SBC)封装

在此,主要探讨锡球的连接封装问题。锡球由焊接填料(90%锡,10%铅);(63%锡,37%铅))组成。Corbin[7]利用有限元程序(ANSYS)对该问题进行了分析。为减少计算误差,他分别从宏观和微观两个层面进行了分析:宏观模型模拟采用陶瓷模块和FR-4,其中FR-4由薄板单元组成并用来模拟SBC的球结构。假设陶瓷模块和FR-4是线弹性的,而焊料(焊料球(90%锡,10%铅))和焊料填料(63%锡,37%铅))是弹塑性的,且与弹性模量和屈服应力有关。其中,宏观分析中的净位移或相对位移用于输入极限情况下的边界加载条件。

上述问题已通过DSC模型及其关联的有限元法进行了分析[8,0],但与Corbin的研究方法有所不同。其区别在于以下几个方面。

(1)基于DSC模型的有限元法中,焊料的力学行为通过允许塑性屈服的DSC模型模拟,其扰动函数受包括内部微裂纹的扰动和焊料强度降低的影响。

(2)模块/球阵列/系统的维数有所不同。Corbin认为25mm×25mm的SBC模型能够模拟间距1.27mm(中心到中心)的19×19的焊球阵列;而基于DSC模型的有限元法中所使用的模型更小,仅为21mm×21mm。此外,目前的研究基于系统响应包括不同锡球间距(1.00、1.27、1.5mm)对参数评价的影响。

(3)基于DSC模型的有限元法中,使用的有限元程序是理想化的二维平面应变程序。而Corbin为减少计算误差,进行宏观和微观两个层面上的分析。在图5.17给出的有限元划分网格为间距1.27mm、360/304节点/单元典型焊料球的4节点单元。

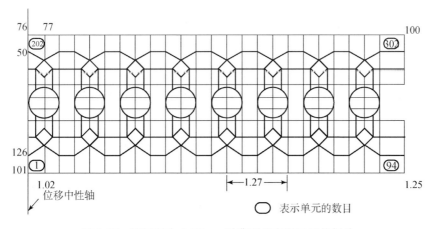

图 5.17 球间距为 1.27mm 时典型的有限元网格划分

（4）球顶部和底部的钼和铜垫不在此项分析范围内。这是为了简化分析,也因为破坏往往发生在填料处而不是在铜垫上。

在宏观层面,该系统受到单一的热循环作用,如图 5.18(a)所示。剪切(平移)和轴向位移主要通过极限焊料球的中间平面计算;球间距为 1.27mm 的典型结果如图 5.18(b)所示。

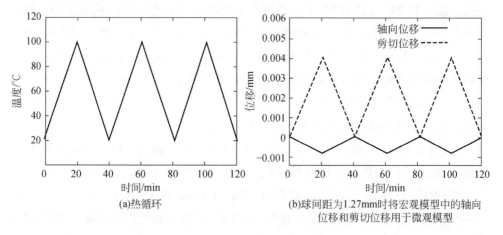

图 5.18　热循环和应用位移

由前述可知,基于 DSC 模型的有限元法能够得出令人满意的计算结果,且获得的位移更大,其主要原因是所用的模块尺寸小于 Corbin 用的模块以及在 DSC 模型中考虑了扰动(微裂纹)的影响。

5.1.5　结论

扰动状态概念可以为电子封装问题中材料和节理的热力学行为提供一个统一、综合的本构模拟方法。这种方法允许用户根据具体材料和需要选择简单或复杂的模型,包括受扰动影响的弹性、热塑性、热黏塑性模型等,各种不同的 DSC 模型通过对铅锡焊料或陶瓷材料的实验室测试数据进行了分析验证。对于电子封装中的两个问题:陶瓷无引线芯片和锡球连接封装,可应用基于 DSC 的有限元方法进行模拟分析,通过将其与相应的实验室测试数据相比较,结果令人满意。

5.2　扰动状态概念应用于热疲劳作用下材料的寿命预测

在电子工业所有的黏接技术中表面贴装技术(SMT)是发展最快的。发展如此之快是因为 SMT 增加了 I/O 的互连密度,即通过提供更多的空间。而不利之处在于 SMT 焊点容易发生热疲劳。因此,表面贴装元件的可靠性已成为关键问题。低循环焊点热疲劳发生的主要原因是各组件之间的 CTE 无法匹配。半导体器件往往会经历由于电路散热或环境变化而引起的温度变化。由于 CTE 的不匹配,不同的伸长和收缩将在各层中发生。其结果是,各层之间的焊点将会受到循环剪切应变作用和蠕变损伤[10]。当在振动的环境中使用半导体器件时,动态应变可能会导致疲劳机制的产生,有时会成为故障发生的主要原因。目前在微电子工业中,普遍认为焊点上振动引起的应力是具有弹性的。

本节将介绍一个统一的扰动状态本构模型,并将其应用于动态和热荷载下疲劳寿命分析的非线性有限元分析程序,以考察热和振动对焊点疲劳寿命的影响。其中,焊点的疲劳寿命由 Miner 准则和有限元分析分别分析确定。应用 Miner 准则,先单独确定每个负载类型造成的破坏,而后将其叠加并联合评估焊点整体的疲劳寿命;而有限元法则同时耦合振动和热循环的影响,随后直接计算出疲劳寿命。

5.2.1 热黏弹塑性模型

蠕变对疲劳损伤的影响非常重要。假设为小应变,则热弹黏塑性问题中的总应变增量可以分为三个部分:

$$\mathrm{d}\varepsilon_{ij} = \mathrm{d}\varepsilon_{ij}^{\theta} + \mathrm{d}\varepsilon_{ij}^{e} + \mathrm{d}\varepsilon_{ij}^{vp} \tag{5.14}$$

式中,$\mathrm{d}\varepsilon_{ij}^{\theta}$、$\mathrm{d}\varepsilon_{ij}^{e}$ 和 $\mathrm{d}\varepsilon_{ij}^{vp}$ 分别表示热、弹性和黏塑性应变张量增量。

热应变增量如下式所示:

$$\mathrm{d}\varepsilon_{ij}^{\theta} = \alpha_T \mathrm{d}\theta I_{ij} \tag{5.15}$$

式中,α_T 表示热膨胀系数;$\mathrm{d}\theta$ 为温度增量;I_{ij} 是单位矢量。

弹性应变增量被定义为

$$\mathrm{d}\varepsilon_{ij}^{e} = D_{ij}^{e} \mathrm{d}\sigma_{ij} \tag{5.16}$$

式中,D_{ij}^{e} 表示弹性本构张量矩阵的逆矩阵。

为了得出式(5.14)中的黏塑性应变增量,需要定义一个黏塑性应变速率函数。Chandaroy[11] 指出焊点的微观结构和晶粒尺寸取决于其冷却速度、寿命、温度和应变历史。对于 Pb/Sn 焊剂合金来说,使用的蠕变函数必须考虑材料的微观结构。与此同时,它的形式在边界值问题中又要足够简单。因此,在提出的本构模型中,其应变速率函数如下:

$$\dot{\varepsilon}_{ij}^{vp} = A \left(\sinh(B\bar{\sigma})\right)^{n} (d)^{m} \exp\left(\frac{-Q}{k\theta}\right) \frac{\partial \bar{\sigma}}{\partial \sigma_{ij}} \tag{5.17}$$

式中，A、B、n 和 m 是材料常数；$\bar{\sigma}$ 表示 Von-Mises 等效应力，由 $\bar{\sigma} = \sqrt{3J_{2D}}$ 给出；d 表示平均焊料晶粒的尺寸；Q 为蠕变激活能量；k 为玻尔兹曼常量；θ 表示热力学温度，单位为 K；σ_{ij} 是总应力张量。

对式(5.17)进行泰勒级数展开和时间积分，在热弹黏塑性的情形下，产生的增量应力-应变关系为

$$(\mathrm{d}\sigma_{ij}) = (C_{ijkl}^{evp\theta})_n (\mathrm{d}\bar{\varepsilon}_{kl})_n \tag{5.18}$$

$$(C_{ijkl}^{evp\theta})_n = [[C_{ijkl}^{\theta}]^{-1} + \Delta t \chi [G_1]_{ijkl}]_n^{-1} \tag{5.19}$$

$$(\mathrm{d}\bar{\varepsilon}_{ij})_n = [\mathrm{d}\varepsilon_{ij} - \Delta t \dot{\varepsilon}_{ij}^{vp\theta} - \Delta t \chi [G_2]_{ij} \mathrm{d}\theta - \alpha_T \mathrm{d}\theta I_{ij}]_n \tag{5.20}$$

式中，Δt 表示黏塑性应变率积分的时间增量；χ 是时间积分系数；$[G_1]$ 表示相对于总应力的黏塑性应变率函数的一阶导数；$[G_2]$ 表示相对于温度的黏塑性应变率函数的一阶导数。

5.2.2　材料模型的验证

现对提出的本构模型通过试验数据进行验证。

Adams[12] 使用 Instron1122 试验机对 Pb40/Sn60 散装焊料样本进行了一系列的拉伸试验。试验以一个恒定的速度进行，但因为仅施加一个小应变，因此需要假设一个恒定的真实应变率。测试的温度范围为 $-55 \sim 125$℃，应变率范围为 $8.33 \times 10^{-5} \sim 8.33 \times 10^{-2}$ s。材料样本为 60/40 Pb/Sn 焊料。杨氏模量 E(GPa) = $62.0 \sim 0.067\theta$。

图 5.19 为 22℃时不同应变率下本构模型结果与测试数据的比较。图 5.20～图 5.22 为不同温度下应变率分别为 1.67×10^{-2} s、1.67×10^{-3} s 和 1.67×10^{-4} s 时应力与应变的比较结果。

通过与试验数据的比较表明，提出的本构模型可以合理地预测材料的行为，特别是针对小应变率的情况。测试数据和模拟之间的差异主要发生在曲线的硬化区，因此，需要提出一个更好的硬化模型。

5.2.3　有限元法用于热疲劳预测

位移增量形式的平衡方程如下[13]：

$$\int_V [B]^{\mathrm{T}} \{d^r\sigma_n^c\} = \{Q_{n+1}\} - \int_V [B]^{\mathrm{T}} \{d^r\sigma_n^c\} \tag{5.21}$$

式中，$[B]$ 表示应变-位移的变换矩阵；$\{d^r\sigma_n^c\}$ 表示平均应力矢量增量；V 为体积；n 为负载步数；r 代表迭代次数；$\{Q_{n+1}\}$ 是载体的节点外部负载。

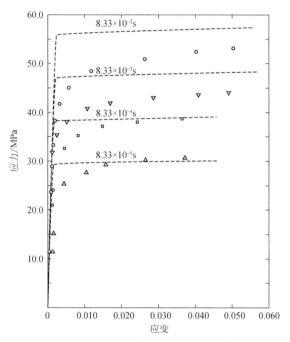

图 5.19 22℃时不同应变率下轴向应力与轴向应变响应的比较

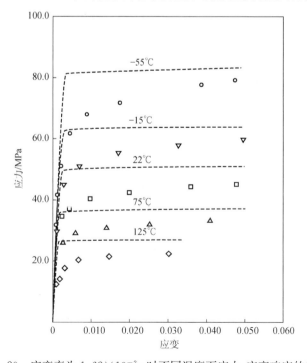

图 5.20 应变率为 1.62×10^{-2} s 时不同温度下应力-应变响应的比较

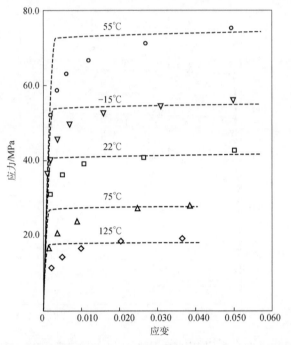

图 5.21　应变率为 1.62×10^{-3} s 时不同温度下应力-应变响应的比较

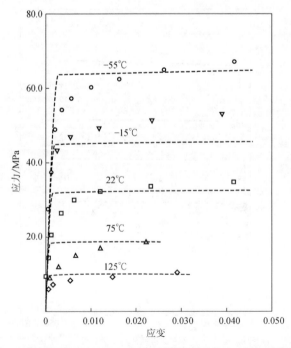

图 5.22　应变率为 1.62×10^{-4} s 时不同温度下应力-应变响应的比较

在式(5.21)中引入惯性、阻尼力和 Newmark 隐式方程,得到以下有限元平衡方程:

$$[^{r-1}\hat{K}_n]\{rdq_{n+1}\} = \{Q_{n+1}\} - \int_V [B]^{\mathrm{T}}\{^{r-1}\sigma_n^a\}\mathrm{d}V - \int_V [B]^{\mathrm{T}}\{^{r-1}\sigma_n^c - ^{r-1}\sigma_n^i\}\mathrm{d}D_n\mathrm{d}V$$

$$+ \int_V \Delta t_n [B]^{\mathrm{T}}[^{r-1}L_n^{evp\theta}]\{^{r-1}\varepsilon_n^{vp\theta}\}\mathrm{d}V + \int_V \Delta t_n \chi \mathrm{d}\theta [B]^{\mathrm{T}}[^{r-1}L_n^{evp\theta}][^{r-1}G_2]_n\{\bar{I}\}$$

$$+ \mathrm{d}\theta [B]^{\mathrm{T}}[^r L_n^{evp\theta}]\{\bar{I}\}\mathrm{d}V - [M]\left\{\frac{4}{\Delta t_d^2}(^{r-1}q_{n+1} - q_n) - \frac{4}{\Delta t_d}\dot{q}_n - \ddot{q}_n\right\}$$

$$- [C_n]\left\{\frac{2}{\Delta t_d}(^{r-1}q_{n+1} - q_n) - \dot{q}_n\right\} - [M]\{\ddot{q}_g\}_{n+1} \tag{5.22}$$

式中

$$[^{r-1}\hat{K}_n] = [M]\frac{4}{\Delta t_d^2} + [C_n]\frac{2}{\Delta t_d} + [^{r-1}K_n] \tag{5.23}$$

$$[^{r-1}K_n] = \int_V [B]^{\mathrm{T}}[^{r-1}L_n^{evp\theta}][B]\mathrm{d}V \tag{5.24}$$

$$[^{r-1}L_n^{evp\theta}] = [(1-D_n)_{r-1}{}^i C_n^{evp\theta}] + D_n(1+\alpha) \times [^c_{r-1}C_n^{evp\theta}] \tag{5.25}$$

$$[C] = \alpha_1[M] + \alpha_2[K] \tag{5.26}$$

式中,$\{d^r q_{n+1}\}$ 表示位移增量矢量;Δt_n 是黏塑性时间积分的时间步长;$\{q\}$、$\{\dot{q}\}$ 和 $\{\ddot{q}\}$ 分别表示节点位移、节点速度和节点加速度矢量;$\{\ddot{q}_g\}$ 是基本加速度矢量;$[M]$ 为质量矩阵;$[C]$ 为阻尼矩阵;α_1 和 α_2 为 Rayleigh 阻尼系数;$[K]$ 是刚度矩阵。

在黏塑性问题中,当收敛到一个稳定的状态时,即可通过检查每一个时间步长中的黏塑性应变率进行检测[13]:

$$\left[\frac{\sum\{\Delta\varepsilon_n^{vp\theta}\}}{\sum\{\Delta\varepsilon_1^{vp\theta}\}}\right] \times 100 < 公差 \tag{5.27}$$

对于动态平衡,收敛准则应符合以下条件[14]:

$$\frac{\|\{^{r-1}F_{n+1}\} - [M]\{^{r-1}\ddot{q}_{n+1}\} - [C]\{^{r-1}q_{n+1}\}\|_2}{\mathrm{RNORM}} \leqslant \mathrm{RTOL} \tag{5.28}$$

$$\frac{\mathrm{d}^r q_n[\{^{r-1}F_{n+1}\} - [M]\{^{r-1}\ddot{q}_{n+1}\} - [C]\{^{r-1}q_{n+1}\}]}{\mathrm{d}^1 q_n[\{F_n\} - [M]\{\ddot{q}_n\} - [C]\{\dot{q}_n\}]} \leqslant \mathrm{ETOL} \tag{5.29}$$

5.2.4 陶瓷芯片载体和印刷布线板之间焊点的疲劳寿命分析

在此对表面贴装技术中 Pb40/Sn60 焊点的疲劳寿命和应力-应变响应受热循环和振动的影响进行了研究。图 5.23 和图 5.24 分别给出了热循环和振动随时间的变化关系。这里同时考虑了低周疲劳和高周疲劳,因为施加了动力荷载,焊料合金的行为可以是弹性的,也可以是非弹性的,这取决于振动的加速度和频率。对低周疲劳(循环低于 10^4),损伤用公式计算;对高周疲劳(循环超过 10^4),损伤计算使用下列准则:

$$D = \sum \left(\frac{n_i}{N_i} \right) \tag{5.30}$$

式中,n_i 是经历的周期数;N_i 是发生疲劳破坏的总周期数。高周疲劳寿命的测试方法由 Steinberg[15] 给出。

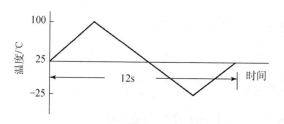

图 5.23 热荷载随时间的变化

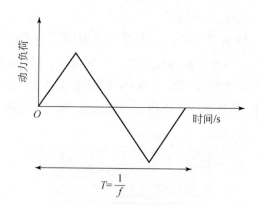

图 5.24 动力荷载随时间的变化

复合加载情况首先通过叠加使用 Miner 准则的振动和热荷载造成的损伤进行模拟。第二阶段中,耦合热黏塑性动态分析如前面所述,其中总损伤由有限元程序直接进行计算。同时对三个独立的荷载组合进行有限元分析,这三种情况下材料疲劳寿命的研究结果如下。

1. 载荷工况 I

该工况条件为:热循环温度范围为 $-25 \sim 100$℃;X 方向的振动为 5g-10Hz。
图 5.25 为室温 25℃时仅在 X 方向施加动力荷载 5g-10Hz 时焊点的剪切应

力-应变响应。在 120 次循环后，响应仍是弹性的。图 5.25 为对电子封装材料进行单独的热分析，可以发现焊点上的应力是非常小的，原因可能是由于造成 Pb/Sn 焊点损伤的主要因素是蠕变损伤，而 12s 加载的时间不足以引起任何显着的蠕变损伤[16]。同时 Basaran 等[9]的研究表明，长时间的热循环会引起显著的蠕变损伤。图 5.26 为在 X 方向上同时施加热荷载和动力荷载时 Pb40/Sn60 焊点的应力应变响应。

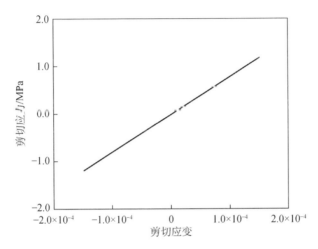

图 5.25　仅在 X 方向上施加 5g-10Hz 的动力荷载时的应力-应变响应

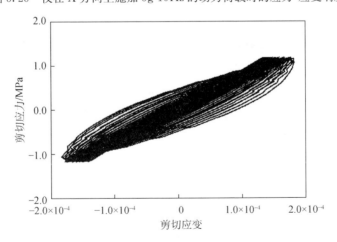

图 5.26　仅在 X 方向施加热荷载和动力荷载时的应力-应变响应

从图中可以看出，在两种荷载同时作用下，材料出现显着的塑性，发生这种行为的主要原因是较高的温度降低了材料的性能（尤其是杨氏模量）。随着温度的升高,塑性应变水平开始增加时,应力-应变曲线包含的区域变得更大。最外层的曲线代表的是第 30 次动力循环时的曲线,在该点时温度是最高的。当温度降低至 100℃ 以下时,塑性应变水平开始降低,并在室温时返回到原来的位置。温度循环的冷却区也会导致塑性变形的产生,但变形显然小于室温时,这是因为杨氏模量在低于室温的温度下会持续增大。需要指出的是,由于循环加载,更高温度下发生的塑性应变将会在冷却期间减小。其结果为:尽管实际中的损伤很大,但最终的塑性应变非常小。

图 5.27 所示为累积损伤随动态周期的变化。由此比较了 Miner 准则和有限元耦合分析两者的损伤值。Miner 准则低估了损伤,而高估了疲劳寿命。值得注意的是,30 次动态循环时曲线发生急剧变化,而此时正对应着最高温度 100℃。超过 30 次循环后,损伤随温度的降低而未发生太大的变化。

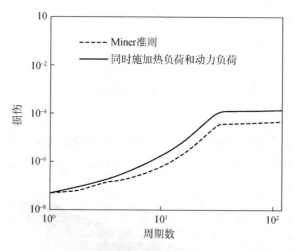

图 5.27　仅在 X 方向施加热荷载和动力荷载时损伤随周期数的变化关系

2. 载荷工况 Ⅱ

此工况下仅在 Y 方向上施加动力荷载。

图 5.28 为仅在 Y 方向上施加 5g-10Hz 的动力荷载时应力应变响应。在这种情况下,不同于工况 Ⅰ,在仅施加动力荷载时材料会产生塑性变形,随后将导致低周疲劳。图 5.29 为仅在 Y 方向上施加热荷载和 5g-10Hz 的动力荷载时应力应变响应。在振动过程中焊点上的剪切应力水平被认为是可以忽略不计的。随着温度的升高,塑性应变开始增加,并在最高温度 100℃ 时达到最大值。在此温度下的滞

后曲线具包含的区域最大。随着温度再次下降,塑性应变开始减小并在最低温度降至最低。此时最大应变水平是工况 I 时的两倍。图 5.30 为仅在 Y 方向上施加热荷载和 5g-10Hz 的动力荷载时损伤随动态周期数的变化关系。

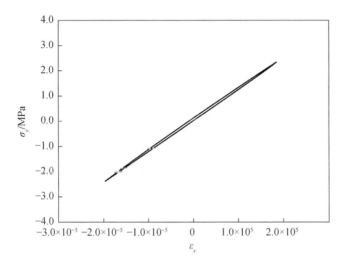

图 5.28　仅在 Y 方向上施加 5g-10Hz 的动力荷载时的应力-应变响应

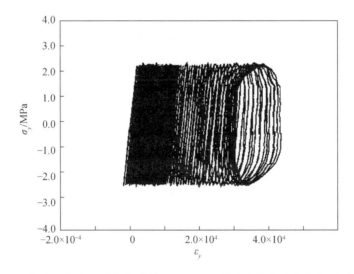

图 5.29　仅在 Y 方向上施加热荷载和 5g-10Hz 的动力荷载时的应力-应变响应

从图中可以看出,造成的损伤远大于仅在 X 方向上施加热荷载和动力荷载。这主要是因为结构的边界条件所致即材料仅固定 Y 方向上的边界,中央部分产生了显著的位移,从而在焊点上出现了更大的应力和应变。同时也可以发现 Miner 准则过高估计了疲劳寿命。

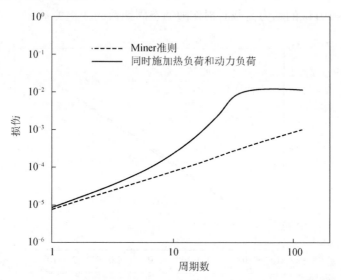

图 5.30　仅在 Y 方向上施加热荷载和 5g-10Hz 的动力荷载时损伤随动态周期数的变化关系

3. 载荷工况Ⅲ

在此种荷载工况下,同时在 X 和 Y 两个方向上施加热循环荷载和动力荷载。图 5.31 和图 5.32 分别表示只在焊点施加动力荷载时的剪切应力应变响应和轴向应力应变响应。

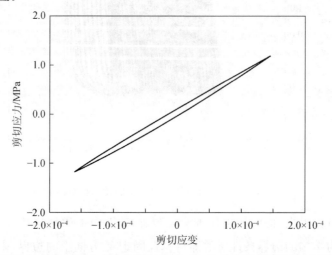

图 5.31　同时在 X 和 Y 两个方向上施加 5g-10Hz 的动力荷载时的剪切应力应变响应

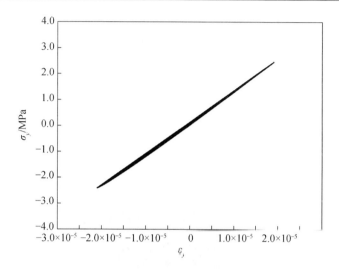

图 5.32　同时在 X 和 Y 两个方向上施加 5g-10Hz 的
动力荷载时的轴向应力应变响应

图 5.32 表明上述工况下的最大剪应力水平与仅在 X 方向上施加振动几乎是相同的。尽管事实表明焊点的能量耗散由于较大的塑性应变而变得很大,但这可能是由剪切应力的垂直位移所造成的。

图 5.33 为同时在 X 和 Y 两个方向上施加热荷载和 5g-10Hz 的动力荷载时剪切应力应变响应。同工况Ⅰ和Ⅱ比较可知,荷载情况下达到的最大应变水平较大。

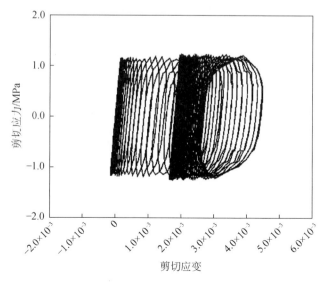

图 5.33　同时在 X 和 Y 两个方向上施加热荷载和 5g-10Hz 的
动力荷载时的剪切应力-应变响应

其结果是,在此边界条件下同时在 X 和 Y 两个方向的加载造成的损伤最大。在此响应中观察到的另一个特点是,随着温度的降低,塑性应变开始减少,但在室温时未回到原来的位置,即使在较低的温度下,也停留在一定的塑性应变水平。

图 5.34 为同时在 X 和 Y 两个 $\sigma_y\varepsilon_y$ 方向上施加热荷载和 5g-10Hz 的动力荷载时轴向应力应变响应。比较工况 I 和 II,可以得出这样的结论:在焊点 X 和 Y 方向同时施加振动对其应力应变响应未有任何影响。

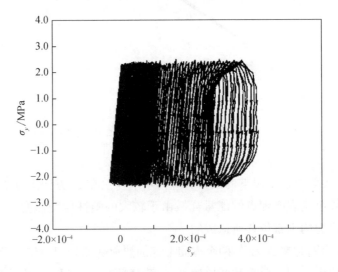

图 5.34　同时在 X 和 Y 两个方向上施加热荷载和 5g-10Hz 的
动力荷载时的轴向应力-应变响应

图 5.35 为同时在 X 和 Y 两个方向上施加热荷载和 5g-10Hz 的动力荷载时损伤随动态周期数的变化关系。耦合分析的结果与 Miner 准则的结果比较时,观察到一个数量级的差异。Miner 准则大大低估了总损伤,因此高估了疲劳寿命。后者的观察结果表明,进行耦合分析是必不可少的。

比较图 5.30 和图 5.35,可以看出,损伤水平是接近的,但同时在 X 和 Y 两个方向上施加热荷载和动力荷载时损伤仅略大于在 Y 方向上施加造成的损伤。因此,可以得出结论,对一个特定的边界条件,仅在焊点 Y 方向上加载要比在 X 方向上加载的造成的损伤大得多。

5.2.5　结论

本节提出一种统一的本构模型,对表面贴装技术中电子封装焊点的疲劳寿命进行了预测,并将耦合热黏塑性动态分析结果与使用 Miner 准则的疲劳寿命预测

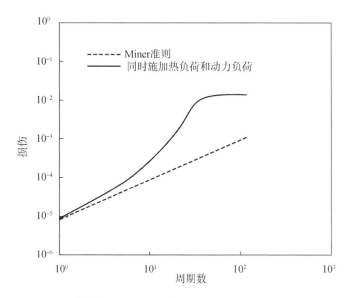

图 5.35　同时在 X 和 Y 两个方向上施加热荷载和 5g-10Hz 的
动力荷载时损伤随动态周期数的变化关系

进行了对比。比较结果表明,Miner 准则大大低估了系统中的累积损伤;同时也表明,焊点疲劳寿命的可靠性无法由仅经历热循环的分析单独确定;而动力荷载在存在热荷载的情况下,同样也可产生低周循环疲劳;很显然,同时施加热荷载和动力荷载显著缩短了疲劳寿命。

5.3　扰动状态概念应用于路面材料的数值模拟

基于可测量的路面材料响应建立适当的本构模型是很有必要的,它能对实际路面的行为进行预测。一个统一的本构模型应包含一些重要因素,如弹性、塑性、蠕变变形,微裂纹导致的软化、断裂和破坏,重复的机械和热荷载下的愈合或强化的作用。因为材料往往会以耦合的方式受到这些因素的影响。

过去,已开发利用了许多基于弹性(如弹性模量)、塑性和黏弹性的模型。然而,大多数模型都不能以一种统一的方式解释影响路面行为的重要因素。它们的组合形式会导致模型的不适用,并增加其复杂性和模型中参数的数量。

本节介绍 DSC 本构模型,并将其用于模拟地质材料组成的路面基础[17]。给出的材料是沥青混凝土。主要研究内容如下:评述现有分析方法及其限制;对路面材料的统一建模方法进行描述;简要说明二维和三维非线性有限元法计算程序中的 DSC 模型,其中考虑路面材料的永久变形(车辙)、微裂纹和断裂以及机械和热荷载作用下的反射裂缝等。

5.3.1 路面材料的分析与设计方法

图 5.36 为路面设计、维护和修复的不同方法的示意图。经验方法主要基于丰富的经验或某些引入系数,如加州承载比、限制剪切破坏和限制挠度。但这些系数和经验可能不包含多维几何形状、荷载、实际材料的行为和多层路面系统的位移以及应力-应变空间分布的影响。因此,使用这样的经验方法,可考虑的因素有限。

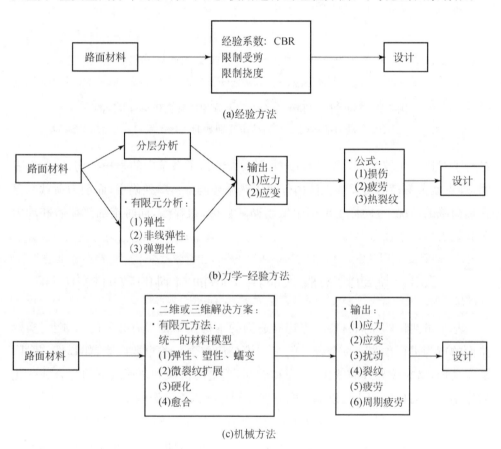

(a)经验方法

(b)力学-经验方法

(c)机械方法

图 5.36　路面材料的分析和设计方法

力学-经验(M-E)方法是基于弹性、塑性和黏弹性等力学准则的有限利用。它包括两个阶段:在第一阶段中,层状路面系统是通过使用一种机械模型如层状弹性理论和有限元程序进行分析,其中包括弹性、非线弹性(如弹性模量模型)或弹塑性本构模型如 Von Mises 准则、Mohr-Coulomb 准则和硬化或连续屈服准则。在第二阶段中,上一阶段所得的沥青层的底部的拉伸应变 ε_t,路基层顶部的竖向压缩应变 ε_c,车轮荷载下的竖向应力 σ_y 以及沥青层的底部的拉伸应力将用于经验公式并进行计算。

M-E 方法对一般的经验方法进行了改进。但仅仅通过经验公式的评价预测可能无法给出材料准确的多维几何、非均匀性、各向异性和非线性的响应,通常这些响应依赖于应力、应变、时间、环境因素以及重复加载的影响。

对路面设计通常依据设计规范(指南),现有的设计规范(指南)已包括 M-E 方法。虽然目前有关高性能沥青路面的研究都在试图开发一种通用和统一的材料模型,这些模型主要基于特殊材料特性如线弹性蠕变、黏塑性蠕变、损伤和断裂模型的临时组合,部分模型已被应用于路面工程实践中。但临时组合的模型可能不适合描述实际材料的力学行为,如在加载下产生的弹性、塑性、蠕变、损坏、断裂、软化和愈合。

另一方面,能够克服上述限制的统一模型——DSC 模型可适用于机械、地质及其他工程领域。其中 DSC 的 HISS 模型已被成功用于复合材料。在此介绍的有关路面材料 DSC 模型其实就是 HISS 模型的一种特殊情况,其相比许多其他模型更具统一性和经济性。

5.3.2　路面材料的扰动状态模型

本节所提出的 DSC 模型,其思路见图 5.37。主要涉及以下几方面:

(1)对统一的、分层的 DSC 本构模型进行简要说明。

(2)DSC 模型对不同路面材料进行预测的能力,由机械荷载和环境荷载下的塑性和蠕变应变作用所产生的如永久变形、微裂纹、断裂、反射裂缝、热裂缝的影响。

(3)DSC 模型中参数的确定及实验室数据的验证。

(4)使用 DSC 模型对实验室测试数据进行验证。

(5)DSC 的二维和三维有限元程序实现。

(6)利用实验室模拟岩土工程和路面工程领域的问题,分析 2D 和 3D 的路面问题。

(7)使用 DSC 统一方法对路面结构进行设计,维护和修复。

1. 断裂

在经典的断裂力学中,通常都会提到:在路面的沥青铺装和底座之间的界面处

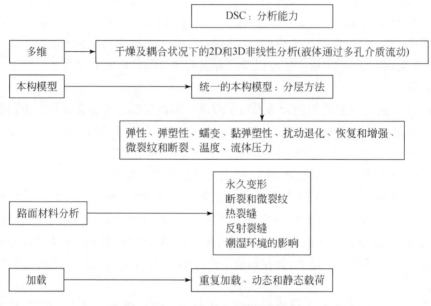

图 5.37　扰动状态概念的分析能力

裂纹是任意尺寸的。而断裂力学中的方程用于评估裂纹的产生和扩展则被认为是有一定限制的,因为初始裂纹的选择及其位置往往是随意的,裂纹可能会由于几何形状、材料属性、负载、初始裂缝等因素而在路面的任意地段产生。此外,断裂理论还不包含材料的非线性(弹塑性和蠕变)特性。

在 DSC 中,允许微裂纹的萌生位置的确定以及微裂纹基于几何形状、非线性特性和加载条件的扩展。图 5.38(a)为裂纹扩展直至断裂的过程与应力-应变曲线关系示意图。在这里,微裂纹的萌生是确定临界扰动函数 D_{cm} 和最终扰动函数 D_c 的关键。其中,D_{cm} 和 D_c 的值通过实验室测试中准静态或循环荷载作用下表现出软化或愈合响应时确定。

在 DSC 的计算机分析中,单元中微裂纹的萌生将给予给定的 D_{cm} 值进行确定。随着微裂纹凝聚和扩展,达到 D_c 值,则材料发生断裂。当扰动值大于 D_c 说明当 $D = D_f$ 时由于断裂导致材料的破坏,如图 5.38(b)所示。分析提供了(循环)加载下微裂纹和断裂扩展的完整图。从测试数据中得到 D_c 后,DSC 即可对微裂纹至断裂、破坏和液化提供一个非常有用的结果。因此,针对裂缝位置和几何形状的需要,DSC 提供了一种自然和整体的断裂力学方法。

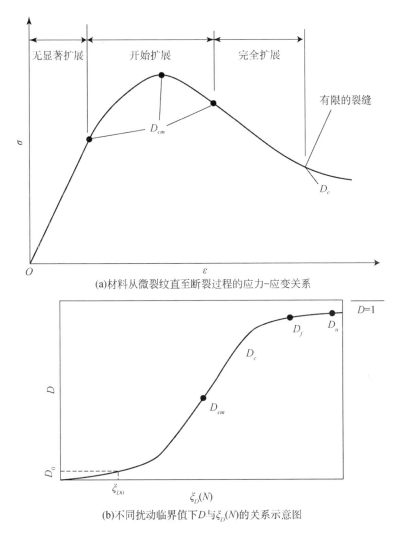

(a)材料从微裂纹直至断裂过程的应力-应变关系

(b)不同扰动临界值下D与$\xi_D(N)$的关系示意图

图 5.38　微裂纹扩展直至断裂及扰动状态示意图

路面材料如沥青、混凝土和土壤在压缩和拉伸中会表现出不同的软化或退化行为,因此,扰动函数在拉伸和压缩时也是不同的。如前所述的塑性行为,根据所计算应力、压缩或拉伸可能有必要使用到不同的屈服函数。

2. 愈合或强化

在 DSC 模型中修正扰动函数 D 使之考虑到材料的软化和愈合。该方法已成功地应用于温度引起的硅杂质的硬化。同时通过测试发现,它也较易应用在路面材料的愈合过程中。

3. 界面和节理

DSC 的一个显著特性是上述框架可以应用到界面和节理行为的模拟并进行建模。在这里主要关注的是实体材料,如沥青、混凝土和土壤。

4. 压缩和拉伸响应

路面材料(如沥青)很可能会受到压缩和拉伸,有时初始应力状态为压,而在加载过程中可能会变为拉。因为材料的行为在受压和受拉时通常是不同的,相应地材料参数也会不同。同时,压缩和拉伸时的屈服面也是不同的。这就需要利用前面所述的 HISS 模型。

然而,在压缩和拉伸中可以实现不同的 HISS 面。图 5.39 为压缩和拉伸中屈服面的示意图。在图 5.39(a)中,正的 J_1 表示压缩,负的 J_1 表示拉伸。在图 5.39(b)中,正的主应力表示压缩而负的表示拉伸,但是,符号 J_1 依赖于主应力的大小和性质(正或负)。

当应力的初始状态为压(J_1-正),但在加载过程中变为拉(J_1-负),那么压缩屈服面的虚线部分是不适用的,此时拉伸屈服面开始作用。如果初始应力状态为拉(J_1-负),而在加载过程中变为压(J_1-正),则拉伸屈服面的虚线部分是不适用的,此时压缩屈服面开始作用。

在计算过程中,同时对压缩和拉伸屈服面提供材料参数是非常有必要的。这些参数需要通过从压缩和拉伸试验确定。然后,根据所计算的 J_1 的符号来判别适当的压缩或拉伸屈服面用于本构矩阵的建立。

需要注意的是,由于 J_1 的减少(无剪切)而导致的卸载,将涉及屈服面的内塑性应变增量,这就必须要考虑到塑性的影响。因此,当前的模型仅预测弹性响应。

5. 材料参数

一般涉及微裂纹、断裂和软化等影响因素的 DSC 模型都包括以下参数。

弹性参数:如杨氏模量 E 和泊松比 ν。这些都可以从三轴试验中(偏)应力与(轴向)应变、体积应变与应变等的卸载曲线确定。这些参数都可以被视为应力如平均压力 p 和剪切应力 $\sqrt{J_{2D}}$ 的函数。弹性模量 M_R,可以被认为非线性模型中的一个特殊情况。

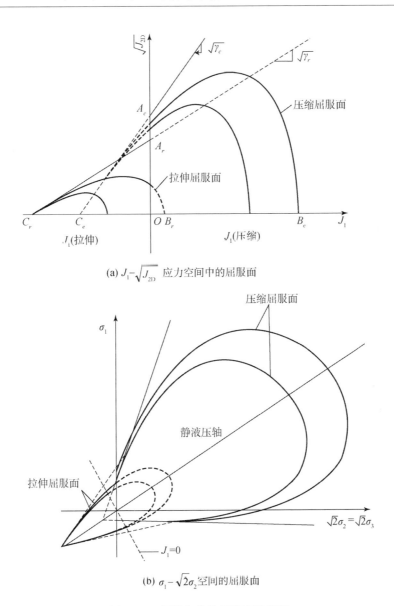

(a) $J_1 - \sqrt{J_{2D}}$ 应力空间中的屈服面

(b) $\sigma_1 - \sqrt{2}\sigma_2$ 空间的屈服面

图 5.39　压缩和拉伸屈服面示意图

塑性参数:取决于所使用的模型,例如,Von Mises 模型的参数内聚强度 c(或屈服应力 σ_y);Mohr-Coulomb 模型参数内聚强度 c 和摩擦角 ϕ。

蠕变参数:对于的黏弹塑性(Perzyna)模型,参数 Γ、N 被由应变随时间变化的蠕变曲线确定。

扰动参数:参数 A、Z 基于软化响应确定。D_u 的值都一般假定为 0.9。

热效应参数:参数 λ 的确定基于测试数据中随温度变化的参数变化。

如果需要描述黏弹塑性和扰动(微裂纹、断裂、软化)特性,则一般 DSC 模型中都需要上述的参数。然而,要注意参数只对一个特定的选项适用。

6. 验证

DSC 模型及其特殊形式对广泛的材料如土壤、岩石、混凝土、沥青、金属(合金)、硅及界面和节理等进行了实验室测试数据的验证。验证包括测试数据参数的确定以及现场和实验室的分别模拟,后者提供了严格的验证。

上述 DSC 模型已在二维和三维的计算机程序中实现。计算机程序允许在初始应力、静态的、重复和动态加载及热效应和流体效应作用下材料的非线性行为。它们包括位移、应变(弹性、塑性、蠕变)、应力、孔隙水压力以及在增量和瞬态负载下扰动的计算。同时,扰动的干扰和微裂纹直至断裂的过程都应作为计算的一部分。其中,累积塑性应变导致永久变形和车辙的产生。

7. 重复加载——程序的加速运行

三维和二维理想化的计算机分析可能耗时且昂贵,尤其是当需要考虑更大数量的循环加载的情况下。因此,程序的近似和加速分析技术已经在路面材料、机械工程和电子封装等领域广泛应用与发展。在此,只为选定了初始周期的材料进行完整的计算机分析,同时塑性应变的增加是基于实验室测试数据获得的周期数和塑性应变之间的经验关系来进行评估。因此,对程序进行了修改使之适用于路面材料的分析。

对各种工程材料进行循环测试试验,塑性应变(对于 DSC 为偏塑性应变轨迹 ξ_D)与加载周期之间的关系可以表示为

$$\xi_D(N) = \xi_D(N_r) \left(\frac{N}{N_r}\right)^b \tag{5.31}$$

式中,N_r 为基准周期;b 为参数,如图 5.40 所示。扰动方程可以写为

$$D = D_u [1 - \exp(-A\{\xi_D (N)^z\})] \tag{5.32}$$

将式(5.31)中的 $\xi_D(N)$ 代入式(5.32),得

$$N = N_r \left[\frac{1}{\xi_{D(N)}} \left\{ \frac{1}{A} \ln\left(\frac{D_u}{D_u - D}\right) \right\}^{1/Z} \right]^{1/b} \tag{5.33}$$

对已选择的临界值的扰动 D_c(如 0.50、0.75 和 0.80),式(5.33)可用来计算破坏周期 N_f。

因此,对材料进行反复载荷的近似过程涉及以下步骤。

(1)当周期为 N_r 时,执行完整的二维或三维有限元分析并评估的所有单元上 $\xi_D(N_r)$ 的值(或高斯点)。

(2)使用式(5.31)计算所有单元上已选择周期下的 $\xi_D(N_r)$。

(3)使用式(5.32)计算所有单元上的扰动。

(4)扰动值为 D_c 时通过式(5.33)计算破坏周期 N_f。

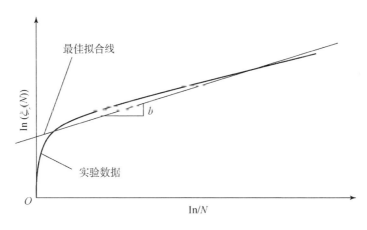

图 5.40　塑性应变轨迹与周期数的近似拟合分析

8. 验证与应用

基于 DSC 的二维和三维程序已被用于预测实验室测试及广泛的工程问题,如静态和动态-土-结构的相互作用、修建水坝和堤防、加筋土、隧道、复合材料在芯片基板系统中的电子封装以及微观结构的失稳或液化。在多组分体系如铁轨和路面中,已有专门的模型被用来预测该领域材料的行为。DSC 模型已被用于的受到单调和重复加载包括永久变形、断裂和反射裂缝的刚性和柔性路面的二维和三维分析。

表 5.4 所示为路面材料和非结合材料在二维和三维分析中的 DSC 参数。其中,沥青混凝土的参数通过三轴试验测定;准静态和蠕变试验在各种不同围压和温度下进行,从而确定部分参数。非结合材料利用 HISS 模型将其表征为弹塑性,它们的参数也由三轴试验确定;同时通过对沥青混凝土进行单轴试验得到其峰前和峰后行为(软化)。上述测试被用来评估扰动函数 D 的参数。

表 5.4　路面材料二维和三维分析的材料参数

参数	沥青混凝土	基础	基层	路基
E	3445000kPa	389512kPa	170858kPa	68989kPa
ν	0.3	0.33	0.24	0.24
γ	0.1294	0.0633	0.0383	0.0296
β	0.0	0.7	0.7	0.7
n	2.4	5.24	4.63	5.26
$3R$	833kPa	51.99kPa	145.03kPa	199.81kPa
a_1	1.23×10^{-6}	2.0×10^{-8}	3.6×10^{-6}	1.2×10^{-6}
η_1	1.944	1.231	0.532	0.778
D_u	1	—	—	—
A	5.176	—	—	—
Z	0.9397	—	—	—

5.3.3　结论

　　本节介绍了基于扰动状态概念的统一的 DSC 本构模型,其可用于表征刚性和柔性路面材料的弹性、塑性、蠕变、软化和愈合等特征行为。该模型通过二维和三维非线性有限元程序进行了验证并可用于相关工程问题的预测。

　　DSC 的设计方案比其他模型具有显着的优势。它的概念简单,涉及的参数数量较少具且其参数都具有一定的物理意义。因此,它适合对路面的分析、设计和维护。

　　虽然 DSC 对路面材料提供了一个统一的模型,但由于缺乏适当实验室测试数据的验证以及全面的实地测量,这个模型具有一定的局限性。虽然 DSC 模型的参数可以由标准的三轴、多轴和剪切试验获得,但需要对参数进行系统的确定和测试。

参 考 文 献

[1]Desai C S,Basaran C,Dishongh T,et al. Thermomechanical analysis in electronic packaging with unified constitutive model for materials and joints[J]. IEEE Transactions on Components,Packaging,and Manufacturing Technology,1998:87—97.

[2]Desai C S,Chia J,Kundu T,et al. Thermomechanical response of materials and interfaces in electronic packaging:Part I—Unified constitutive models and calibration,Part II—Unified constitutive models,validation and design[J]. ASME Journal of Electronic Packaging,1997,119:

294—309.

[3]Hall P M,Sherry W M. Materials,structures and mechanics of joints for surface-mount micro-electronic technology[C]//Proceedings of 3rd International Conference. Techniques de Connexion en Electronique,Fellbach,1986.

[4]Riemer H S. Prediction of temperature cycling life for SMT solder joints on TCE-mismatched substances[C]. The 40th Electronic Components and Technology Conference,Las Vegas,1990.

[5]Pao Y H,Chen K L,Kuo A Y. A nonlinear and time dependent finite element analysis of solder joints in surface mounted components under thermal cycling[J]. Materials Research Society Symposium Proceedings,1991,226:23—28.

[6]Guo Q,Cutiongco E C,Keer L M,et al. Thermomechanical fatigue life prediction of 63Sn/37Pb solder[J]. ASME Journal of Electronic Packaging,1992,114(2):145—151.

[7]Corbin J S. Finite element analysis for solder ball connect(SBC)structural design optimization[J]. IBM Journal of Research and Development,1993,37:585—596.

[8]Basaran C,Desai C S,Kundu T. Thermomechanical finite element analysis of microelectronics packaging Part I:theory[J]. Journal of Electronic Packaging,Transactions of the ASME,1998,120:41—47.

[9]Basaran C,Desai C S,Kundu T. Thermomechanicalfinite element analysis of microelectronics packaging. Part II:Verifcation and applicationn[J]. Journal of Electronic Packaging,Transactions of the ASME,1998,120:48—54.

[10]Lau J H,Rice D W,Avery D A. Elasto plastic analysis of surface mount solder joints[J]. IEEE Transactions on Components Hybrids and Manufacturing Technology,1987,10(3):346—357.

[11]Chandaroy R. Damage mechanics of microelectronic packaging under combined dynamic and thermal loading[D]. Buffalo:State University of New York,1998.

[12] Adams P J. Thermal fatigue of solder joints in micro-electronic Devices[D]. Boston:MIT,1986.

[13]Bathe K J B. Finite Element Procedures in Engineering Analysis[M]. Englewood Clis:Prentice Hall,1996.

[14]Owen D R J,Hinton E. Finite Elements in Plasticity[M]. Swansea:Pineridge Press,1980.

[15]Steinberg D S. Vibration Analysis for Electronic Equipment[M]. New York:Wiley,1988.

[16]Basaran C,Chandaroy R. Finite element simulation of the temperature cycling tests[J]. IEEE Transactions on Components,Packaging,and Manufacturing Technology,Part A,1997,20(4):530—536.

[17]DesaiC S. Unified DSC constitutive model for pavement materials with numerical implementation[J]. International Journal of Geomechanics,2007,7(2):83—101.

第6章　扰动状态概念的有限元方法

当前,随着计算机科学技术的迅猛发展,有限单元法已成为科技界与工程界最重要的数值模拟方法。扰动状态概念作为一种新的模型理论,建立相应的有限元数值模拟方法是十分必要的。

本章首先建立利用扰动状态概念进行有限元数值模拟的基本公式,然后阐述有关方程的求解方法,归纳基于扰动状态概念有限元法的特点,最后给出有关计算与验证的实例。

6.1　控制方程及平均化分析

6.1.1　DSC 的控制方程

基于观测的 RI 和 FA 状态下的力平衡[1,2],观测应力张量的增量 $\mathrm{d}\sigma_{ij}^a$ 可表示为

$$\mathrm{d}\sigma_{ij}^a = (1-D)\mathrm{d}\sigma_{ij}^i + D\mathrm{d}\sigma_{ij}^c + \mathrm{d}D(\sigma_{ij}^c - \sigma_{ij}^i) \tag{6.1}$$

式中

$$\sigma_{ij}^a = (1-D)\sigma_{ij}^i + D\sigma_{ij}^c \tag{6.2}$$

式中,a、i、c 分别表示观测的、相对完整状态和完全调整状态的响应;D 是标量扰动函数,其具体表达形式参见第 2 章相关内容;d 表示增量。

在式(6.1)中,用 $\sigma_{ij}^r = \sigma_{ij}^c - \sigma_{ij}^i$ 表示 FA 和 RI 状态应力之间的差值(相对应力)。则式(6.1)可写成

$$\mathrm{d}\sigma_{ij}^a = (1-D)C_{ijkl}^i \mathrm{d}\varepsilon_{kl}^i + DC_{ijkl}^c \mathrm{d}\varepsilon_{kl}^c + \mathrm{d}D\sigma_{ij}^r \tag{6.3}$$

式中,C_{ijkl} 是与本构特性有关的四阶张量。

在 DSC 中,相对应力 σ_{ij}^r 会导致相对运动(平移、旋转)。再把式(6.3)右边的第二项起来考虑,就可以包含微裂纹相互作用的影响。因为相对应力 σ_{ij}^r 的缘故,RI 和 FA 状态下的应变 $\mathrm{d}\varepsilon_{ij}$ 是不相同的。ε_{ij}^i 和 ε_{ij}^c 分别为 RI 部分和 FA 部分的应变张量。通常建立 ε_{ij}^i 和 ε_{ij}^c 这两种应变之间的关系较为困难。在有限元方法中,可以先假设两者最初是相等的,然后采用迭代方法得到在逐步加载过程中 ε_{ij}^i 和 ε_{ij}^c 的关系。这两者间的关系可简化为

$$d\varepsilon_{ij}^{c} = (1+\alpha)d\varepsilon_{ij}^{i} \tag{6.4}$$

式中，α 是相对运动参数，它可以是变形历史的函数，如塑性应变轨迹和扰动。同时 dD 可表示为

$$dD = R_{ij}\,d\varepsilon_{ij}^{i} \tag{6.5(a)}$$

基于塑性模型和扰动 D，R_{ij} 可由下式得出：

$$R_{ij} = \frac{\left(D_{u}AZ\xi_{D}^{z-1}e^{-A\xi_{D}^{z}}\right)\dfrac{\partial F}{\partial\sigma_{uv}}C_{uvst}^{e}\left(\dfrac{\partial F}{\partial\sigma_{ij}}\dfrac{\partial F}{\partial\sigma_{ij}}-\dfrac{1}{3}\dfrac{\partial F}{\partial\sigma_{ij}}\dfrac{\partial F}{\partial\sigma_{ij}}\right)^{\frac{1}{2}}}{\dfrac{\partial F}{\partial\sigma_{mn}}C_{mnpq}^{e}\dfrac{\partial F}{\partial\sigma_{pq}}-\dfrac{\partial F}{\partial\xi}\left(\dfrac{\partial F}{\partial\sigma_{mn}}\dfrac{\partial F}{\partial\sigma_{mn}}\right)^{\frac{1}{2}}} \tag{6.5(b)}$$

式中，D_{u}，A 和 Z 是 D 的参数；ξ 和 ξ_{D} 分别是塑性总应变和偏应变的迹；F 是屈服函数；上标 e 表示弹性。

式(6.3)又可写为

$$d\sigma_{ij}^{a} = \left[(1-D)C_{ijkl}^{i} + D(1+\alpha)C_{ijkl}^{c} + \sigma_{ij}^{r}R_{kl}\right]d\varepsilon_{kl}^{i} \tag{6.6(a)}$$

$$d\sigma_{ij}^{a} = (L_{ijkl} + L_{ijkl}^{r})d\varepsilon_{kl}^{i} \tag{6.6(b)}$$

或

$$d\sigma_{ij}^{a} = \overline{C_{ijkl}}\,d\varepsilon_{kl}^{i} \tag{6.6(c)}$$

式中，$L_{ijkl} = (1-D)C_{ijkl}^{i} + D(1+\alpha)C_{ijkl}^{c}$；$L_{ijkl}^{r} = \sigma_{ij}^{r}R_{kl}$。

6.1.2　扰动状态概念的平均化分析

传统的有限元方法都是根据连续介质理论，将物体的应力和应变状态定义为某一点，而微裂纹对其邻近区域的影响不予考虑。当由微裂纹引起的不连续现象发生时，它们(微裂纹及邻近区域)会被限定在某个单独的有限单元内。于是，随着单元或损伤带的减小，裂纹扩展或破坏所需的能量趋于零。这意味着材料在无能量耗散的状态下会发生破坏，而在物理上来说是不可能的。这就是所谓的局部化现象。

为了避免上述现象，必须引入某种形式的局部性限定，即使用非局部化方法。非局部化方法中最基本的观点是认为物体内任一点的状态与有限邻域的场状态有关。基于这一观点，非局部或平均应变 $\widetilde{\varepsilon}(x)$ 可表示为

$$\widetilde{\varepsilon}(x) = \frac{\displaystyle\int_{V}W(x-s)\varepsilon(s)\,dV(s)}{\displaystyle\int_{V}W(x-s)\,dV(s)} \tag{6.7}$$

式中，$\varepsilon(s)$ 表示点 s(如有限元分析中的高斯积分点)的邻域中某点的局部应变；W 表示点 P 的加权函数；V 表示体积；x 表示位置坐标；$\widetilde{\varepsilon}(x)$ 表示空间的平均化。

扰动状态概念考虑了相对完整部分和完全调整部分之间的相对运动,对应的是一种扩散型过程。因此,式(6.7)可简化表示为

$$d\widetilde{\varepsilon}_{ij} = \frac{\int_V d\varepsilon_{ij}^a \, dV}{\overline{V}} \tag{6.8}$$

式中,$\overline{V}$表示体积的大小、(量值)。

式(6.8)可写为

$$d\widetilde{\varepsilon}(y_i) = \frac{1}{a^3} \int d\varepsilon_{ij}^a(y_i + s_i) \, ds_1 \, ds_2 \, ds_3 \tag{6.9}$$

式中,$\overline{V} = a^3$,a是体积的特征尺寸;$|s_i| \leqslant \dfrac{a}{2}$,$s_i = x_i - y_i$;$d\varepsilon_{ij}^a$可用泰勒级数展开表示为

$$d\varepsilon_{ij}^a(y_i + s_i) = d\varepsilon_{ij}^a(y_i) + \frac{1}{1!}\left(\frac{\partial(d\varepsilon_{ij}^a)}{\partial x_i}\right)_{x_i = y_i} s_i + \frac{1}{2!}\left(\frac{\partial^2(d\varepsilon_{ij}^a)}{\partial x_i dx_j}\right)_{x_i = y_i} s_i s_j + \cdots \tag{6.10}$$

把式(6.10)代入式(6.9),则得

$$d\widetilde{\varepsilon}_{ij}(y_i) \cong d\varepsilon_{ij}^a + \frac{a^2}{24}\left[\nabla^2(d\varepsilon_{ij}^a)\right]_{x_i = y_i} \tag{6.11}$$

式中,$\nabla^2(*) = \dfrac{\partial^2}{\partial x_i \partial x_i}(*)$是拉普拉斯算子。

更进一步,式(6.1)可表示为

$$d\sigma_{ij}^a = d\sigma_{ij}^i + (Dd\sigma_{ij}^r + dD\sigma_{ij}^r) \tag{6.12(a)}$$

式中,$\sigma_{ij}^r = \sigma_{ij}^c - \sigma_{ij}^i$;$d\sigma_{ij}^r = d\sigma_{ij}^c - d\sigma_{ij}^i$。则式(6.12(a))可写为

$$d\sigma_{ij}^a = d\sigma_{ij}^i + g_{ij}(\widetilde{\varepsilon}_{ij}^p, d\widetilde{\varepsilon}_{ij}^p, a, da) \tag{6.12(b)}$$

式中,a和da分别对应于总相对应力(σ_{ij}^r)和相对应力增量($d\sigma_{ij}^r$)的特征尺寸。式[6.12(b)]中应力增量(或应力速率)的形式,与梯度塑性模型[3]中所用的增量形式相类似。

在材料单元中,上述相对应力产生力矩M_{ij}:

$$M_{ij} = \frac{a^c}{a}(\sigma_{ij}^c - \sigma_{ij}^i) \tag{6.13}$$

式中,a^c是与 FA 或临界状态部分有关的尺寸;$a^c/a = D$,D为扰动。a^c的值被它的极限(或残余)值a_u^c所限定,a_u^c对应于残余状态的极限$D_u(<1)$。此外,扰动参数A、Z和D_u可以是某些因素(如初始密度、围压和长度尺度)的函数。长度尺度可根据特征尺寸(与颗粒大小相关),如测试试样的长度与直径之比或其他合适的测量

值来表示[4]。在有限元方法中,计算所用的扰动值 D_E 和实验室测试所得扰动值 D_T 之间的关系为

$$D_E = \left(\frac{V_T}{V_E}\right)\left(\frac{V_E^c}{V_T^c}\right) \tag{6.14}$$

式中,V_E 和 V_T 分别是有限元计算和实验室测试中试样的体积。

在 DSC 中,扰动 D 是与测试试样的尺寸相关的。如它可用比例 $L/\overline{D}$ 来表示,这里 L 为单元长度,$\overline{D}$ 表示平均直径。因此,扰动 D 可以包括长度尺度及其大小的影响,而它们就是对局部化起主导作用的。DSC 模型常可根据某一单元的应变平均化提供满意解,这一点在有限元分析中十分普遍。同时,利用对多个单元的应变平均化也可以获得较好的结果。

6.2　有限元方程

6.2.1　基本方程

根据虚功原理,可推导出对应于式(6.6)的有限元方程:

$$\int_v ([B]^{\mathrm{T}}[L][B] + [B]^{\mathrm{T}}[L^r][B])\{dq^i\} = \{Q\} - \int [B]^{\mathrm{T}} \{\sigma\}^a dV$$
$$[6.15(a)]$$

$$\int_v ([B]^{\mathrm{T}}[\overline{C}][B])dV\{dq^i\} = \{Q\} - \int_V [B]^{\mathrm{T}} \{\sigma\}^a dV \quad [6.15(b)]$$

式中,$[B]$ 是应变-位移转换矩阵;$\{d\varepsilon^i\} = [B]\{dq^i\}$;$\{q\}$ 是节点位移向量;$\{Q\}$ 是外部荷载向量。式[6.15(a)]和式[6.15(b)]中含有两个未知量 $\{dq^i\}$、$\{\sigma^r\}$,可用下述方法进行求解。

6.2.2　求解方法

(1)在应变控制条件下,可用增量迭代方程来解式(6.15)。这里切线矩阵 $[\overline{C}]$ 不是正定的,特别是在应变软化区域内。然而,由于是应变控制的加载,此方程能提供收敛的精确解。后面将给出计算实例,也可参见文献[5]。

(2)把与相对应力有关的项 σ_{ij}^r 移到方程右边,从而得到

$$\int_v ([B]^{\mathrm{T}}[L][B]dV)_{n-1} \{dq^i\}_n = \{Q\}_n - \int_v [B]^{\mathrm{T}} \{\sigma^a\}_{n-1} dV$$
$$- \int_v [B^{\mathrm{T}}][L^r][R]dV \{dq^i\}_{n-1} \tag{6.16}$$

式中,与$[L^r]$有关的项是由先前的第 $n-1$ 项荷载向量而递推得到的。由于 $0 \leqslant D \leqslant D_u$ 且 $\alpha \geqslant 0$,方程左边的系统矩阵恒为正定。这样的变换并没有改变问题正定或负定的特性,但它为有限元分析提供了一种更为近似而简便的方法。式(6.16)的算法与非局部损伤模型所用的算法相类似。

(3)若把 $\{\sigma^r\}$ 项与位移一起看做独立的未知量,则问题就是耦合的,这样可得到耦合方程:

$$\begin{bmatrix} K_{11} & K_{12} \\ K_{21} & K_{22} \end{bmatrix} \begin{Bmatrix} dq^i \\ d\sigma^r \end{Bmatrix} = \begin{Bmatrix} \bar{Q} \\ O \end{Bmatrix} \tag{6.17}$$

在式(6.17)中,可对 $\{dq^i\}$ 和 $\{d\sigma^r\}$ 联立求解。这种方法相对前面两种方法而言,可能要耗费更多的时间。但是,它能给出一个更具普遍意义的解答:位移和约束都被假定为未知量,并包含在一个混合的公式中,且可对它们联立求解。注意简化式(6.15)和式(6.16)都包含对应于式(6.17)中 $\{d\sigma^r\}$ 的项。

6.2.3　应力的计算

从式(6.16)中解出 RI 状态下的第 n 步位移增量 $\{dq^i\}_n$,并用来计算 $\{d\varepsilon^i\}_n$:

$$\{d\varepsilon^i\}_n = [B]\{dq^i\}_n \tag{6.18}$$

于是,相对完整状态的应力增量就变为

$$\{d\sigma^i\}_n = [C]^i \{d\varepsilon^i\}_n \tag{6.19}$$

观测的应力增量 $\{d\sigma^a\}_n$ 可表示为

$$\{d\sigma^a\}_n = (1-D_n)\{d\sigma^i\}_n + D_n\{d\sigma^c\}_n + (\{\sigma^c\}_n - \{\sigma^i\}_n)dD_n \tag{6.20}$$

利用临界状态概念可以得到 FA 状态下的应力增量[6]。这里出于简化的目的,认为 FA 部分不承担任何剪应力,并且 RI 和 FA 部分的平均应力及其增量是相同的。总应力 $\{\sigma^i\}_n$ 和 $\{\sigma^c\}_n$ 由增量应力叠加得到。

将计算所得的塑性应变增量 ξ_D 的迹代入方程 $D = D_u[1-\exp(-A\xi_D^Z)]$,即可求得扰动 D_n 的值。所以 dD_n 即为

$$dD_n = D_n - D_{n-1} \tag{6.21}$$

6.3　基于 DSC 有限元法的特点及算例

6.3.1　DSC 对计算网格的适宜性

许多研究表明,当一种基于传统连续介质理论的算法用于模拟因微裂纹产生、

损伤及软化等引发的不连续或不均匀状态材料的响应时,计算所求得的解在很大程度上依赖于网格的划分,即解不具有唯一性。这种网格相关性已超出了网格加密的传统效应,称为病态或虚假网格的相关性。

为了减少或消除计算中的网格相关性,目前主要采用非局部模型。这些模型通常是补充型或增强型的连续介质模型,其中最著名的是由 Eringen 和 Kroner 提出的并由 Bazant 及其合作者进一步研究、完善的非局部化损伤模型[7]。

基于扰动状态概念的有限元法考虑了材料单元中相对完整状态和完全调整状态部分的相对运动(平移和旋转),将局部化限制、尺寸效应和微裂纹相互作用的影响都包括在模型中。而且,基于 DSC 的有限元数值模拟通过对邻近区域的应变平均化,能避免椭圆率的减少,从而极大地减少或消除了有限元计算中虚假网格的相关性。

下面通过一个实例来验证上述论断。

图 6.1(a)表示在多轴加载条件下,混凝土试样的有限元计算网格。网格分为四种:4 单元、16 单元、64 单元和 256 单元。各单元均采用 8 节点等参元。

试样顶部表面承受增量为 0.05mm 压缩位移的荷载。测试试样无围压,且认为试样处于平面应变状态。在有限元增量分析中,应变被平均分配到四等分试样的高斯点上。

试样的混凝土材料假设为弹塑性,屈服函数采用单级屈服面模型[8],有关的材料参数如下。弹性模量 $E = 37000$MPa;泊松比 $\nu = 0.25$;极限屈服状态:$\gamma = 0.0678$,$\beta = 0.755$;状态变化:$n = 5.327$;强化:$a_l = 4.61 \times 10^{-11}$,$\eta_l = 0.8262$;扰动函数:$D_u = 0.875$,$A = 688$,$Z = 1.502$。

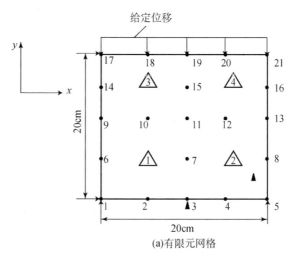

(a)有限元网格

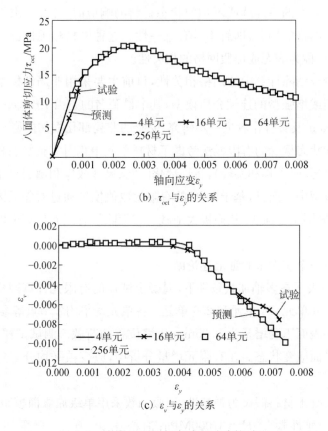

(b) τ_{oct} 与 ε_y 的关系

(c) ε_v 与 ε_y 的关系

图 6.1　有限元预测与实验室试验的对比

　　图 6.1(b)和(c)分别给出了有限元计算的八面体剪应力 τ_{oct} 与轴向应变 ε_y、体积应变 ε_v 与轴向应变 ε_y 的关系以及同实验室观测数据的对比。从图中可以看出计算结果基本上不存在网格相关性,有限元的预测结果与实验室观测相吻合。同时,这些结果也表明 DSC 方法能给出唯一解。

6.3.2　计算网格的敏感性

　　为了证明 DSC 可以减少虚假网格的敏感性,对一个混凝土块(图 6.2)进行均布的位移加载,加载分 50 步,且每步增量为 0.001m。

　　试件右边界不会发生变形,网格由四个高斯综合点逐渐改进增多为 4、16、64 和 256 个八节点等参单元,采用理想化平面应变,1/4 部分(如 ABCD)区域被认为代表点 P 的辅助区域,该点的非局部化应变可用如下简单的平均化公式计算:

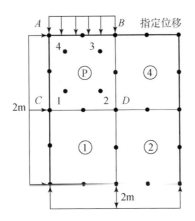

图 6.2 混凝土块的网格划分

$$\{\bar{\varepsilon}\} = \frac{\sum\limits_{i=1}^{N} \{\varepsilon_i\}}{N} \tag{6.22}$$

式中，ε_i 是高斯点 i 处的局部化应变；N 代表给定网格中（$ABCD$ 区域）的高斯点数目。

图 6.3(a)～(c)分别给出了 σ_y 随 ε_y 的变化关系、ε_v 随 ε_y 的变化关系以及 $\sqrt{J_{2D}}$ 随 $\sqrt{I_{2D}}$ 的变化关系。其中，σ_y 和 ε_y 分别为 y 方向上的应力和应变；ε_v 为测量的体积应变；J_{2D} 和 I_{2D} 分别为偏应力和应变张量的第二不变量。由图 6.3 可以看出，所得到的有限元结果中基本不存在虚假网格的敏感性。

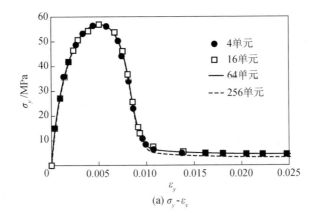

(a) σ_y-ε_v

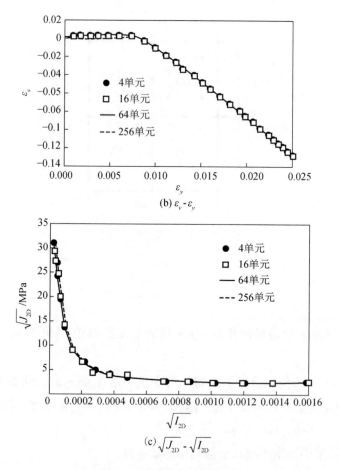

图 6.3　高斯点的典型结果

6.3.3　切线刚度矩阵

图 6.4 所示为在分 100 步加载且每步位移增量为 0.03cm（拉力）作用下一维拉伸试验的有限元分析结果。其中，一维杆件单元的尺寸分别为：长 20cm，宽 10cm，厚 1cm。

图 6.4(a)为材料的相对完整(RI)状态以及应用有限元方法得到的观测(平均)响应特征曲线；图 6.4(b)给出了式(6.3)中被初始弹性模量标准化的不同项和平均轴应变之间的关系曲线。从图 6.4(b)中可以看出，代表弹塑性 RI 响应改变的 $(1-D)C^{ep}$ 项总是正的；从 $\bar{C}(=C^{DSC})$ 的曲线可知，当峰值应变 ε 大约为 0.018 时，其值变为负数，而在应变 ε 达到 0.07 后，即表明软化区域的结束和残余状态的

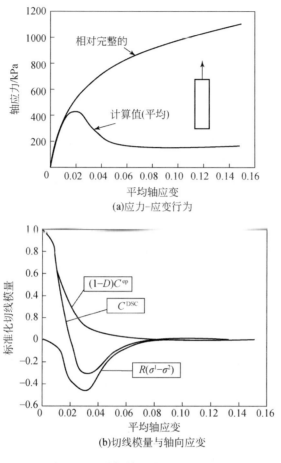

(a)应力-应变行为

(b)切线模量与轴向应变

图 6.4　一维拉伸试验的有限元结果

开始,此时值又变成正的了;项 $R(\sigma^c - \sigma^i)$ 会导致软化区域中的 $\bar{C}$ 出现负值。在残余状态下 $dD \to 0$,式(6.3)第三项趋向于零。然而,由于 $0 \leqslant D_u \leqslant 1.0 (= 0.875)$,前两项将致使 $\bar{C}$ 在残余区域出现微小的正值。

6.3.4　局部化问题和非局部化方法

　　在经典理论中,每个单元的性质都服从力学基本定律而与其尺寸无关,物体内任一点的力学状态只与该点临近区域的状态相关,即所谓的局部场理论或局部法。所有基于局部场理论的基本假设,只有当所研究对象的特征长度远大于材料特征长度(如晶粒、孔洞等)的情况下才是正确的。但在实际问题的研究中,往往会出现两者的特征长度相当的情况,这时运用局部法就不能够正确地解决问题了。此外,局部法还不适用于应变软化问题。

关于空间离散性问题,有关网格尺寸的收敛性与直至裂纹产生的经典弹塑性计算也具有同样的困难:裂纹产生恰好发生在损伤局部化之前,随后的问题就不再是椭圆性的了,其中还涉及应变速率的不连续性,不能用经典的有限元法模拟,这就导致椭圆率的减少。

变形局部化是材料不稳定的重要表现形式,其表现为材料局部形成应变不均匀分布的现象,即存在应变梯度。局部化的产生意味着控制方程椭圆性的丧失,即刚度矩阵正定性的劣化,导致应变的连续性被破坏。众多学者为解决局部化问题进行了创造性的研究工作,如提出的非局部损伤模型、微裂纹相互作用模型,以及提出并发展了基于梯度理论、微偏振理论和 Cosserat 连续介质理论的增强型模型[7,9~16]。传统损伤模型描述局部化反应,随着有限元网格的逐渐细分局部化区域会随之缩小以致消失,破坏将在能量耗散很小的情况下发生,这是不合理的,是网格依赖性的表现。非局部模型认为介质中某一点的应变不仅与该点的应变有关,而且与该点周围一定范围内其余点的应变有关,这就需要定义点的一个附属区域,求得附属区中应变的加权平均值;非局部模型已成功应用于弹性体,但其不能模拟应变软化行为。

在扰动状态概念理论中,RI 部分和 FA 部分之间相互作用包含了塑性应变和塑性应变梯度的作用,实际已经考虑了非局部效应。扰动状态概念的平均化思想,就已经将应变梯度问题考虑在内了,而特征尺寸的概念已被隐含,所以不存在网格依赖性。DSC 模型可以包含非局部化、局部化限制和尺寸效应。

为了说明 DSC 处理计算和局部化的能力,下面给出非理想一维杆件局部化分析的实例。

图 6.5 所示为三个具有 20、40 和 80 个八节点等参单元的网格划分示意图。

目前主要通过分别消除和扩展三种对应于不同的 l/L 值($=0.1, 0.05, 0.025$)的微小非线性塑性弯曲来模拟 1.0MPa、0.8MPa 和 0.5MPa 三种残余应力状态(其中,l 表示微小的内部长度,L 表示杆件长度)。采用单级屈服面 δ_0 弹塑性模型,模型中的参数及扰动函数 D 如下。

弹性模量:

$$E = 20000 \text{ MPa}$$

张拉应力:

$$\sigma_t = 2.0 \text{MPa}$$

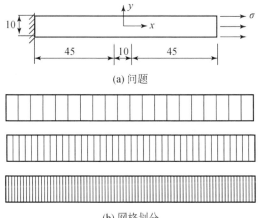

(a) 问题

(b) 网格划分

图 6.5　非理想一维杆件

强化状态：

$$a_1 = 5.24, \quad \eta_1 = 4.0 \times 10^{-10}$$

极限状态：

$$\gamma = 1.1 \times 10^{-3}, \quad \beta = 0$$

临界状态：

$$n = 2.1$$

扰动状态下的各参数取值如表 6.1 所示。

表 6.1　扰动状态下各参数取值

工况	l/L	A	Z	D_u
1	0.10	500	2.37	0.50
2	0.05	530	1.35	0.60
3	0.025	550	0.31	0.75

　　利用 DSC 计算响应于 $l/L = 0.05$ 的三种网格的结果如图 6.6 所示。图 6.6(a) 给出了沿杆件长度方向的总应变的满意的收敛值。在梯度模型（文献[16]）中用 160 个单元得到精确到 1.0×10^3 的应变值，而 DSC 模型仅用 80 个单元就能够得到相似 的值。DSC 给定的局部化区域 w 约为 33mm。根据文献[16]，其表达式为

$$w = 2\pi l \tag{6.23}$$

　　在 DSC 中 l 的值约为 5.25mm，与文献[16]中的 $l = 5.00$mm 相差不多。注意 到 DSC 公式中并不将 l 作为参数考虑，因此这个比较主要是作为一个间接的确认。

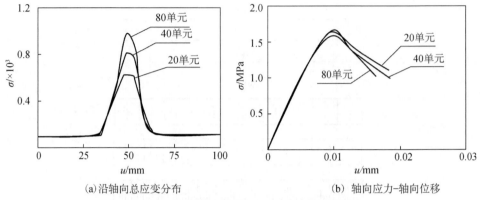

(a)沿轴向总应变分布　　　　　　　　　　(b) 轴向应力–轴向位移

图 6.6　应用 DSC 计算 $l/L=0.05$ 时的结果

同时应力对位移(图 6.6(b))中的计算结果也表明与文献[16]中的结果接近。

图 6.7 给出了 DSC 用 80 个单元网格计算 $l/L=0.10,0.50$ 和 0.025 对应于应变与长度和应力与位移的结果。图 6.7(a)中表明局部化宽度 w 随 l/L 增大的共同趋势,说明 l 值越小响应越微弱。图 6.7(b)给出了计算应力与位移的变化关系。在这里,虽然全部的量级和趋向都一样,但 DSC 与梯度理论(文献[16])得到的应力峰值仍有所不同。

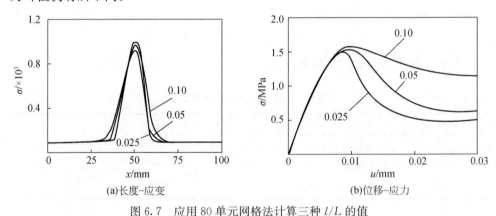

(a)长度–应变　　　　　　　　　　　(b)位移–应力

图 6.7　应用 80 单元网格法计算三种 l/L 的值

6.3.5　算例

1. 钻孔稳定性分析

在石油工程中,当钻孔进入极深处带裂缝的各向异性饱和岩体时,会出现一种特殊的情况——孔洞屈服。通常,人们在钻孔时利用受压的斑脱土(火山灰分解成的一种黏土)泥浆来维护孔壁。在钻孔带来的巨大压力作用下,岩体会经历由微裂纹扩展到在液压下破裂的过程。如果因为某种原因钻孔压力降低了,孔壁上的微裂纹和破坏将导致孔洞的屈服或间断。这种现象受弹性、塑性、蠕变响应以及含裂纹各向异性岩体的应变软化或退化所引起的微裂纹扩展与破坏的影响。因此,研究在土壤和岩石中钻孔的稳定性已经成为一个重要的问题,需要考虑应力的初始状态、材料的各向异性特征、地质材料和界面/节点的非线性响应、饱和或部分饱和材料中的耦合作用等因素的影响。

通常,实验室中的模型试验通过控制在有限尺寸的岩体上的液压和受载情况来进行模拟。而运用常规(有限元)计算机方法很难模拟涉及庞大深度和周围区域的整个钻孔问题。统一的 DSC 模型可用于描述岩石和裂缝的力学响应。

DSC 模型的参数可通过实验室中处于不同围压下圆柱体岩石试件的三轴试验得到[17,18]。这里认为岩石处于初始放射状各向异性或横观各向同性状态,弹性应力-应变关系如下:

$$
\begin{pmatrix} \varepsilon_1 \\ \varepsilon_2 \\ \varepsilon_3 \\ \gamma_{12} \\ \gamma_{23} \\ \gamma_{31} \end{pmatrix} = \begin{pmatrix} \dfrac{1}{E_1} & -\dfrac{\nu_{21}}{E_2} & -\dfrac{\nu_{21}}{E_2} & 0 & 0 & 0 \\[2mm] -\dfrac{\nu_{12}}{E_1} & \dfrac{1}{E_2} & -\dfrac{\nu_{23}}{E_2} & 0 & 0 & 0 \\[2mm] -\dfrac{\nu_{12}}{E_1} & -\dfrac{\nu_{23}}{E_2} & \dfrac{1}{E_2} & 0 & 0 & 0 \\[2mm] 0 & 0 & 0 & \dfrac{1}{G_{12}} & 0 & 0 \\[2mm] 0 & 0 & 0 & 0 & \dfrac{1}{G_{23}} & 0 \\[2mm] 0 & 0 & 0 & 0 & 0 & \dfrac{1}{G_{12}} \end{pmatrix} \begin{pmatrix} \sigma_1 \\ \sigma_2 \\ \sigma_3 \\ \tau_{12} \\ \tau_{23} \\ \tau_{31} \end{pmatrix} \tag{6.24}
$$

式中,E_1 和 E_2 是弹性模量;G_{12} 是剪切模量;ν_{12} 和 ν_{23} 是泊松比。这些弹性参数表示为平均应力的函数,$p = \sigma_3 = J_1/3$,这里 σ_3 表示控制应力,$J_1 = \sigma_1 + \sigma_2 + \sigma_3$:

$$
\begin{cases}
E_1 = E_{10} + \dfrac{(E_{1S} - E_{10})k_{E1}J_1}{k_{E1}J_1 + E_{1S} - E_{10}} \\[3mm]
E_2 = E_{20} + \dfrac{(E_{2S} - E_{20})k_{E2}J_1}{k_{E2}J_1 + E_{2S} - E_{20}}, \quad E_{10} \text{ 对应于 } J_1 = 0 \\[3mm]
\nu_1 = \nu_{10} + \dfrac{(\nu_{1S} - \nu_{10})k_{\nu1}J_1}{k_{\nu1}J_1 + \nu_{1S} - \nu_{10}}, \quad\quad E_{1S} \text{ 对应于 } J_1 = \infty \\[3mm]
\nu_2 = \nu_{20} + \dfrac{(\nu_{2S} - \nu_{20})k_{\nu2}J_1}{k_{\nu2}J_1 + \nu_{2S} - \nu_{20}}
\end{cases} \tag{6.25}
$$

HISS-δ_0 塑性模型的参数如下:

$$\gamma = 5.80, \quad \beta = 0.60, \quad n = 4.84, \quad R = 67.0\text{psi}(460\text{kPa}),$$
$$a_1 = 1.14 \times 10^{-17}, \quad \eta_1 = 2.56$$

为了考察低平均应力下的破坏条件，HISS-δ_0模型的屈服函数修正为

$$F = J_{2D} - (-\alpha J_1^n + \gamma J_1^q)(1 - \beta S_r)^{-0.5} = 0 \tag{6.26}$$

式中，指数 q 考虑了极限屈服函数的非线性，通过研究发现其值为 1.4。

图 6.8 为基于式（6.26）在平行和垂直方向上载荷试验的极限包络曲线。图 6.9 为 ξ_D 随 D 的变化示意图。

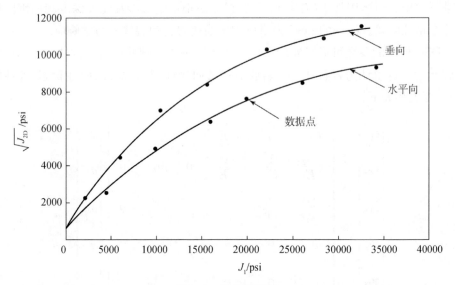

图 6.8　极限包络线

1psi=6.89kPa

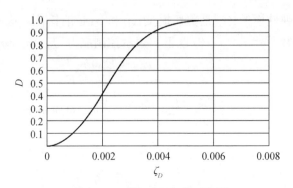

图 6.9　ξ_D 随扰动的变化示意图

在 DSC 模型中,完全调整部分的响应通过以下方程表示:

$$\sqrt{J_{2D}^C} = m J_1^C$$ (6.27)

式中,C 表示 FA(临界)状态;参数 m 的值为 0.28。扰动参数的值如下:

$$A = 74 \times 10^4, \quad Z = 2.265, \quad D_u = 0.999$$

图 6.10 为钻孔典型的三维有限元网格图。图 6.11 为随施加的压力所预测钻孔在东西向和南北上的位移。这些结果与实验室试验所观测的具有一致的趋势。当发生大的位移时,对钻孔破裂压力的预测可认为是真实的。

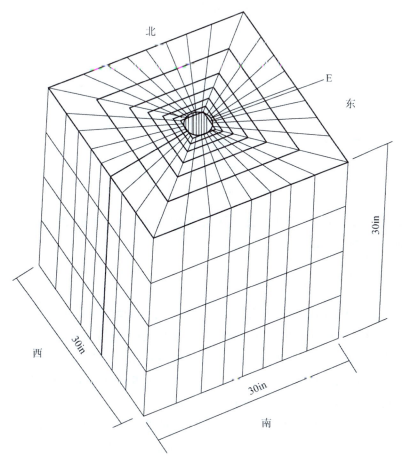

图 6.10　用于钻孔的有限元网格

1 in=25.4mm

图 6.11 的结果表明:随着扰动的增长,当临界扰动 $D_c \approx 0.80$ 时,东西方向的

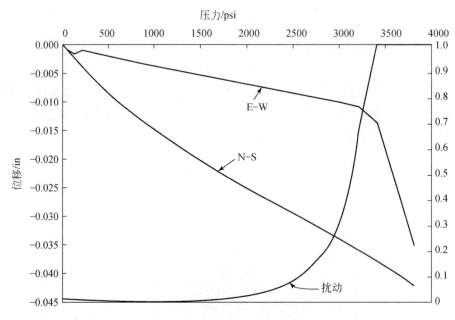

图 6.11　预测钻孔的位移和扰动

1 in=25.4 mm；1 psi=6.89 kPa

压力达到 21～24 MPa。因此，钻孔不稳定和破裂可以基于实验室测定的临界扰动通过有限元分析来确定。

2. 分层路面系统

图 6.12 为两层路面系统的有限单元网格。厚 10cm 的铺路材料垫在厚 107cm 的基础上。该系统可理想化为轴对称的，并分两种情况进行研究分析：①不带初始裂缝；②带有从表面开始扩展的垂直裂缝，该裂缝位于半径为 30cm 圆形受载区域的末端，深度为 1.27cm，厚度为 0.127cm；荷载分 4 步以每步 350kPa、10 步以每步 140kPa、剩余以每步 70kPa 的增量加载至破坏。

路面材料可通过 DSC 模型进行描述，DSC 模型考虑了导致微裂缝扩展和破裂的扰动（损伤）下的弹塑性响应。相对完整状态通过弹塑性 HISS-δ_0 模型来表示，假定裂缝区域处于弹性模量（E）很小（0.69MPa）的线弹性状态。在加载以前，覆土重量、单位重量以及侧压力系数 K_0 的值所对应的地应力等见材料参数见表 6.2[19]。

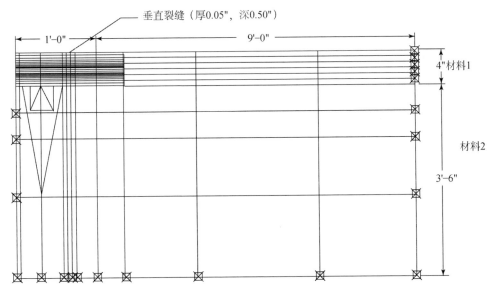

图 6.12　典型的分层铺路材料网格

1 in＝25.4mm

表 6.2　计算所取的材料参数

参数	材料 1:铺路材料(混凝土)	材料 2:基础	裂缝
弹性			
E/psi(MPa)	3×10^{6}(20684)	3×10^{5}(2068)	100(0.69)
ν	0.25	0.24	0.24
塑性(HISS-δ_0)模型:			
γ	0.0678	0.030	
β	0.755	0.700	
n	5.24	5.26	
a_1	4.61×10^{-11}	1.20×10^{-6}	
η_1	0.826	0.778	
R/psi(MPa)	8122(56)	28.88(0.20)	
A	688		
Z	1.502		
D_u	0.875		
地应力			
单位重量 lb/in^3(kg/m^3)	0.087(2325)	0.064(1771)	
土的侧压力系数 K_0	0.20	0.70	

图 6.13 给出了有、无裂缝状态下所计算的荷载-位移曲线。它表明带有裂缝的系统不如无裂缝系统坚硬，而且在较低的荷载下出现初始屈服和微裂缝的萌生。

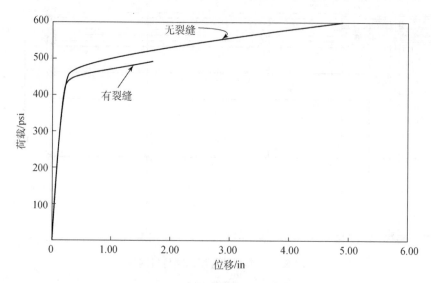

图 6.13 计算所得的荷载-位移曲线

1 psi＝6.89kPa；1 in＝25.4mm

通过计算（靠近加载处的部分路面）扰动的分布和外形轮廓，分两种情况（无裂缝和带裂缝）对不同荷载水平进行分析。①对于无初始裂缝的情况，临界扰动$D_c＝$0.80 表明在荷载为 3.30MPa 时，破坏从铺路材料和基础（荷载下）之间的界面处开始；当荷载为 3.80MPa 时，几乎整个铺路材料中的扰动值都超过了 $D_c＝0.80$。②对于带初始裂缝的情况，临界扰动 $D_c＝0.80$ 在荷载为 3.10MPa 时出现在界面和在裂缝区域的较上部分（接近表面）；随着荷载的增加，$D≥0.8$ 的区域范围也在增长，在加载达到 3.38MPa 时，整个路面出现了从微裂缝扩展到破坏的过程。

以上结果表明，DSC 模型具备在分层系统中预测微裂纹（裂缝）和破坏增长的能力。注意到 DSC 的非线性有限元可对裂纹的起始和扩展进行判别，并不需要引入基于裂纹强度因子的线性断裂力学理论，它还避免了预先假定裂纹的位置和几何形状。换句话说，DSC 可确定由问题的性质（几何形状、荷载、边界条件等）所决定的开裂及其传播位置。

参 考 文 献

[1]吴刚. 工程材料的扰动状态本构模型(I)——扰动状态概念及其理论基础[J]. 岩石力学与

工程学报,2002,21(6):759—765.

[2]吴刚. 工程材料的扰动状态本构模型(Ⅱ)——基于扰动状态概念的有限元数值模拟[J]. 岩石力学与工程学报,2002,21(8):1107—1110.

[3]De Borst R,Mühlhaus H B. Gradient dependent plasticity:Formulation and algorithmic aspects[J]. International Journal for Numerical Methods in Engineering,1992,35,521—539.

[4]Desai C S,Toth J. Disturbed state constitutive modeling based on stress-strain and nondestructive behavior [J]. International Journal of Solids and Structures, 1996, 33 (11): 1619—1650.

[5]Desai C S,Basaran C,Zhang W. Numerical algorithms and mesh dependence in the disturbed state concept[J]. International Journal for Numerical Methods in Engineering,1997,40(16): 3059—3083.

[6]Desai C S. Constitutive modelling using the disturbed state concept[C]//Application of Computer Methods in Rock Mechanics—Proceedings of International Symposium on Application of Computer Methods in Rock Methods and Engineering,Xi'an,1993.

[7]Bazant Z P,Cedolin L. Stability of Structures:Elastic,Inelastic,Fracture and Damage Theories [M]. New York:Oxford University Press,1991.

[8]Desai C S,Somasudaram S,Franrziskonis G. A hierarchical approach for constitutive modeling of geologic materials[J]. International Journal for Numerical and Analytical Methods in Geomechanics,1986,10(3):225—257.

[9]Desai C S,Kundu T,Wang G. Size effect on damage parameters for softening in simulated rock [J]. International Journal for Numerical and Analytical Methods in Geomechanics,1986,14: 509—517.

[10]Peerlings R H J,De Borst R,Brekelmans N A M,et al. Gradient enhanced damage for quasi-brittle materials[J]. International Journal for Numerical Methods in Engineering,1996,39: 3391—3403.

[11]Zienkiewicz O C,Huang M. Localization problems in plasticity using finite elements with adaptive remeshing[J]. International Journal for Numerical and Analytical Methods in Geomechanics,1995,19,127—148.

[12]LemaitreJ,Chaboche J L. Mecaniques Des Materiaux Solids[M]. Paris:Dunod-Bordes,1985.

[13]Bazant Z P. Nonlocal damage theory based on micromechanics of crack interactions[J]. Journal of Engineering Mechanics,ASCE,1994,120(3):593—617.

[14]SchreyerH L,Chen Z. One-dimensional softening with localization[J]. Journal of Applied Mechanics,ASME,1986,53:791—979.

[15]Schreyer H L. Analytical solutions for nonlinear strain-gradient softening and localization [J]. Journal of Applied Mechanics,ASME Transaction,1990,57:522—528.

[16]De Borst R,Sluys L J,Mühlhaus H B,et al. Fundamental issues in finite element analyses of localization of deformation[J]. Engineering Computations,1993,10:99—121.

[17]Niandou H,Shao J F,Henry J P,et al. Laboratory investigation of the mechanical behaviour of tournemire shale[J]. International Journal of Rock Mechanics and Mining Sciences,1997,34(1):3—16.

[18]Desai C S. Mechanics of Materials and Interfaces—The Disturbed State Concept[M]. Baca Raton:CRC Press,2001.

[19]Mühlhaus H B,Aifantis E C. A variational principle for gradient plasticity[J]. International Journal of Solids and Structures,1991,28:845—857.

第7章 评述和展望

1. 扰动状态概念理论的简要评述

本书对扰动状态概念的理论基础及其在主要工程领域的应用情况进行了系统介绍,主要包括以下几个方面。

(1)叙述了扰动状态概念理论的由来,阐述了扰动状态概念理论的基本概念、原理及方法,并综述了国内外有关扰动状态概念的研究现状。

(2)详细地介绍了扰动状态概念的理论基础、各基本状态量及相关的本构方程。

(3)介绍利用扰动状态概念进行数值模拟的方法,包括建立相对完整状态和完全调整状态的控制方程、扰动函数表达式以及相关的有限元方程,给出了模拟实际工程问题的算例及相关验证。

(4)通过对扰动状态概念模型与损伤模型及其他模型进行详细的对比,得出扰动状态概念模型的特点、优点和易用性。

(5)介绍了扰动状态概念理论在岩石力学和土力学中的应用实例。

(6)介绍了扰动状态概念在岩土工程中的应用实例,如砂土液化、大坝稳定性分析以及桩基工程等的应用实例。

(7)介绍了扰动状态概念在电子封装材料、热疲劳作用下材料寿命预测及公路路面材料等应用实例。

通过了解扰动状态概念的基本原理,建立扰动状态概念理论分析模型的过程以及相关的工程应用,可以看出:基于扰动状态概念,可根据材料及使用者的需要,能够选用从简单的(线弹性的)到复杂的(具有微裂纹和扰动的黏弹塑性的)某一特定模型。扰动状态概念的重要特性之一是它集弹性、塑性、蠕变、微裂纹产生及软化、强化和(周期)疲劳破坏为一体,它具有一种体系特征。

扰动状态概念是一种统一建立本构模型的方法,它提供了独特而有效的建模过程,可以描述很宽范围内材料的性质。它蕴涵了来自弹性、塑性、黏塑性、损伤、临界状态理论等的思想,并把这些模型作为扰动状态概念的特殊情况。换句话说,它兼容了许多现有的材料模型。此外,DSC 的简洁性大大简化了实际应用过程。

相关的理论与应用研究表明,扰动状态概念不仅具有丰富的理论内涵,而且具有较高的工程实用性,它为工程材料、界面和接缝等提供了一种新的、统一而有效的本构模拟方法。

2. 扰动状态概念理论的发展前景及展望

虽然 Desai 及各国学者已在利用扰动状态概念理论模拟工程材料的本构关系方面做了大量的研究工作,并取得了众多研究成果。但扰动状态概念理论仍不够成熟,其理论体系有待进一步完善,研究领域也有待进一步拓展。

扰动状态概念的基本思想是源于对材料行为认知的哲学观点,适应人类研究物质规律的根本法则。从哲学的观点来看,材料的宏观行为必定是其微观响应的积累,从材料的微观响应必定能推知其宏观行为。然而,材料行为随外载的演化规律和机理,在微观和细观层次上十分复杂,目前尚不能完全实现这种跨尺度材料行为的表述。而 DSC 中可体现材料宏、微观结构的变化及平均化思想,具有广阔的发展前景。随着人们对材料行为认知水平的提高,扰动状态概念对材料行为的描述将更趋合理,DSC 将得到不断发展和日趋完善。

在扰动状态概念中,有关扰动函数(或扰动因子)的确定具有开放性,但也存在相应的随意性,如何使定义的扰动函数更好地反映材料行为的本质特征,还有大量的工作要做,其中包括大力发展材料检测新技术、开发先进的材料测试设备。

虽然扰动状态概念已被应用于岩土、混凝土、金属、陶瓷、合金(焊接)、硅等材料,以及钢筋或结构化系统和相关工程的研究中,但还需将 DSC 应用于更多的材料和更多的工程以检验其准确性和可靠性,以促使 DSC 理论进一步丰富和完善。

基于扰动状态概念的数值模拟方法,已在模拟工程材料、实验室和现场(实际)的边界值问题中得到应用,并体现出其优越性。但在 DSC 的数值计算方面还需拓宽研究领域,开展更深入细致的分析研究,以获得更高效、准确和可靠的计算成果。

希望本书能对我国有关扰动状态概念的研究起到抛砖引玉的作用,能有更多的研究者对这一新型的建模方法产生兴趣,对其进行深入研究并应用于工程实际,进而丰富力学理论体系、促进工程应用,更有利于推进扰动状态概念研究在我国的发展,取得丰硕的成果。